U0156260

嵌入式系统原理与开发

基于RISC-V和Linux系统

王剑 刘鹏 陈景伟 编著

清華大学出版社
北京

内 容 简 介

本书以当前嵌入式系统领域里具有代表性的 RISC-V 技术和嵌入式 Linux 操作系统作为分析对象。本书首先介绍嵌入式系统的基础知识，RISC-V 指令集和赛昉科技公司出品的 VisionFive 2（中文名：昉·星光 2）单板计算机；在此基础上阐述嵌入式 Linux 相关知识，主要包括 Linux 内核、文件系统、移植方法、驱动程序等内容；最后介绍采用 Python 语言在 RISC-V 单板计算机和嵌入式 Linux 系统上的开发设计案例。

本书可以作为高等学校计算机、电子、电信类专业的教材，也可以作为 RISC-V 相关嵌入式开发人员的参考用书。

图书在版编目（CIP）数据

嵌入式系统原理与开发 ：基于 RISC-V 和 Linux 系统 / 王剑，刘鹏，陈景伟编著. -- 北京 ：清华大学出版社，2024. 6. --（信息技术应用创新丛书）. -- ISBN 978-7-302-66520-5

Ⅰ. TP360.21

中国国家版本馆 CIP 数据核字第 20242SF867 号

策划编辑：刘　星
责任编辑：李　锦
封面设计：刘　键
责任校对：郝美丽
责任印制：丛怀宇

出版发行：清华大学出版社
　　网　　址：https://www.tup.com.cn，https://www.wqxuetang.com
　　地　　址：北京清华大学学研大厦 A 座　　**邮　　编**：100084
　　社 总 机：010-83470000　　**邮　　购**：010-62786544
　　投稿与读者服务：010-62776969，c-service@tup.tsinghua.edu.cn
　　质量反馈：010-62772015，zhiliang@tup.tsinghua.edu.cn
　　课件下载：https://www.tup.com.cn，010-83470236
印 装 者：三河市铭诚印务有限公司
经　　销：全国新华书店
开　　本：186mm×240mm　　**印　　张**：16.5　　**字　　数**：372 千字
版　　次：2024 年 6 月第 1 版　　**印　　次**：2024 年 6 月第 1 次印刷
印　　数：1～1500
定　　价：89.00 元

产品编号：104731-01

序 言

FOREWORD

随着全球信息化浪潮的推进，嵌入式系统作为智能设备的核心，因其独特的魅力和广泛的应用，正变得越来越重要，成为推动社会进步和科技创新的重要力量。嵌入式系统不仅渗透到我们生活的方方面面，更是推动工业自动化、物联网、智能家居、智能交通、无人驾驶等众多领域进步的关键力量。随着技术的不断进步，对嵌入式系统开发人员的需求在不断增长，他们需要掌握从硬件设计到软件开发的一系列技能。嵌入式系统的复杂性、多样性和技术更新速度之快，使得学习和掌握这一领域的知识变得尤为重要。

RISC-V 作为新兴开源指令集架构，具有开放、简洁、可扩展等优点，被广泛应用于人工智能、消费电子、计算机、通信、交通和工业等领域。RISC-V 迅速赢得了全球众多顶级芯片公司的青睐，并在移动通信、数据中心、物联网、边缘计算及自动驾驶等领域的标准化和产业化进程中迅猛发展。2023 年，RISC-V 入选《麻省理工科技评论》"全球十大突破性技术"，被认为将掀起新一轮芯片设计产业变革浪潮。

Linux 系统，因其稳定性、安全性和开源性，以及强大的功能和广泛的应用，已经成为许多嵌入式系统的首选操作系统。Linux 为嵌入式系统提供了强大的网络功能、丰富的驱动支持和灵活的配置选项。将 RISC-V 和 Linux 系统相结合，不仅为嵌入式系统的发展带来了新的机遇，也为读者提供了更加广阔的学习空间。

本书从嵌入式系统的基本概念出发，逐步深入 RISC-V 架构的原理、Linux 系统的配置和管理，以及基于 RISC-V 和 Linux 的嵌入式系统开发实践。全书共分为九章，内容涵盖了嵌入式系统的概述、RISC-V 处理器架构、基于 VisionFive 2 RISC-V 单板计算机的实践、Linux 基础、Linux 内核、Linux 文件系统、嵌入式 Linux 系统移植、设备驱动程序设计，以及 VisionFive 2 单板机开发案例。

与同类图书相比，本书有系统全面、案例丰富和实用性强的特点与优势。书中不仅介绍了嵌入式系统的基本概念和原理，还详细介绍了基于 RISC-V 和 Linux 的嵌入式系统开发流程和实践技巧。同时，通过 VisionFive 2 单板计算机等实际案例，帮助读者将理论知识应用到实践中，加深对嵌入式系统开发的理解，同时提供了大量的示例代码和操作步骤，方便读者学习和参考。因此，本书非常适合嵌入式系统设计和开发的工程师，计算机科学、电子工程和自动化等相关专业的在校学生，对 RISC-V 和 Linux 系统感兴趣的技术爱好者及希望深入了解嵌入式系统原理和实践的专业人士阅读使用。

通过阅读本书，读者可以深入学习基于 RISC-V 和 Linux 系统的嵌入式系统原理，更好地掌握嵌入式系统的开发技能。本书将人才培养与产业生态构建相结合，能够促进 RISC-V 生态的繁荣发展。

蒋学刚

RISC-V 国际人才培养认证中心（中国区）主任

2024 年 5 月

前言

PREFACE

RISC-V 指令集是基于精简指令集计算机(Reduced Instruction Set Computer,RISC)计算原理建立的开放指令集架构(Instruction Set Architecture,ISA)。RISC-V 是在指令集不断发展和成熟的基础上建立的全新指令。RISC-V 指令集完全开源、设计简单、易于移植 UNIX 系统、模块化设计、工具链完整,同时有丰富的开源实现和流片案例。基于 RISC-V 指令集架构可以设计服务器中央处理器(Central Processing Unit,CPU)、移动 CPU、边缘 CPU 和家用电器 CPU、工控 CPU、传感器中的 CPU 等。嵌入式计算机已广泛应用于通信设备、消费电子、数字家电、汽车电子、医疗电子、工业控制、金融电子、航空航天等领域。嵌入式系统已经成为航空航天、汽车、医疗设备、通信和工业自动化行业的主要技术。技术的发展和生产力的提高离不开人才的培养。目前业界对嵌入式技术人才的需求十分巨大,尤其在迅速发展的电子、通信、计算机等领域,这种需求更为显著。另外,企业越来越重视嵌入式系统开发从业者的工程实践能力、经验要求,因此目前国内外很多专业协会和高校都在致力于嵌入式相关课程体系的建设,结合嵌入式系统的特点,在课程内容设计、师资队伍建设、教学方法探索、教学条件和实验体系建设等方面加大了投入。嵌入式 Linux 是嵌入式领域内较重要的操作系统,是 RISC-V 技术系列上操作系统之一,也是嵌入式系统领域和物联网领域占有份额较大的操作系统。

本书的特色包括以下几点。

(1) 本书是基于 RISC-V 指令集的单板计算机和嵌入式 Linux 操作系统的深度结合的图书,本书得到了赛昉科技的大力支持。

(2) 本书在参考 ACM&IEEE 联合制定的新版计算机学科的课程体系(2020 版)中 Embedded System 课程要求的基础上,结合国内高校计算机学科课程大纲要求进行撰写,参考资料主要来自近 3 年国内外出版的嵌入式相关图书、Linux 官网、RISC-V 社区和赛昉科技官网、知名嵌入式设备公司相关资料和实践活动,具有较好的时效性和实用性。

(3) 本书在技术上与时俱进,所阐述的先进单板计算机采用 JH-7110,操作系统采用 Linux 内核 5.15 版本,设计案例采用 Python 语言。

(4) 本书案例源码丰富。从编写小组从事的科研项目和实践活动出发,选择具有一定实用价值,包含交叉学科知识且反映 RISC-V 技术、嵌入式 Linux 与物联网技术结合的项目实例。

本书共分 9 章,第 1 章介绍了嵌入式系统的基本概念、特点、分类、应用领域和发展趋势等。第 2 章介绍了 RISC-V 指令集的相关知识。第 3 章介绍了 VisionFive 2 单板计算机的相关知识。第 4 章介绍了 Linux 的基础知识。第 5 章介绍了 Linux 内核相关知识。第 6 章介绍了 Linux 文件系统。第 7 章介绍了基于 VisionFive 2 单板计算机的嵌入式 Linux 系统移植。第 8 章介绍了在 VisionFive 2 单板计算机上开发嵌入式 Linux 驱动程序。第 9 章介绍了基于 Python 语言的开发案例。

在本书编写过程中,王剑负责第 1 章、第 5～8 章的编写和全书的统稿。刘鹏负责第 2～4 章的编写,陈景伟负责第 9 章的编写。本书的编写得到了赛昉科技公司相关工作人员的鼎力相助。本书的编写得到了叶玲和王子瑜小朋友的鼓励和支持,清华大学出版社的刘星老师也给予了大力的帮助,在此表示衷心的感谢。

本书提供程序代码、工程文件、教学课件、教学大纲等资源,请扫描下方二维码获取。

配套资源

本书参考了国内外的许多最新的技术资料,书末有具体的参考文献,有兴趣的读者可以查阅相关信息。限于作者水平,书中不妥之处在所难免,敬请广大读者批评指正和提出宝贵意见。

作　者

2024 年 3 月

目录

CONTENTS

第 1 章

嵌入式系统概述

进入 21 世纪，随着各种手持终端和移动设备的发展，嵌入式系统(Embedded System)的应用已从早期的科学研究、军事技术、工业控制和医疗设备等专业领域逐渐扩展到日常生活的各个领域。在涉及计算机应用的各行各业中，几乎 90%的开发都涉及嵌入式系统的开发。嵌入式系统的应用，为社会的发展起到了很大的促进作用，也给人们的日常生活带来了极大便利。

本章主要介绍嵌入式系统的基础知识，包括嵌入式系统的基本概念和特点、嵌入式微处理器和嵌入式操作系统，并在此基础上介绍嵌入式系统的应用领域和发展趋势。

1.1 嵌入式系统简介

1.1.1 嵌入式系统的产生

电子数字计算机诞生于 1946 年。在随后的发展过程中，计算机始终是被存放在特殊机房中、实现数值计算的大型昂贵设备。直到 20 世纪 70 年代，随着微处理器的出现，计算机才出现了历史性的变化，以微处理器为核心的微型计算机以其小型、廉价、高可靠性等特点，迅速走出机房，演变成大众化的通用计算装置。

另外，基于高速数值计算能力的微型计算机表现出的智能化水平引起了控制专业人士的兴趣，要求将微型计算机嵌入一个对象体系中，实现对对象体系的智能化控制。例如，将微型计算机经电气、机械加固，并配置各种外围接口电路，安装到大型舰船中构成自动驾驶仪或轮机状态监测系统。于是，现代计算机技术的发展，便出现了两大分支：以高速、海量的数值计算为主的计算机系统和嵌入对象体系中、以控制对象为主的计算机系统。为了加以区别，人们把前者称为通用计算机系统，而把后者称为嵌入式计算机系统。

通用计算机系统以数值计算和处理为主，包括巨型机、大型机、中型机、小型机、微型机等。其技术要求是处理高速、海量的数值计算，技术方向是总线速度的无限提升、存储容量的无限扩大。

嵌入式计算机系统以对象的控制为主，其技术要求是对对象的智能化控制，技术发展方向是提升与对象系统密切相关的嵌入性能、控制的可靠性等。

随着嵌入式处理器的集成度越来越高、主频越来越高、机器字长越来越大、总线越来越宽、同时处理的指令条数越来越多，嵌入式计算机系统的性能越来越强，它的应用早已突破传统的以控制为主的模式，在多媒体终端、移动智能终端、机器视觉、人工智能、边沿计算等领域都得到越来越多的应用。

1.1.2 嵌入式系统的定义、特点和分类

1. 嵌入式系统的定义

嵌入式系统诞生于微型机时代，其本质是将一台计算机嵌入一个对象体系中去，这是理解嵌入式系统的基本出发点。目前，国际国内对嵌入式系统的定义有很多。如国际电气和电子工程师协会(the Institute of Electrical and Electronics Engineers，IEEE)对嵌入式系统的定义为：嵌入式系统是用来控制、监视或者辅助机器、设备或装置运行的装置。而国内普遍认同的嵌入式系统的定义是：嵌入式系统是以应用为中心、以计算机技术为基础，软、硬件可裁剪，适应于应用系统对功能、可靠性、成本、体积、功耗等方面有特殊要求的专用计算机系统。

国际上对嵌入式系统的定义是一种广泛意义上的理解，偏重于嵌入，将所有嵌入机器、设备或装置中，对宿主起控制、监视或辅助作用的装置都归类为嵌入式系统。而国内则对嵌入式系统的含义进行了简化，明确指出嵌入式系统其实是一种计算机系统，围绕"嵌入对象体系中的专用计算机系统"加以展开，使其更加符合嵌入式系统的本质含义。"嵌入性""专用性""计算机系统"是嵌入式系统的3个基本要素，对象体系则指嵌入式系统所嵌入的宿主系统。

与个人计算机这样的通用计算机系统不同，嵌入式系统通常执行的是带有特定要求的预先定义的任务，由于嵌入式系统通常只针对一项特殊的任务，所以设计人员往往需要对它进行优化、减小尺寸、降低成本。

嵌入式系统与对象系统密切相关，其主要技术发展方向是满足嵌入式应用要求，不断扩展对象系统要求的外围电路[如模数转换器(Analog-to-Digital Converter，ADC)、数模转换器(Digital-to-Analog Converter，DAC)、脉冲宽度调制(Pulse Width Modulation，PWM)、日历时钟、电源监测、程序运行监测电路等]，形成满足对象系统要求的应用系统。因此，嵌入式系统作为一个专用计算机系统，可理解其为满足对象系统要求的计算机应用系统。

2. 嵌入式系统的特点

嵌入式系统的特点与定义不同，它是由定义中的3个基本要素衍生出来的。不同的嵌入式系统其特点会有所差异。

与"嵌入性"相关的特点：由于是嵌入对象系统中，因此必须满足对象系统的环境要求，如物理环境(小型)、电气/气氛环境(可靠)、成本(价廉)等要求。

与"专用性"相关的特点：针对某个特定应用需求或任务设计，软、硬件的裁剪性，满足对象要求的最小软、硬件配置等。

与"计算机系统"相关的特点：嵌入式系统必须是能满足对象系统控制要求的计算机系

统。与前两个特点相呼应，这样的计算机必须配置有与对象系统相适应的机械、电子等接口电路。

需要注意的是：在理解嵌入式系统定义时，不要与嵌入式设备相混淆。嵌入式设备是指内部有嵌入式系统的产品、设备，如内含单片机的家用电器、仪器仪表、工控单元、机器人、手机等。

3. 嵌入式系统的分类

嵌入式微处理器不能叫作真正的嵌入式系统，因为从本质上说嵌入式系统是一个嵌入式的计算机系统，只有将嵌入式微处理器构成一个计算机系统，并作为嵌入式应用时，这样的计算机系统才可被称为嵌入式系统。因此，对嵌入式系统的分类不能以微处理器为基准进行分类，而应以嵌入式计算机系统为整体进行分类。根据不同的分类标准，可按形态和系统的复杂程度进行分类。

按其形态的差异，一般可将嵌入式系统分为：芯片级[如多点控制器(Multipoint Control Unit，MCU)、片上系统(System on Chip，SoC)]、板级[如单板计算机(Single Board Computer，SBC)、模块]和设备级(如工控机)共3级。赛昉科技推出的VisionFive 2(中文名：昉·星光2)平台是一款采用昉·惊鸿-7110(型号：JH-7110)的单板计算机。单板计算机是把微处理器、存储器与接口部件安装在同一块印制板上的计算机。通常，每个单板计算机包含一个CPU、图形处理单元(Graphics Processing Unit，GPU)、芯片组和I/O端口，这些端口都焊接在板上。因为部件都聚合在一块板内，所以与大多数其他主板相比，单板计算机要小得多。单板计算机的独特设计方式，使其具有低功耗、高性能和高效率、简单集成、快速上市、承受极端环境、多样化I/O等特点。由于空间有限，单板计算机对芯片的要求极高。可以说，芯片的功效与特性，决定了单板计算机的功能与价值。

1.1.3　嵌入式系统的典型组成

典型的嵌入式系统组成结构如图1-1所示，自底向上有嵌入式硬件系统、硬件抽象层、操作系统层以及应用软件层。

应用软件层
操作系统层
硬件抽象层
嵌入式硬件系统

图1-1　典型的嵌入式系统组成结构

嵌入式硬件系统是嵌入式系统的底层实体设备，主要包括嵌入式微处理器、外围电路和外部设备。这里的外围电路主要指与嵌入式微处理器有较紧密关系的设备如时钟、复位电路、电源以及存储器[如NAND Flash、NOR Flash、同步动态随机存储器(Synchronous Dynamic Access Memory，SDRAM)等]等。在工程设计上往往将处理器和外围电路设计成核心板的形式，通过扩展接口与系统其他硬件部分相连接。外部设备形式多种多样，如通用串行总线(Universal Serial Bus，USB)、液晶显示器、键盘、触摸屏等设备及其接口电路。外部设备及其接口在工程实践中通常设计成系统板(扩展板)的形式与核心板相连，向核心板提供电源供应、接口功能扩展、外部设备使用等功能。

硬件抽象层是设备制造商完成的与操作系统适配结合的硬件设备抽象层。该层包括引导程序 BootLoader、驱动程序、配置文件等组成部分。硬件抽象层最常见的表现形式是板级支持包(Board Support Package,BSP)。板级支持包是一个包括启动程序、硬件抽象层程序、标准开发板和相关硬件设备驱动程序的软件包,是由一些源代码和二进制文件组成的。嵌入式系统没有像 PC 那样具有广泛使用的各种工业标准,各种嵌入式系统的不同应用需求决定了它选用的各种定制的硬件环境,这种多变的硬件环境决定了无法完全由操作系统来实现上层软件与底层硬件之间的无关性。板级支持包的主要功能在于配置系统硬件使其工作在正常状态,并且完成硬件与软件之间的数据交互,为操作系统及上层应用程序提供一个与硬件无关的软件平台。板级支持包对于开发者是开放的,用户可以根据不同的硬件需求对其改动或二次开发。

操作系统层是嵌入式系统的重要组成部分,提供了进程管理、内存管理、文件管理、图形界面程序、网络管理等重要系统功能。与通用计算机相比,嵌入式系统具有明显的硬件局限性,这要求嵌入式操作系统具有编码体积小、面向应用、可裁剪和易移植、实时性强、可靠性高和特定性强等特点。嵌入式操作系统与嵌入式应用软件常组合起来对目标对象进行作用。

应用软件层是嵌入式系统的最顶层,开发者开发的众多嵌入式应用软件构成了数量庞大的应用市场。应用软件层一般作用在操作系统层之上,但是针对某些运算频率较低、实时性不高、所需硬件资源较少、处理任务较为简单的对象(如某些单片机应用)时可以不依赖于嵌入式操作系统。这个时候,应用软件层往往通过一个无限循环结合中断调用来实现特定功能。

1.2 嵌入式微处理器

1.2.1 嵌入式微处理器简介

与 PC 等通用计算机系统一样,微处理器是嵌入式系统的核心部件。但与全球 PC 市场不同的是,因为嵌入式系统的“嵌入性”和“专用性”,没有一种嵌入式微处理器和微处理器公司能主导整个嵌入式系统的市场,仅以 32 位的 CPU 而言,目前就有 100 种以上的嵌入式微处理器安装在各种应用设备上。鉴于嵌入式系统应用的复杂多样性和广阔的发展前景,很多半导体公司在自主设计和大规模制造嵌入式微处理器。市面上的嵌入式微处理器通常可以分为以下几类。

1) 微控制器

推动嵌入式计算机系统走向独立发展道路的芯片,也称之为单片微型计算机,简称单片机。由于这类芯片的主要作用是控制被嵌入设备的相关动作,因此,业界常称这类芯片为微控制器(Microcontroller Unit,MCU)。这类芯片以微处理器为核心,内部集成了 ROM/EPROM、RAM、总线控制器、定时/计数器、看门狗定时器、I/O 接口等必要的功能和外设。为适应不同的应用需求,一般一个系列的微控制器具有多种衍生产品,每种衍生产品的处理器内核都一样,只是存储器和外设的配置及封装不一样。这样可以使微控制器能最大限度地与应用需求相匹配，并尽可能地减少功耗和成本。

2）嵌入式 DSP

嵌入式 DSP（Embedded Digital Signal Processor，EDSP）处理器在微控制器的基础上对系统结构和指令系统进行了特殊设计，使其适合执行 DSP 算法并提高了编译效率和指令的执行速度。在数字滤波、快速傅里叶变换（Fast Fourier Transform，FFT）、谱分析等方面，DSP 算法正大量进入嵌入式领域，这使 DSP 应用从早期的在通用单片机中以普通指令实现 DSP 功能，过渡到采用嵌入式 DSP 处理器的阶段。

3）嵌入式微处理器

嵌入式微处理器（Embedded Microprocessor Unit，EMPU）由通用计算机的微处理器演变而来。在嵌入式应用中，嵌入式微处理器去掉了多余的功能部件，而只保留与嵌入式应用紧密相关的功能部件，以保证它能以最少的资源和最低的功耗满足嵌入式的应用需求。

与通用微处理器相比，嵌入式微处理器具有体积小、成本低、可靠性高、抗干扰性好等特点。但由于芯片内部没有存储器和外设接口等嵌入式应用所必需的部件，因此，必须在电路板上扩展 ROM、RAM、总线接口和各种外设接口等器件，从而降低了系统的可靠性。

4）嵌入式片上系统

片上系统（SoC）是专用集成电路（Application Specific Integrated Circuit，ASIC）设计方法学中产生的一种新技术，是指以嵌入式系统为核心，以知识产权（Intellectual Property，IP）复用技术为基础，集软硬件于一体，并追求产品系统最大包容的集成芯片。从狭义上理解，可以将它翻译为"系统集成芯片"，指在一个芯片上实现信号采集、转换、存储、处理和 I/O 等功能，包含嵌入式软件及整个系统的全部内容；从广义上理解，可以将它翻译为"系统芯片集成"，指一种芯片设计技术，可以实现从确定系统功能开始，到软硬件划分，并完成设计的整个过程。

片上系统一般包括系统级芯片控制逻辑模块、微处理器/微控制器 CPU 内核模块、数字信号处理器 DSP 模块、嵌入的存储器模块、与外部进行通信的接口模块、含有 ADC/DAC 的模拟前端模块、电源提供和功耗管理模块等，是一个具备特定功能、服务于特定市场的软件和集成电路的混合体。

片上系统技术始于 20 世纪 90 年代中期。随着半导体制造工艺的发展、电子设计自动化（Electronic Design Automation，EDA）的推广和超大规模集成电路（Very Large Scale Integrated Circuit，VLSI）设计的普及，集成电路（Integrated Circuit，IC）设计者能够将越来越复杂的功能集成到单个硅晶片上。与许多其他嵌入式系统外设一样，SoC 设计公司将各种通用微处理器内核设计为标准库，成为 VLSI 设计中的一种标准器件，用标准的 VHDL 等硬件语言描述存储在器件库中。设计时，用户只需定义出整个应用系统，仿真通过后就可以将设计图交给半导体工厂制作样品。这样，除个别无法集成的器件以外，整个嵌入式系统的大部分部件可以集成到一块或几块芯片中，这使得应用系统的电路板变得非常简洁，对减小体积和功耗、提高可靠性非常有利。

1.2.2 主流嵌入式微处理器

嵌入式微处理器具有以下 4 个特点。

(1) 大量使用寄存器,对实时多任务有很强的支持能力,能完成多任务并且有较短的中断响应时间,从而使内部的代码和实时内核的执行时间缩短到最低限度。结构上采用 RISC 结构形式。

(2) 具有功能很强的存储区保护功能。这是由于嵌入式系统的软件结构已模块化,而为了避免在软件模块之间出现错误的交叉作用,需要设计强大的存储区保护功能,同时有利于软件诊断。

(3) 可扩展的处理器结构,最迅速地扩展出满足应用的最高性能的嵌入式微处理器。

(4) 小体积、低功耗、成本低、高性能。嵌入式处理器功耗很低,用于便携式的无线及移动的计算和通信设备中,电池供电的嵌入式系统的功耗只有毫瓦(mW)甚至微瓦(μW)级。

嵌入式微处理器有许多不同的体系,即使在同一体系中也可能具有不同的时钟速度和总线数据宽度、集成不同的外部接口和设备,因而形成不同品种的嵌入式微处理器。据不完全统计,目前全世界嵌入式微处理器的品种总量已经上千,有几十种嵌入式微处理器体系。

主流的嵌入式微处理器体系有 ARM(Advanced RISC Machines)、无互锁流水级的微处理器(Microprocessor without Interlocked Piped Stages,MIPS)、MPC/PPC、SH(SuperH)、x86 和 RISC-V 等。

ARM 是一家微处理器行业的知名企业,该企业设计了大量高性能、廉价、功耗低的 RISC 处理器。ARM 公司的特点是只设计芯片,而不生产芯片。它将技术授权给世界上许多著名的半导体、软件厂商和原始设备制造商(Original Equipment Manufacturer,OEM),并提供服务。通常所说的 ARM 微处理器,其实是采用 ARM 知识产权核的微处理器。以该类微处理器为核心所构成的嵌入式系统已遍及工业控制、通信系统、网络系统、无线系统和消费类电子产品等各领域产品市场,ARM 微处理器占据了 32 位 RISC 微处理器 75%以上的市场份额。

MIPS 系列嵌入式微处理器是由斯坦福(Stanford)大学 John Hennery 教授领导的研究小组研制出来的,是一种 RISC 处理器。MIPS 的机制是尽量利用软件办法避免流水线中的数据相关问题。与 ARM 公司一样,MIPS 公司本身并不从事芯片的生产活动(只进行设计),其他公司要生产该芯片必须得到 MIPS 公司的许可。MIPS 系列嵌入式微处理器大量应用在通信网络设备、办公自动化设备、游戏机等消费电子产品中。

MPC/PPC 系列嵌入式微处理器主要由摩托罗拉(Motorola)[后来为飞思卡尔(Freescale)]和国际商业机器公司(IBM)推出,Motorola 推出了 MPC 系列,如 MPC8xx;IBM 推出了 PPC 系列,如 PPC4xx。MPC/PPC 系列嵌入式微处理器主要应用在通信、消费电子及工业控制、军用装备等领域。

SH 系列嵌入式微处理器是一种性价比高、体积小、功耗低的 32 位/64 位 RISC 嵌入式微处理器核,它可以广泛地应用到消费电子、汽车电子、通信设备等领域。SH 产品线包括

SH1、SH2、SH2-DSP、SH3、SH3-DSP、SH4、SH5 及 SH6。其中 SH5、SH6 是 64 位的。

x86 系列微处理器主要由超威半导体(AMD)、英特尔(Intel)、NS、意法半导体(ST)等公司提供，如 Am186/88、Elan520、嵌入式 K6、386EX、STPC、Intel AtomTM 系列等，主要应用在工业控制、通信等领域。Intel 公司推出的 AtomTM 处理器则主要应用在移动互联网设备中。

过去二十年，ARM 在移动和嵌入式领域的成果丰硕，在物联网领域正逐渐确定其市场地位，其他商用架构(如 MIPS) 逐渐消失。RISC-V 开源指令集的出现，迅速引起了产业界的广泛关注，科技企业很看重指令集架构(CPU ISA)的开放性，各大公司正在积极寻找 ARM 之外的第二选择，RISC-V 是当前的最佳选择。

1.3 嵌入式操作系统

嵌入式操作系统是一种支持嵌入式系统应用的操作系统软件，它是嵌入式系统的极为重要的组成部分，通常包括与硬件相关的底层驱动软件、系统内核、设备驱动接口、通信协议、图形用户界面及标准化浏览器等。与通用操作系统相比较，嵌入式操作系统在系统实时高效性、硬件的相关依赖性、软件固化以及应用的专用性等方面有突出的优点。

嵌入式系统的应用有高、低端应用两种模式。低端应用以单片机或专用计算机为核心所构成的可编程控制器的形式存在，一般没有操作系统的支持，具有监控、伺服、设备指示等功能，带有明显的电子系统设计特点。这种系统大部分应用于各类工业控制和飞机、导弹等武器装备中，通过汇编语言或 C 语言程序对系统进行直接控制，运行结束后清除内存。这种应用模式的主要特点是系统结构和功能相对单一、处理效率较低、存储容量较小、几乎没有软件的用户接口，比较适合于各类专用领域。高端应用以嵌入式 CPU 和嵌入式操作系统及各应用软件所构成的专用计算机系统的形式存在，其主要特点是硬件出现了不带内部存储器和接口电路的高可靠、低功耗嵌入式 CPU，如 Power PC、ARM、RISC-V 等，软件由嵌入式操作系统和应用程序构成。嵌入式操作系统通常包括与硬件相关的底层驱动软件、系统内核、设备驱动接口、通信协议、图形界面和标准化浏览器等，能运行于各种不同类型的微处理器上，具有编码体积小、面向应用、可裁剪和移植、实时性强、可靠性高、专用性强等特点，并具有大量的应用程序接口(Application Program Interface，API)。

具体到实际应用中的嵌入式操作系统常由用户根据系统的实际需求定制出来。体积小巧、功能专一，这是嵌入式操作系统最大的特点。

常见的嵌入式操作系统有嵌入式 Linux、Windows CE、Android、μC/OS-Ⅱ、VxWorks 等。其中，最重要的是嵌入式 Linux，它是针对 Linux 发行版本，经过合理裁剪、配置和编译后生成的嵌入式操作系统。

Linux 操作系统诞生于 1991 年 10 月 5 日，是一个可免费使用和自由传播的类 UNIX 操作系统，是一个基于 POSIX 和 UNIX 的多用户、多任务、支持多线程和多 CPU 的操作系统，支持 32 位和 64 位硬件。Linux 继承了 UNIX 以网络为核心的设计思想，是一个性能稳定的多用户网络操作系统。Linux 存在着许多不同的版本，但它们都使用了 Linux 内核。严格来讲，Linux 这个词本身只表示 Linux 内核，但实际上人们已经习惯了用 Linux 来代表整个基于 Linux 内核，并且使用 GNU 工程各种工具和数据库的操作系统。

接下来简要介绍各种嵌入式操作系统。

1.3.1 嵌入式 Linux

嵌入式 Linux(Embedded Linux)是指对标准 Linux 经过小型化裁剪处理之后，能够固化在容量只有几兆字节甚至几万字节的存储器或者单片机中，适合于特定嵌入式应用场合的专用 Linux 操作系统。嵌入式 Linux 的开发和研究是操作系统领域中的一个热点，目前已经开发成功的嵌入式操作系统中，大约有一半使用的是 Linux。Linux 对嵌入式系统的支持极佳，主要是由于 Linux 具有相当多的优点，如 Linux 内核具有高效性和稳定性、设计精巧、可靠性有保证、具有可动态模块加载机制、易裁剪、移植性好。Linux 支持多种体系结构，如 x86、ARM、MIPS 等，目前已经成功移植到数十种硬件平台，几乎能够运行在所有流行的 CPU 上，而且有着非常丰富的驱动程序资源。Linux 系统开放源码，适合自由传播与开发，适用于嵌入式系统，而且 Linux 的软件资源十分丰富，大多数通用程序在 Linux 上几乎都可以找到，并且数量还在不断增加。Linux 具有完整的、良好的开发和调试工具，嵌入式 Linux 为开发者提供了一套完整的工具链(Tool Chain)，它利用 GNU 的 gcc 作编译器，用 gdb、kgdb 等作调试工具，能够很方便地实现从操作系统内核到用户态应用软件各个级别的调试。

与桌面 Linux 众多的发行版本一样，嵌入式 Linux 也有各种版本，有些是免费的，有些是付费的。每个嵌入式 Linux 版本都有自己的特点，下面介绍一些常见的嵌入式 Linux 版本。

1) RT-Linux

大多数的嵌入式设备，要求操作系统内核要具备实时性，因为很多的关键性操作，必须在有限的时间内完成，否则将失去意义。内核的实时性包含很多层面的意思。首先是中断响应的实时性，一旦发生外部中断，操作系统必须在足够短的时间内响应中断并做出处理。其次是线程或任务调度的实时性，一旦线程或任务所需的资源或进一步运行的条件准备就绪，必须能够马上得到调度。

RT-Linux(Real-Time Linux)是墨西哥国立理工学院开发的嵌入式 Linux 操作系统，它的最大特点是具有很好的实时性，已经被广泛应用在航空航天、科学仪器、图像处理等众多领域。RT-Linux 的设计十分精妙，它并没有为了突出实时操作系统的特性而重写 Linux 内核，而是把标准的 Linux 内核作为实时核心的一个进程，与用户的实时进程一起调度。这样对 Linux 内核的改动比较小，而且充分利用了 Linux 的资源。

2) μCLinux

μCLinux(micro-Control-Linux)继承了标准 Linux 的优良特性，是一个代码紧凑、高度优化的嵌入式 Linux。μCLinux 是 Lineo 公司的产品，是开放源码的嵌入式 Linux 的典范之作。编译后的目标文件可控制在几百千字节(KB)数量级，并已经被成功地移植到很多平台上。μCLinux是专门针对没有存储管理部件(Memory Management Unit，MMU)的处理器而设计的，即μCLinux无法使用处理器的虚拟内存管理技术。μCLinux采用实存储器管理策略，通过地址总线对物理内存进行直接访问。

3) 红旗嵌入式Linux

红旗嵌入式Linux是由北京中科红旗软件技术有限公司研发的产品，是国内做得较好的嵌入式操作系统。该嵌入式操作系统重点支持p-Java。系统目标一方面是小型化，另一方面是能重用Linux的驱动和其他模块。红旗嵌入式Linux的主要特点有：精简内核，适用于多种常见的嵌入式CPU，提供完善的嵌入式GUI和嵌入式X-Windows，提供嵌入式浏览器、邮件程序和多媒体播放程序，提供完善的开发工具和平台。

1.3.2 QNX

QNX是一种商用的类UNIX实时操作系统，遵从POSIX规范，目标市场主要是嵌入式系统。全球共有40多家汽车品牌采用QNX作为车载信息系统的操作系统，涵盖数千万辆汽车。QNX是微内核实时操作系统，其核心仅提供进程调度、进程间通信、底层网络通信和中断处理4种服务，其进程在独立的地址空间运行。因此QNX的核心非常小巧而且运行速度极快。

1.3.3 Huawei LiteOS

Huawei LiteOS是华为面向物联网领域开发的基于实时内核的轻量级操作系统。Huawei LiteOS现有基础内核支持任务管理、内存管理、时间管理、通信机制、中断管理、队列管理、事件管理、定时器等操作系统基础组件，更好地支持低功耗场景、tickless机制、定时器对齐。

Huawei LiteOS同时通过LiteOS SDK提供端云协同能力，集成了LwM2M、CoAP、mbedtls、LwIP全套物联网(Internet of Things，IoT)互联协议栈，且在LwM2M的基础上，提供了AgentTiny模块，用户只需关注自身的应用，而不必关注LwM2M的实现细节，直接使用AgentTiny封装的接口即可简单快速地实现与云平台安全可靠的连接。

Huawei LiteOS目前支持包括ARM、x86、RISC-V等在内的多种处理器架构，对Cortex-M0、Cortex-M3、Cortex-M4、Cortex-M7等芯片架构具有非常好的适配能力，其支持30多种开发板，包括ST、NXP、GD、MIDMOTION、SILICON、ATMEL等主流厂商的开发板。

Huawei LiteOS操作系统采用“1+*N*”架构。这个“1”指的是LiteOS内核，它包括基础内核和扩展内核，部分开源，提供物联网设备端的系统资源管理功能。“*N*”指的是*N*个中间件，其中最重要的是：互联互通框架、传感框架、安全框架、运行引擎和JavaScript框架等。

1.3.4 Android

Android是基于Linux的自由及开放源代码的操作系统，主要使用于移动设备，如智能手机和平板电脑，由谷歌公司和开放手机联盟领导及开发。Android操作系统最初由Andy Rubin开发，主要支持手机，2005年8月，其由谷歌收购注资。2007年11月，谷歌与84家硬件制造商、软件开发商及电信营运商组建开放手机联盟共同研发改良Android系统。随后谷歌以Apache开源许可证的授权方式，发布了Android的源代码。在优势方面，首先，Android平台具有开发性，开发的平台允许任何移动终端厂商加入Android联盟中来；其次，Android平台具有丰富的硬件支持，提供了一个十分宽泛、自由的开发环境；最后，谷歌的支持使得Android平台可以很好地对接互联网谷歌应用。

1.3.5 μC/OS-Ⅱ

μC/OS-Ⅱ操作系统是一个可裁剪的、抢占式实时多任务内核，具有高度可移植性。特别适用于微处理器和微控制器，是与很多商业操作系统性能相当的实时操作系统。μC/OS-Ⅱ是一个免费的、源代码公开的实时嵌入式内核，其内核提供了实时系统所需要的一些基本功能。其中，包含全部功能的核心部分代码占用8.3 KB，全部的源代码约5500行，非常适合初学者进行学习分析。而且由于μC/OS-Ⅱ是可裁剪的，所以用户系统中实际的代码最少可达2.7 KB。μC/OS-Ⅱ的开放源代码特性使用户可针对自己的硬件优化代码，获得更好的性能。

1.3.6 VxWorks

VxWorks操作系统是美国WindRiver公司于1983年设计开发的嵌入式实时操作系统(Real Time Operating System，RTOS)，是嵌入式开发环境的重要组成部分。良好的持续发展能力、高性能的内核以及友好的用户开发环境，使其在嵌入式实时操作系统领域占据一席之地。它以其良好的可靠性和卓越的实时性被广泛地应用在通信、航空、航天等高精尖技术及实时性要求极高的领域中，VxWorks是目前嵌入式系统领域中使用较广泛、市场占有率较高的实时系统。VxWorks具有高可靠性、高实时性、可裁剪性好等十分有利于嵌入式开发的特点。

1.3.7 RT-Thread

RT-Thread(Real Time-Thread)是一个集实时操作系统内核、中间件组件和开发者社区于一体的技术平台，RT-Thread也是一个组件完整丰富、高度可伸缩、简易开发、超低功耗、高安全性的嵌入式/物联网操作系统。RT-Thread具备一个IoT OS平台所需的所有关键组件，如图形用户界面(Graphical User Interface，GUI)、网络协议栈、安全传输、低功耗组件等。经过十多年的发展，RT-Thread已经拥有一个嵌入式开源社区，同时被广泛应用于能源、车载、医疗、消费电子等行业，累计装机量超过2000万台，成为国人自主开发、国内较成熟稳定和装机量较大的开源 RTOS。

RT-Thread 系统完全开源，3.1.0 及以前的版本遵循 GPL V2 ＋开源许可协议。3.1.0 以后的 RT-Thread 版本遵循 Apache License 2.0 开源许可协议，其实时操作系统内核及所有开源组件可以免费在商业产品中使用，不需要公布应用程序源码，没有潜在的商业风险。

1.4 嵌入式系统的应用领域和发展趋势

1.4.1 嵌入式系统的应用领域

嵌入式系统可应用在工业控制、交通管理、信息家电、家庭智能管理系统、物联网、电子商务、环境监测和机器人等方面。目前在大部分的无线设备(如手机等)中采用嵌入式技术。在掌上电脑一类的设备中，嵌入式微处理器针对视频流进行了优化，从而广泛应用于数字音频播放器、数字机顶盒和游戏机等领域。在汽车领域中，包括驾驶、安全和车载娱乐等各种功能在内的车载设备，可用多个嵌入式微处理器将其功能统一实现。在工业和服务领域中，大量嵌入式技术已经应用于工业控制、数控机床、智能工具、工业机器人、服务机器人等行业。这些技术的应用，正逐渐改变传统的工业生产和服务方式。

在上述领域中，物联网与嵌入式是密不可分的，RISC-V 处理器也主要应用于这些领域。虽然物联网拥有传感器、无线网络、射频识别(Radio Frequency Identification，RFID)等技术，但物联网系统的控制操作、数据处理操作，都是通过嵌入式的技术去实现的，物联网是嵌入式产品的网络化。

智能设备网络的概念早在 1982 就被提出。1990 年，在卡内基-梅隆大学改造的可乐自动售货机被认为可能是第一个物联网设备，它能够报告其库存以及新装饮料是否冰冷。1999 年，美国麻省理工学院建立了自动识别(Auto-ID)中心，正式提出了物联网的基本含义，提出“万物皆可通过网络互联”。此时，他们认为射频识别对于物联网至关重要，这将允许计算机管理所有个别事务，随着技术和应用的发展，物联网的内涵已经发生了较大变化。2005 年 11 月 17 日，在信息社会世界峰会上，国际电信联盟(International Telecommunications Union，ITU)发布了《ITU 互联网报告 2005：物联网》，其中指出物联网时代的来临。物联网推动了信息化发展，受到了各国的广泛重视，许多物联网发展战略陆续出台，尤其是近些年，各国不断地在规划物联网新的发展方向和重点。

物联网技术应用广泛，已经涉及几乎各行各业，如智慧城市、智能家居、电力、公共安全、医疗服务等。物联网已经提高了人们的生产水平和生活质量，如自动生产革新了制造业技术，自动化家居让人们的生活更加舒适。智能穿戴设备，如运动手环，也属于物联网产品，受到了广大年轻人的追捧。可以说由于万物互联的特性，物联网会成为现在社会发展的热点技术。

国际电信联盟对于物联网的定义为：狭义上的物联网指连接物品到物品的网络，实现物品的智能化识别和管理，广义上的物联网则可以看作信息空间与物理空间的融合，将一切事物数字化、网络化，在物品之间、物品与人之间、人与现实环境之间实现高效信息的交互，并通过新的服务模式使各种信息技术融入社会行为，是信息化在人类社会综合应用达到的更高境界。

从通信对象和过程来看，物联网的核心是物与物以及人与物之间的信息交互。物联网的基本特征可概括为全面感知、可靠传送和智能处理。

(1) 全面感知。利用射频识别、二维码、传感器等感知、捕获、测量技术随时随地对物体进行信息采集和获取。

(2) 可靠传送。通过将物体接入信息网络，依托各种通信网络，随时随地进行设备的连接以及可靠的信息交互和共享。这种连接指的是各种各样的终端设备都能够通过某种网络技术连接到一个统一的网络上。任何终端之间都可以相互访问，也就是说物联网设备之间也建立连接，同时保留传统的与云平台的连接。这样的好处就是，一旦云平台的连接中断，物联网终端可以采用本地之间的终端连接，继续提供服务。同时，物联网设备本地之间的交流和通信，直接通过本地连接完成，而不用再上升到云端。下一代的基础通信网络，为物联网提供泛连接网络是核心目标。目前已经有很多厂商推出解决方案，如谷歌的 Thread/Wave、华为的 Hi-Link 以及 NB-IoT 等。

(3) 智能处理。利用各种智能计算技术，对海量的感知数据和信息进行分析并处理，实现智能化的决策和控制。智能，是指物联网设备具备"类似于人"的智慧，如根据特定条件和环境的自我调节能力，能够通过持续的学习不断优化和改进，更"人性化"地为人类服务。如果物联网设备只是连接在一起，能够远程控制，被动地听从人们的指挥，那不能算是真正的物联网，只能算是"控制网"。理想的目标是，物联网设备应该具备自我学习能力，通过积累过往的经验或数据能够对未来进行预判，为人们提供更加智能的服务。这种"机器学习"的能力，应该能够抽象成一些基本的服务或 API，内置到内核中，供应用开发者或者设备开发者调用。而且，这种"机器学习"的服务，不仅只是位于终端操作系统中的一段代码，还应该有一个庞大的后台进行支撑。在后台软件上执行大量的计算和预测，而终端上可以做一些计算和结果的执行。这样终端加后台软件，就形成一个分布式的计算网格，有效分工、协同计算、有序执行，形成一个支撑物联网的数字神经。

因此，物联网体系架构(如图 1-2 所示)通常被认为有 3 个层次：底部是用来感知(识别、定位)的感知层，中间是数据传输的网络层，上面是应用层。

感知层包括以传感器为代表的感知设备，以 RFID 为代表的识别设备，以 GPS、北斗导航系统等为代表的定位追踪设备，以及可能融合部分或全部上述功能的智能终端(如手机)等。大规模的感知则构成了无线传感器网络。另外，M2M(Machine to Machine)终端设备，智能终端都可视为感知层中的物体。感知层是物联网信息和数据的来源。

网络层包括接入网、核心网以及服务端系统(云计算平台、对等网络(Peer-to-Peer，P2P)、数据中心、信息网络中心等)。接入网可以是无线近距离接入网络，如无线局域网、ZigBee、Bluetooth 等；也可以是无线远距离接入网络，如移动通信网络、WiMAX 等；也可能为其他接入形式，如有线网络接入[公共交换电话网络(Public Switched Telephone Network，PSTN)、非对称数字用户线路(Asymmetric Digital Subscriber Line，ADSL)、宽

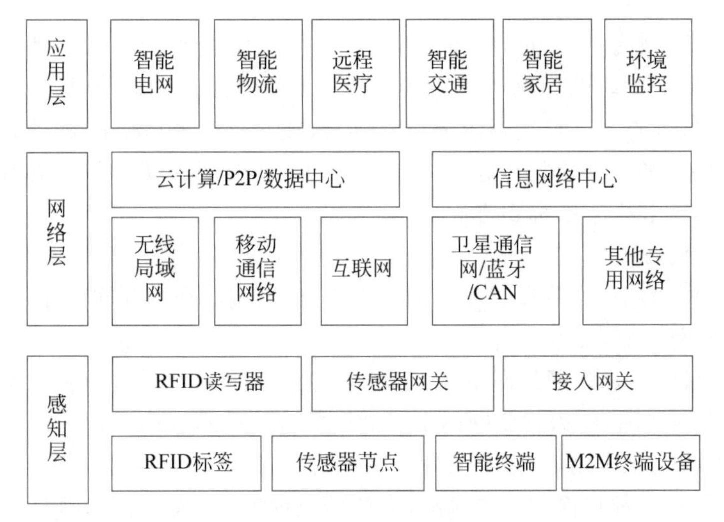

图 1-2 物联网体系架构

带]、有线电视接入、控制器局域网总线(Controller Area Network,CAN)、卫星通信接入等。网络层的承载是核心网,通常是第 6 版互联网协议(Internet Protocol version 6,IPv6)或第 4 版互联网协议(Internet Protocol version 4,IPv4)网络。网络层是物联网信息和数据的传输层,此外,网络层具备信息存储查询、网络管理等功能。云计算平台作为海量感知数据的存储、分析平台,是物联网网络层的重要组成部分,也是应用层众多应用的基础。

应用层利用经过分析处理的感知数据为用户提供丰富的特定服务,这些服务通常是在具备感知、识别、定位追踪能力后新增加的,如智能电网、智能物流、远程医疗、智能交通、智能家居、环境监控等。依靠感知层提供的数据和网络层的传输,进行相应的处理后,可能再次通过网络层反馈给感知层。应用层是物联网信息和数据的融合处理和利用,是物联网发展的目的。

1. 物联网的实现技术体系

物联网技术涉及多个领域,这些技术在不同的行业往往具有不同的应用需求和技术形态。依靠物联网的层次结构,物联网的实现技术体系如图 1-3 所示,其主要包括感知与标识技术、网络与通信技术、计算与服务技术及管理与支撑技术四大体系。

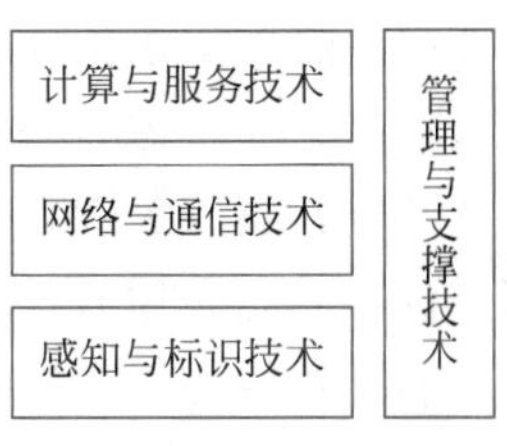

图 1-3 物联网的实现技术体系

1) 感知与标识技术

感知与标识技术是物联网的基础,负责采集物理世界中发生的物理事件和数据,实现外部世界信息的感知和识别,包括多种发展成熟度差异性很大的技术,如传感器、RFID、二维码等。

(1) 传感技术。传感技术利用传感器和多跳自组织传感器网络,协作感知、采集网络覆盖区域中被感知对象的信息。传感器技术依附于敏感机理、敏感材料、工艺设备和计测技术,对基础技术和综合技术要求非常高。目前,传感器在被检测量类型和精度、稳定性、可靠性、低成本、低功耗方面还没有达到一定规模的应用水平,这是物联网产业化发展的主要瓶颈之一。

(2) 标识技术。标识技术涵盖物体标识、位置标识和地理标识，对物理世界的标识是实现全面感知的基础。物联网标识技术是以二维码、RFID 标识为基础的，对象标识体系是物联网的一个重要技术点。从应用需求的角度，标识技术首先要解决的是对象的全局标识问题，需要研究物联网的标准化物体标识体系，进一步融合及适当兼容现有各种传感器和标识方法，并支持现有的和未来的标识方案。

2) 网络与通信技术

网络是物联网信息传递和服务支撑的基础设施，通过泛在的互联功能，实现感知信息的高可靠性、高安全性传送。

(1) 接入与组网。物联网的网络技术涵盖泛在接入和骨干传输等多个层面的内容。以 IPv6 为核心的下一代网络，为物联网的发展创造了良好的基础网条件。以传感器网络为代表的末梢网络在规模化应用后，面临与骨干网络的接入问题，并且其网络技术需要与骨干网络进行充分协同，这些都将面临新的挑战，需要研究固定、无线和移动网及 Ad-hoc 网技术、自治计算与联网技术等。

(2) 通信与频管。物联网需要结合各种有线及无线通信技术，其中近距离无线通信技术将是物联网的研究重点。由于物联网终端一般使用工业科学医疗(Industrial Scientific Medical，ISM)频段进行通信(免许可证的 2.4 GHz ISM 频段全世界都可通用)，频段内包括大量的物联网设备以及现有的无线保真(Wireless-Fidelity，Wi-Fi)、超宽带(Ultra Wide Band，UWB)、ZigBee、蓝牙等设备，频谱空间将极其拥挤，制约物联网的实际大规模应用。为提升频谱资源的利用率，让更多物联网业务能实现空间并存，需切实提高物联网规模化应用的频谱保障能力，保证异种物联网的共存，并实现其互联互通互操作。

3) 计算与服务技术

海量感知信息的计算与处理是物联网的核心支撑。服务和应用则是物联网的最终价值体现。

(1) 信息计算。海量感知信息的计算与处理技术是物联网应用大规模发展后，面临的重大挑战之一。需要研究海量感知信息的数据融合、高效存储、语义集成、并行处理、知识发现和数据挖掘等关键技术，攻克物联网云计算中的虚拟化、网格计算、服务化和智能化技术。研究的核心是采用云计算技术实现信息存储资源和计算能力的分布式共享，为海量信息的高效利用提供支撑。

(2) 服务计算。物联网的发展应该以应用为导向，在“物联网”的语境下，服务的内涵将得到革命性扩展，不断涌现的新型应用将给物联网的服务模式与应用开发带来巨大挑战，如果继续沿用传统的技术路线必定束缚物联网应用的创新。从适应未来应用环境变化和服务模式变化的角度出发，需要面向物联网在典型行业中的应用需求，提炼行业普遍存在或要求的核心共性支撑技术，研究针对不同应用需求的规范化、通用化服务体系结构，应用支撑环境，面向服务的计算技术等。

4) 管理与支撑技术

随着物联网规模的扩大、承载业务的多元化和服务质量要求的提高以及影响网络正常运行因素的增多，管理与支撑技术是保证物联网实现"可运行—可管理—可控制"的关键，包括测量分析、网络管理和安全保障等方面。

(1) 测量分析。测量是解决网络可知性问题的基本方法，可测性是网络研究中的基本问题。随着网络复杂性的提高与新型业务的不断涌现，需研究高效的物联网测量分析关键技术，建立面向服务感知的物联网测量机制与方法。

(2) 网络管理。物联网具有"自治、开放、多样"的自然特性，这些自然特性与网络运行管理的基本需求存在着突出矛盾，需研究新的物联网管理模型与关键技术，保证网络系统正常高效的运行。

(3) 安全保障。安全是基于网络的各种系统运行的重要基础之一，物联网的开放性、包容性和匿名性决定了不可避免地存在信息安全隐患。需要研究物联网安全关键技术，满足机密性、真实性、完整性、抗抵赖性四大要求，同时还需解决好物联网中的用户隐私保护与信任管理问题。

2. 物联网的主流技术

当前物联网的主流技术主要包括物联网主流标准机构、低功耗广域网络(Low Power Wide Area Network，LPWAN)技术、物联网通信协议技术、特色共性技术等。

1) 物联网主流标准机构

物联网的标准主要有国际标准化机构 oneM2M、高通主导的 Allseen Alliance、以英特尔为主的开放互联联盟(Open Interconnect Consortium，OIC)以及谷歌阵营的 Thread Group 等。

由亚洲、美国、欧洲等国家和地区的标准团体联合设立的 oneM2M 是物联网领域的国际标准化机构，该机构的目标是使智能家居、智能汽车等不受应用领域的局限性，可建立相互兼容的平台。oneM2M 目前有三星电子、LG 电子、思科(Cisco)、IBM 等 220 多家企业和各国的研究机构参与，是全球较大规模的物联网标准团体。

2013 年，由高通、Linux Foundation、思科、微软等发起的 Allseen Alliance 联盟迄今已有 180 多家企业加入，使用该联盟制定的 AllJoyn 标准技术，可以使不同操作系统和不同品牌终端之间相互兼容，商用化程度较高。

2014 年，由英特尔、三星电子、Broadcom 等公司联合成立的 OIC 组织拥有思科、惠普等 90 多家成员企业。OIC 提供无偿使用的开源代码 IoTivity 以及标准，积极拓展物联网市场。

谷歌以 32 亿美元收购的 Nest 主导的 Thread Group 包括三星电子、ARM、飞思卡尔等 160 多家企业，该标准机构使用新的 IP 无线通信网络，可以降低安全风险和能耗，有利于扩大其在智能家庭领域的份额。

2) 低功耗广域网络技术

LPWAN 专为低带宽、低功耗、远距离、大量连接的物联网应用而设计。LPWAN 可分为两类：一类是工作于未授权频谱的 LoRa、SigFox 等技术；另一类是工作于授权频谱下，第三代合作伙伴计划(3th Generation Partnership Project，3GPP)支持的 2G/3G/4G 蜂窝通信技术，如窄带物联网(Narrow Band Internet of Things，NB-IoT)。3GPP 在 2016 年 6 月已推出首个 NB-IoT 版本。中国电信广州研究院联手华为和深圳水务局，在 2016 年内完成了 NB-IoT 试点商用。NB-IoT 技术具有覆盖广、连接多、速率低、成本低、功耗少、架构优等特点。NB-IoT 技术在现有电信网络的基础上进行平滑升级，可大面积适用于物联网应用，大幅提升物联网的覆盖广度、深度。主流的低功耗广域网络分析如表 1-1 所示。

表 1-1　主流的低功耗广域网络分析

	LoRa	**NB-IoT**
频谱类型	未授权频谱	授权频谱
无线技术特点	长距离：1～20 km 节点数：万级，甚至百万级 电池寿命：3～10 年 数据速率：0.3～50 kb/s	NB-IoT 是可提升室内覆盖性能、支持大规模设备连接、减小设备复杂性、减小功耗和时延的蜂窝物联网技术，且其通信模块成本低于 GSM 模块和 NB-LTE 模块
应用情况	数据透传和 LoRaWAN 协议应用	NB-IoT 尚未出现商用部署，与现有 LTE 兼容，容易部署，通信模块的成本可以降到 5 美元以下
产业化情况	LoRa 产业链较为成熟、商业化应用较早，LoRa 联盟成立，包括电信运营商、芯片级解决商	NB-IoT 由华为、高通和 Neul 联合提出，NB-LTE 由爱立信、诺基亚等厂商提出
同类技术	Sigfox	3GPP 的 3 种标准：LTE-M、EC-GSM 和 NB-IoT，分别基于 LTE 演进、GSM 演进和 Clean Slate 技术

3）物联网通信协议技术

物联网通信协议分为两大类，一类是接入协议，另一类是通信协议。物联网比较常用的无线短距离通信语言与技术有华为 Hilink 协议、Wi-Fi、Mesh、蓝牙、ZigBee、Thread、Z-Wave、近场通信(Near Field Communication，NFC)、超宽带(Ultra Wideband，UWB)、LiFi 等十多种。

（1）蓝牙。

蓝牙 4.2 版本加强了物联网应用特性，可实现 IP 连接及网关设置等新特性，与 Wi-Fi 相比，蓝牙的优势主要体现在功耗及安全性上，相比 Wi-Fi 最大 50 mA 的功耗，蓝牙最大 20 mA 的功耗要小得多，但在传输速率与距离上的劣势比较明显，其最大传输速率与最远传输距离分别为 1 Mb/s 及 100 m。

优点：速度快、功耗低、安全性高。缺点：网络节点少、不适合多点布控。

应用场景：智能穿戴设备、智能家居、智慧医疗以及健康保健。

（2）Wi-Fi。

Wi-Fi 是一种高频无线电信号，它拥有最为广泛的用户，其最远传输距离可达 300 m，最大传输速率可达 300 Mb/s，缺点主要是最大功耗为 5 mA。

优点：覆盖范围广、数据传输速率快。缺点：传输安全性不好、稳定性差、功耗略高。

（3）ZigBee。

ZigBee 应用在智能家居领域，其优势体现在低复杂度、自组织、高安全性、低功耗，具备组网和路由特性，可以方便地嵌入各种设备中。

优点：安全性高、功耗低、组网能力强、容量大、电池寿命长。缺点：成本高、抗干扰性差、ZigBee 协议没有开源、通信距离短。

(4) NFC。

NFC 由 RFID 及互连技术整合演变而来，通过卡、读卡器以及点对点 3 种业务模式进行数据读取与交换，其传输速率没有蓝牙快，传输距离没有蓝牙远，但功耗和成本都较低、保密性好，已应用于 Apple Pay、Samsung Pay 等移动支付领域以及蓝牙音箱。

4) 特色共性技术

目前物联网中比较有特色的共性网络技术主要有 3 个：6LoWPAN、EPCglobal 和 M2M。

(1) 6LoWPAN 主要用于基于 Internet 寻址访问传感器节点，由因特网工程任务组(Internet Engineering Task Force，IETF)定义，被智能对象互联网协议(IP for Smart Objects，IPSO)联盟推广。从广义上讲，可用于基于 IEEE 802.15.4 的无线个域网链路条件下，承载 IPv6 协议形成一个广域的大规模的设备联网。

(2) EPCglobal 主要用于基于 Internet 的 RFID 系统，由 PCglobal 定义，主要用于广域物体的定位与追踪的物流应用。

(3) M2M 通常是指通过远距离无线移动通信网络的设备间的通信，如终端设备与中心服务器间通信的智能抄表，以及两个广域网设备间的通信(通过中心服务器)。M2M 的主要作用是为远端设备提供无线通信接入 Internet 的能力。M2M 很多时候可被视为一种接入方式，这种接入方式和无线移动通信网中以人为中心的接入方式不同，M2M 中接入的对象是设备，且这些设备通常是无人看守的(因此 M2M 设备可能是机卡一体的)。当然，广义上，M2M 可泛指机器之间的通信。

上述 3 种技术中(2)和(3)可能融合，即 RFID 读写器通过 M2M 连接到 Internet，然后可访问 EPCglobal 定义的 ONS(Object Name Service)、EPCIS(EPC Information Services)等服务。(1)和(3)之间的区别是(1)提供了直接的 Internet 寻址能力，而 (3)可以通过在 M2M 服务器端的网关功能进行寻址，这种寻址类似一种基于广域无线通信网的网络地址转换(Network Address Translation，NAT)，因为(3)不需要配置 IP 地址。M2M 通常是移动通信运营商在推动。

开发者基于上述基本网络技术，根据需求选择适当的终端设备，再合理地选择接入网络和核心网，就可以构造各种新颖的应用。

物联网把传统的信息通信网络延伸到更为广泛的物理世界。虽然“物联网”仍然是一个发展中的概念，然而，将“物”纳入“网”中实现万物互联，则是信息化发展的一个大趋势。物联网将带来信息产业新一轮的发展浪潮，必将对经济发展和社会生活产生深远影响。

1.4.2 嵌入式系统的发展趋势

人们对嵌入式系统的要求是在经济性上，系统价位要适中，使更多的人能够负担得起；

要小(微)型化,使人们携带方便;要可靠性强,能适应不同环境条件下可靠运行;要能够迅速地完成数据计算或数据传输;要智能性高(如知识推理、模糊识别、感知运动等),使人们用起来更简单方便,对人们更有使用价值。下面对未来嵌入式系统发展趋势中的几个重要方面简要介绍。

1)嵌入式应用的开发需要更加强大的开发工具与操作系统的支持

嵌入式开发是一项系统工程,因此要求厂商不仅提供嵌入式软、硬件系统本身,同时还需要提供强大的硬件开发工具和软件包支持。为了满足应用功能的升级,设计师们一方面采用更强大的嵌入式处理器如32位、64位RISC芯片或DSP增强处理能力;另一方面采用实时多任务编程技术和交叉开发技术来控制功能复杂性,简化应用程序设计、保障软件质量和缩短开发周期。

2)嵌入式系统与物联网的深度融合

物联网技术的发展进一步促进了嵌入式系统的联网性能的发展。网络化、信息化的要求随着互联网技术的成熟、带宽的提高而日益提高,使得以往单一功能的设备如电话、手机、冰箱、微波炉等都产生了联网需要。而嵌入式系统在物联网技术发展中从终端节点,到网关节点,再到服务器端都有很大的发展空间。

3)可穿戴设备与嵌入式系统的紧密结合

可穿戴设备是未来电子系统的一个重要发展领域,这要求嵌入式系统在精简系统内核、算法,设备实现小尺寸、微功耗和低成本方面必须具有更大的发展和突破。

4)更加友好的UI设计

嵌入式系统需要具有更加高效的、友好的人机界面。人与信息终端交互多采用以屏幕为中心的多媒体界面表达,这使得各厂商和开发团队必须研发出更加无障碍化及高效使用的UI工具。

5)嵌入式与人工智能的契合发展

人工智能物联网(AIoT)作为新一轮产业变革的核心驱动力,AI硬件和软件层的共同创新,将带来人工智能应用的变革。尤其在人工智能终端设备领域,软件和硬件的结合越来越紧密。“AI+软件+硬件”已成为核心战略,嵌入式人工智能是大势所趋,这正深刻地改变着人们的生产生活方式,在不断地为经济社会发展注入新动能。

1.5 本章小结

嵌入式计算机技术是21世纪计算机技术的重要发展方向之一,应用领域十分广泛且增长迅速,据估计未来十年中95%的微处理器和65%的软件被应用于各种嵌入式系统中。近年来,嵌入式系统技术得到了广泛的应用和爆发性的增长,普适计算、无线传感器、可重构计算、物联网、云计算、人工智能等新兴技术的出现为嵌入式系统技术的研究与应用注入了新的活力。本章首先介绍嵌入式系统的基础概念、特点及分类,然后介绍嵌入式微处理器和嵌入式操作系统,并在此基础上介绍嵌入式系统的应用领域和未来发展趋势。

第2章

RISC-V处理器架构

过去的几十年，在移动/嵌入式领域应用以及传统 PC/服务器领域中，ARM 架构和 x86 架构都得到了广泛的应用，这些成熟的架构经过多年的发展变得极为复杂和臃肿，而且存在着高昂的专利费用和架构授权问题，一些其他的商业架构越来越边缘化。具有精简、模块化及可扩充等优点的 RISC-V 架构的出现，引起了产业界的广泛关注。RISC-V 作为开源指令集体系架构，在如今的国际经济环境的大背景下有着特殊的意义。

2.1 RISC-V 架构简介

2.1.1 RISC-V 架构的发展及推广

从 1979 年开始，美国加州大学伯克利分校的 David Patterson 教授提出了精简指令集计算机的概念，创造了 RISC 这一术语，并且长期领导加州大学伯克利分校的 RISC 研发项目。1981 年，在 David Patterson 的领导下，加州大学伯克利分校的一个研究团队开发了第一代 RISC 处理器，这是如今 RISC 架构的基础。随后在 1983 年发布了第二代 RISC 原型芯片，又在 1984 年和 1988 年分别发布了第三代 RISC 和第四代 RISC。2010 年，加州大学伯克利分校 Krste Asanovic 教授带领的研究团队为了一个项目的需要，设计了一套全新的、简单且开源的指令集架构——RISC-V(第五代 RISC)。图 2-1 显示了五代 RISC 架构处理器。

第一代RISC
1981年

第二代RISC
1983年

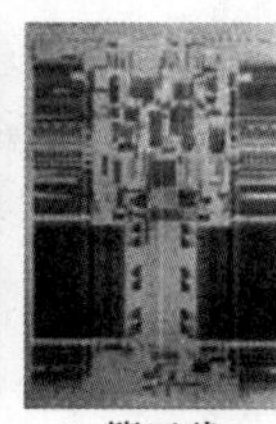

第三代
RISC(SOAR)
1984年

第四代
RISC(SPUR)
1988年

第五代RISC
2010年

图 2-1　五代 RISC 架构处理器

2015 年，RISC-V 基金会正式成立，它是一家非营利组织，负责维护 RISC-V 指令集标准手册和架构文档，建立 RISC-V 生态。基金会成员可以使用 RISC-V 商标。由于 RISC-V

架构使用伯克利软件发行版(Berkeley Software Distribution,BSD)开源协议,给予使用者很大自由,允许使用者修改和重新发布开源代码,也允许基于开源代码开发商业软件。同年,Krste Asanovic 教授带领的团队主要成员成立了 SiFive 公司,以推动 RISC-V 的商业化应用。

RISC-V 基金会遵循的原则包括以下 3 点。

(1) RISC-V 指令集及相关标准必须对所有人开放且无须授权。

(2) RISC-V 指令集规范必须能够在线下载。

(3) RISC-V 的兼容性测试套件必须提供源码下载。

2019 年,RISC-V 基金会总部从美国迁往瑞士,并于 2020 年 3 月完成在瑞士的注册,基金会更名为 RISC 国际基金会(RISC International Association),这个行动向全世界传达 RISC-V 坚持开放自由、为全球半导体行业服务的理念,使任何组织和个人都可以不受地缘政治影响、自由平等地使用 RISC-V。现在,RISC 国际基金会成员已经超过 1000 家,包括高通、英特尔、NXP、谷歌、英伟达(NVIDIA)、华为、腾讯、阿里巴巴等国内外知名企业。

在中央网信办、工业和信息化部、中国科学院等的支持和指导下,中国开放指令生态(RISC-V)联盟于 2018 年 11 月 8 日浙江乌镇举行的第五届互联网大会上正式宣布成立。中国开放指令生态联盟旨在以 RISC-V 指令集为抓手,联合学术界及产业界推动开源开放指令芯片及生态的发展,积极推动建立为全世界共享的开源芯片生态。

2.1.2 RISC-V 架构特点

经过多年的发展,嵌入式应用中存在着多种不同体系结构的处理器,这导致嵌入式技术开发人员必须学习掌握不同架构,降低了产品开发的效率、提高了人员培养的成本。同时传统的处理器架构的封闭性提高了系统研发与成果转化的成本,束缚了创新,阻碍了技术的推广和进步。

设计在 RISC-V 架构时充分借鉴了其他架构的优点,吸收了它们的经验和教训,使得它在设计理念、结构和性能等方面具有自己的优点。

1) 开放性与许可

一个全新的指令集架构要想蓬勃发展,需要产业链的上下游都参与进来。RISC-V 架构顺应了发展的趋势,把指令集架构变成一个由非营利基金会组织维护的开放标准,IP 和生态相关的软硬件的开发与维护则交给其他营利/非营利组织或个人完成。这个标准凭借开放性,得到了很多大公司和社区的支持。这样的一种方式大大加速了 RISC-V 的发展和应用。

加州大学伯克利分校的研究团队认为,指令集 ISA 作为软硬件接口的一种说明和描述规范,不应该像 ARM、PowerPC、x86 等指令集那样需要付费授权才能使用,而应该开放(Open)和免费(Free)。这样 RISC-V 架构既不会受到单一商业体的控制,也不会有商业上的限制。

2) 简洁的设计

现有体系结构经过长期的发展和版本迭代,积累了许多历史遗留问题,不同历史版本的产品在市场中共存,新版本的研发必须考虑兼容性,使得指令集架构的复杂度随时间持续增长，越来越繁杂和臃肿。

RISC-V 架构在吸收各体系结构的优点的基础上，重新开始被设计，摆脱了旧有技术的束缚。新设计技术和方法的引入大大简化了 RISC-V 指令集的设计，使得 RISC-V 架构的指令数目非常简洁，将指令集压缩到了最低限度，基本的 RISC-V 指令数目仅有 40 多条，通过可选的模块化指令来扩展其功能，以应用于不同的领域。

简洁的设计使得开发者的学习门槛大大降低，可以较快地掌握所需的技术，加快项目开发进程。例如，ARMv8-A 架构的官方手册仅一卷就多达 8538 页，相比之下 RISC-V 官方手册仅有两卷，包括 238 页的指令集手册和 91 页的特权架构手册。

3）模块化的指令集

RISC-V 的指令集使用模块化的方式进行组织，提供大量自定义编码空间以支持对指令集的扩展，从而允许开发者根据资源、能耗、权限、实时性等不同需求，基于部分特定的模块和扩展指令集进行模块的组合，实现了强大的系统可定制化能力。

RISC-V 指令集的每个模块使用一个英文字母表示，其中字母 I 表示整数指令集，是唯一强制要求实现的指令集，能够实现完整的软件编译器。其他的指令集部分均为可选的模块，具有代表性的模块包括 M、A、F、D、C 等，如表 2-1 所示。

表 2-1　RISC-V 模块化指令集

类　型	指 令 集	说　明
基本指令集	RV32I	32 位地址空间与整数指令，支持 32 个通用整数寄存器
	RV32E	RV32I 子集，仅支持 16 个通用整数寄存器
	RV64I	64 位地址空间与整数指令，以及一部分 32 位的整数指令，支持 32 个 64 位通用整数寄存器
	RV128I	128 位地址空间与整数指令，及一部分 64 位和 32 位的指令。支持 32 个 128 位通用整数寄存器
扩展指令集	M	整数乘法和除法指令
	A	存储器原子操作指令
	F	单精度(32 位)浮点运算指令
	D	双精度(64 位)浮点运算指令
	Q	四精度(128 位)浮点运算指令
	C	16 位长度压缩指令
	B	位操作指令
	E	为嵌入式设计的整数指令
	H	虚拟化扩展指令
	K	密码运算扩展指令
	V	可伸缩矢量扩展指令
	P	打包 SIMD 扩展指令
	J	动态翻译语言扩展指令
	T	事务内存指令
	N	用户态中断指令

特定组合“IMAFD”是一个稳定的通用组合，用英文字母“G”表示，例如 RV32G 或 RV64G，等同于 RV32IMAFD 或 RV64IMAFD。

4）日趋完善的生态系统

良好的生态系统对于发展芯片技术以及形成良性可持续的芯片产业循环是至关重要的。与其他开源指令集相比，RISC-V 在社区支持方面更完善，支持包括 Linux、SeL4、BSD 等通用操作系统，支持 FreeRTOS 和 RT-Thread 等实时操作系统，支持 GNU 编译器套件（GNU Compiler Collection，GCC）、底层虚拟机（Low Level Virtual Machine，LLVM）等通用编译和调试工具链，支持 C/C++、Java、Python、OpenCL 和 Go 等主流编程语言。

2.1.3 RISC-V 架构处理器芯片

RISC-V 是一种开放的指令集架构，而不是指一款具体的处理器。任何个人或机构都可以遵循 RISC-V 架构自行设计自己的处理器。所有依据 RISC-V 架构设计且通过 RISC-V 官方认证的处理器都可以称之为 RISC-V 架构处理器。

1）赛昉科技昉·惊鸿-7110（JH-7110）芯片

赛昉科技公司于 2022 年 8 月推出 JH-7110 SoC，这是能够量产的高性能 RISC-V 多媒体处理器，采用成熟的 28 nm 工艺，支持 Linux 操作系统，具有高性能、低功耗、接口丰富、图像和视频处理能力强的特点。性能方面，芯片搭载 64 位高性能四核 RISC-V CPU（单核性能相当于 ARM Cortex-A55），享有 2 MB 的二级缓存，工作频率最高可达 1.5 GHz。功耗方面，芯片划分为 8 个可独立开关的电源域，可通过软件调节 CPU 频率，支持按场景和需求设置工作状态。功耗方面，芯片静态功耗为 130 mW。接口方面，芯片配有 PCIe 2.0、eMMC 5.0、HDMI 2.0、MIPI、USB 3.0、10M/100M/1000M GMAC、SDIO 3.0 等外设接口。图像和视频处理方面，芯片集成赛昉科技自研图像处理器（Image Signal Processor，ISP），兼容主流摄像头传感器；内置图像/视频处理子系统，支持 H.264/H.265/JPEG 编解码；集成 IMGBXE-4-32 GPU，支持 OpenCL、OpenGL ES、Vulkan。JH-7110 芯片能完成一系列复杂的图像/视频处理和智能视觉计算，还能满足多种边缘端的处理需求。图 2-2 显示了基于 JH-7110 芯片的 VisionFive 2 单板计算机。

2）全志科技 D1 芯片

全志科技公司于 2021 年 4 月推出 D1 芯片，搭载 64 位单核 RISC-V CPU，运行 Linux 系统。D1 支持 H.265、H.264、MPEG-1/2/4、JPEG、VC1 等全格式解码。独立的编码器可以用 JPEG 或 MJPEG 进行编码。集成的多 adc/dac 和 I2S/PCM/DMIC/0WA 音频接口可以与 CPU 无缝配合，具备加速多媒体算法。

3）SiFive Freedom U540 芯片

SiFive 公司在 2017 年 10 月份发布了 SiFive Freedom U540 芯片，这是第一款采用开源 RISC-V 指令的多核 SoC。该芯片也是由 Linux 驱动的 RISC-V SoC，用于 AI、机器学习、网络、网关和智能物联网设备。该芯片采用台积电 28 nm HPC 工艺制造，集成了 4 个主频高达 1.5 GHz 的 U54 RV64GC 内核并支持 Sv39 虚拟内存，1 个用于管理的 E51

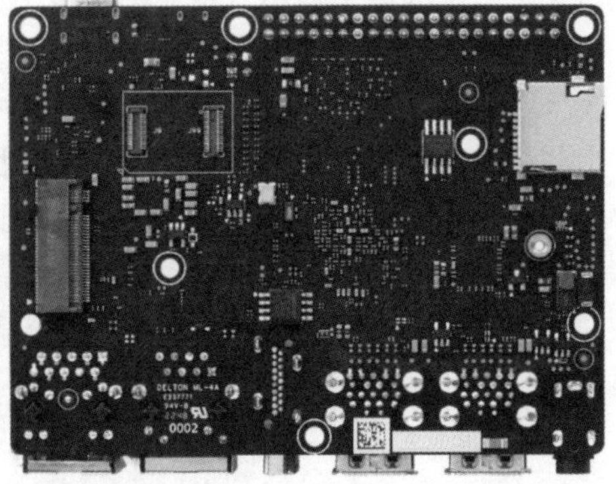

图 2-2 基于 JH-7110 芯片的 VisionFive 2 单板计算机

RV64IMAC 内核。支持 32 KB L1 指令和数据缓存的高效五级有序流水线，所有内核共享一个 2 MB L2 缓存。基于 U540 的 SiFive HiFive Unleashed 板卡如图 2-3 所示。

图 2-3 基于 U540 的 SiFive HiFive Unleashed 板卡

2.2 RISC-V 寄存器

在 RISC-V 指令集架构中，寄存器组主要包括通用寄存器(General Purpose Register)、控制和状态寄存器(Control and Status Register，CSR)，也包含一个独立的程序指针寄存器 PC。

2.2.1 通用寄存器

基本的通用寄存器包含 32 个通用整数寄存器，分别是 x0～x31。其中 x0 寄存器较为特殊，被设置为硬连线的常数 0，这是因为在程序运行过程中常数 0 的使用频率非常高，因此专门用一个寄存器来存放常数 0。

如果是 32 位的 RISC-V 架构(RV32I)，每个通用寄存器的宽度为 32 位；如果是 64 位的 RISC-V 架构(RV64I)，每个通用寄存器的宽度为 64 位。

在资源受限的使用环境下，RISC-V 定义了可选的嵌入式架构(使用扩展指令集“E”)，则只有 x0～x15 这 16 个通用整数寄存器，且由于嵌入式架构只支持 32 位的 RISC-V 架构

(即 RV32E),所以每个通用寄存器的宽度为 32 位。

如果支持"F""Q"和"D"这 3 个浮点运算指令集,则需要另外增加 32 个通用浮点寄存器 f0～f31,通用浮点寄存器的宽度分别是 32 位、64 位和 128 位。

为了使汇编程序易于阅读,在汇编程序中,每个寄存器都有一个采用应用程序二进制接口协议(Application Binary Interface,ABI)定义的别名。表 2-2 列出了通用寄存器组及其别名。

表 2-2 通用寄存器组及其别名

寄存器名称	ABI 别名	描述	数据保存者
x0	zero	常数 0	—
x1	ra	链接寄存器(函数返回地址)	Caller
x2	sp	栈指针寄存器	Callee
x3	gp	全局指针寄存器(基地址)	—
x4	tp	线程指针寄存器(基地址)	—
x5	t0	临时寄存器/备用链接寄存器	Caller
x6～x7	t1～t2	临时寄存器	Caller
x8	s0/fp	保存寄存器/帧指针寄存器(函数调用时保存数据)	Callee
x9	s1	保存寄存器(函数调用时保存数据)	Callee
x10～x11	a0～a1	函数参数/返回值寄存器(函数调用时传递参数和返回值)	Caller
x12～x17	a2～a7	函数参数寄存器(函数调用时传递参数)	Caller
x18～x27	s2～s11	保存寄存器(函数调用时保存数据)	Callee
x28～x31	t3～t6	临时寄存器	Caller
f0～f7	ft0～ft7	浮点临时寄存器	Caller
f8～f9	fs0～fs1	浮点保存寄存器	Callee
f10～f11	fa0～fa1	浮点函数参数/返回值寄存器	Caller
f12～f17	fa2～fa7	浮点函数参数寄存器	Caller
f18～f27	fs2～fs11	浮点保存寄存器	Callee
f28～f31	ft8～ft11	浮点临时寄存器	Caller

2.2.2 控制与状态寄存器

RISC-V 指令集架构还定义了一组控制与状态寄存器,使用特定的 CSR 指令访问,用来配置或记录处理器内核运行状态。CSR 是处理器核内部的寄存器,在 CSR 指令中使用 12 位独立的地址编码空间,其中的高 4 位地址空间用于编码 CSR 的读写权限及不同特权级别下的访问权限。

2.2.3 程序指针寄存器 PC

在一部分处理器架构中,当前执行指令的 PC 值可以被反映在某些通用寄存器或特殊寄存器中。任何改变通用寄存器的指令都有可能改变该值,从而导致出现分支或跳转。

但是在 RISC-V 架构中,程序指针寄存器 PC 是独立的,在指令执行过程中 PC 值自动变化。程序如果想读取 PC 值，只能通过某些指令间接获得，如 AUIPC 指令。

2.3 RISC-V 权限模式

RISC-V 架构定义了处理器的 4 种工作模式，也叫权限模式（Privileged Mode），包括机器模式（Machine Mode，M 模式）、超级管理员模式（Hypervisor Mode，H 模式）、管理员模式（Supervisor Mode，S 模式）和用户模式（User Mode，U 模式），其中 H 模式暂时处于草案状态。

(1) 机器模式是 RISC-V 指令集架构中最高级别的权限模式，RISC-V 处理器内核复位后自动进入机器模式。在机器模式下运行的程序权限最高，支持处理器所有的指令，可访问处理器内所有资源。机器模式是在系统设计中必须被实现的一个工作模式，其他权限模式都是可选的。不同的系统可以根据运行环境和实际需要，决定是否支持实现某一级别的权限模式。

(2) 超级管理员模式可用于管理跨机器的资源，或者将机器整体作为组件承担更高级别的任务。例如，H 模式可以协助实现一台机器系统的虚拟化操作。

(3) 管理员模式具有比用户模式更高的操作权限，可以操作一台机器中的敏感资源。管理员模式需要与机器模式和用户模式共同实现，因此不能出现系统中只存在 S 模式而不存在 U 模式的情况。

(4) 用户模式是 RISC-V 特权系统中最低级别的权限模式，又被称作“非特权模式”。在用户模式下运行的程序仅可以访问处理器内部限定的资源。

表 2-3 列出 RISC-V 架构的 4 种权限模式。机器模式的权限等级最高，用户模式的权限等级最低。RISC-V 架构中通过 CSR 来控制当前的权限模式，通过设置 CSR 中特定 2 位的编码值，可以切换到不同的权限模式。

表 2-3 RISC-V 架构的 4 种权限模式

等级	编码	名称	缩写
0	00	用户模式	U
1	01	管理员模式	S
2	10	超级管理员模式	H
3	11	机器模式	M

RISC-V 架构并不要求 RISC-V 处理器同时支持 4 种权限模式。设计处理器时，可根据不同的应用选择所需的模式组合。表 2-4 列出了 RISC-V 处理器可选择的权限模式组合。

表 2-4 RISC-V 处理器可选择的权限模式组合

模式数量	支持模式	应用场景
1	M	简单的嵌入式系统
2	M、U	支持安全架构的嵌入式系统
3	M、S、U	可运行类 UNIX 的系统
4	M、H、S、U	支持虚拟机的系统

2.4 RISC-V 指令集

RISC-V 指令架构采用模块化的方式进行组织，采用基本指令集＋扩展指令集的方式进行组合。处理器的设计者选择不同的扩展指令集来满足不同的应用需求。

RISC-V 指令架构中的基本指令集，也是唯一强制要求实现的指令集是由 I 字母表示的基本整数指令集 RV32I。RISC-V 指令集架构仅仅需要 RV32I，就能运行一个完整的软件栈，其他特殊功能的指令集在这个基本指令集上叠加。

RISC-V 指令集采用固定长度指令，除了“C”指令集（压缩指令）中的指令长度是 16 位以外，其他指令集中的指令长度都是 32 位。RV64I 和 RV128I 指令集中的指令长度也是 32 位，只是扩展了 64 位、128 位的数据访问指令。

32 位的 RISC-V 架构，指令和数据寻址空间就是 2 的 32 次方，4 GB 空间。

注意：RISC-V 指令集架构仅支持小端模式（存储系统的低地址中存放的是存储数据中的低字节内容，存储系统的高地址中存放的是被存储数据中的高字节内容），以简化硬件的实现。

2.4.1 RISC-V 指令编码格式

RV32I 指令编码格式可分为 6 种类型，其分类编码格式如表 2-5 所示。

表 2-5 RV32I 指令分类及编码格式

类型	字段 bit31 ←					→ bit0	备注
	7 位	5 位	5 位	3 位	5 位	7 位	
R 类型	funct7	rs2	rs1	funct3	rd	opcode	寄存器和寄存器算术指令
I 类型	imm[11:0]		rs1	funct3	rd	opcode	寄存器和立即数算术指令或加载指令
S 类型	imm[11:5]	rs2	rs1	funct3	imm[4:0]	opcode	存储指令
B 类型	imm[12|10:5]	rs2	rs1	funct3	imm[4:1|11]	opcode	条件跳转指令
U 类型	imm[31:12]				rd	opcode	长立即数操作指令
J 类型	imm[20|10:1|11|19:12]				rd	opcode	无条件跳转指令

由表 2-5 可见，指令编码是由以下几个部分组成。

（1）opcode（操作码）字段：表示指令类型。

（2）funct3 和 funct7（功能码）字段：与 opcode 字段一起定义指令的功能。

（3）rd 字段：表示目标寄存器的编号。

（4）rs1 字段：表示第一个源操作寄存器的编号。

（5）rs2 字段：表示第二个源操作寄存器的编号。

（6）imm 字段：表示立即数。

接下来通过几个例子介绍指令。

示例 2-1　加法指令 1

```
add x9, x20, x8
```

这是 R 类型指令，由两个源寄存器 rs2 和 rs1，一个目的寄存器 rd，操作码 opcode，funct3 字段和 funct7 字段组成。其指令编码格式如表 2-6 所示。

表 2-6　示例 2-1 的指令编码格式

add　x9,x20,x8						
	funct7	rs2	rs1	funct3	rd	opcode
十进制	0	8	20	0	9	51
二进制	0000000	01000	10100	000	01001	0110011
组合：0000000_01000_10100_000_01001_0110011，HEX：008A04B3						

示例 2-2　加法指令 2

```
addi x9, x8, 1
```

这是 I 类型指令，由 12 位的立即数和一个源寄存器，一个目的寄存器 rd，操作码 opcode 和 funct3 字段组成。其指令编码格式如表 2-7 所示。

表 2-7　示例 2-2 的指令编码格式

addi　x9,x8,1					
	imm[11:0]	rs1	funct3	rd	opcode
十进制	1	8	0	9	19
二进制	000000000001	01000	000	01001	0010011
组合：000000000001_01000_000_01001_0010011，HEX：00140493					

示例 2-3　存储指令

```
sw x1, 1000 (x2)
```

这是 S 类型指令，其指令编码格式如表 2-8 所示。

表 2-8　示例 2-3 的指令编码格式

sw　x1,1000(x2)						
	imm[11:5]	rs2	rs1	funct3	imm[4:0]	opcode
十进制	31	1	2	2	8	35
二进制	0011111	00001	00010	010	01000	0100011
组合：0011111_00001_00010_010_01000_0100011，HEX：3E112423						

2.4.2 RISC-V 指令长度编码

RISC-V 指令集架构定义指令的长度可以是 16 位的任意倍数。基本指令集 RV32I 的指令长度为 32 位，所以这些指令必须在 4 字节边界上对齐；指令集压缩指令“C”的指令长度为 16 位，这些指令必须在 2 字节边界上对齐。否则，处理器内核将会在读取指令时发生异常错误。

为了能够在取值后快速译码，所有 RISC-V 指令的 opcode 字段最低几位专门用于编码表示该条指令的长度，这样简化了硬件设计。如图 2-4 所示，前面介绍的 RV32I 指令格式中 opcode 字段为 7 位(Bit[6:0])，其中最低两位的编码为 11，表示指令长度为 32 位。

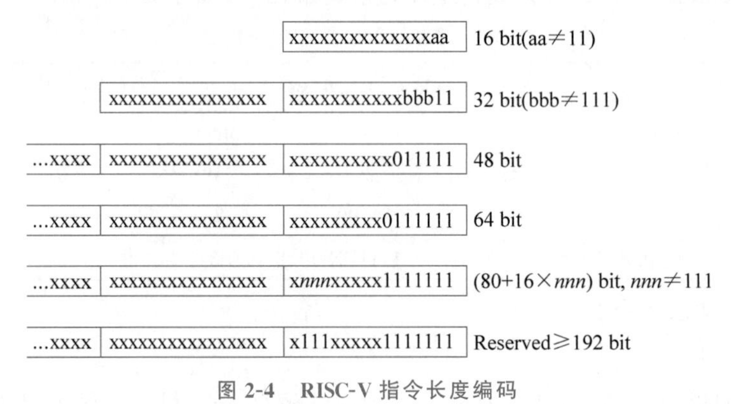

图 2-4 RISC-V 指令长度编码

2.4.3 RISC-V 寻址方式

寻址方式是指处理器根据指令中给出的地址信息，找出操作数所存放的地址，实现对操作数的访问。根据指令中给出的操作数的不同形式，RISC-V 指令集架构支持的寻址方式有立即数寻址、寄存器寻址、寄存器间接寻址、程序计数器相对寻址等。

1）立即数寻址

立即数寻址是指常数作为操作数，直接包含在指令的 32 位编码中。在 RISC-V 的汇编指令中，在操作符的后面加上字母“i”表示立即数操作指令。

需要注意的是，在 RV32I 的不同类型指令中，立即数的长度是不同的，如示例 2-2 中立即数的长度为 12 位，也就是 imm[11:0]。

例如 addi x8,x8,1，一个源操作数是寄存器 x8，一个源操作数是立即数 1，两者相加后的结果存入目的寄存器 x8 中。

2）寄存器寻址

寄存器寻址指令的源操作数和目的操作数都是寄存器，从寄存器读取数据，结果存入寄存器中。

例如 add x9,x20,x8，一个源操作数是寄存器 x20，另一个源操作数是寄存器 x8，两者相加后的结果存入目的寄存器 x9 中。

3）寄存器间接寻址

寄存器间接寻址指令是以寄存器中保存的数值作为数据在内存中的存储地址，根据存储地址找到对应的存储空间并读取数据，或者将数据写入对应的存储空间中。如果指令中带有偏移量 offset，则存储地址是寄存器的值与偏移量之和。

例如 sw　x1，1000（x2），以寄存器 x2 的值为基地址加上偏移量 1000 得到数据的存储地址，将寄存器 x1 中的 32 位数值存储到该地址对应的存储空间中。

4）程序计数器相对寻址

程序指针寄存器程序计数器用来指示下一条指令的地址，也就是会决定程序执行的流程。程序计数器相对寻址方式就是以当前程序计数器值为基地址，以操作数为偏移量，两者相加后得到新的存储空间地址，处理器将该地址作为下一条指令的存储地址，实现程序流程的跳转。

RISC-V 指令提供了一条程序计数器相对寻址指令 auipc。

```
auipc rd, imm
```

该指令先将立即数 imm 符号扩展为 20 位，再左移 12 位后成为一个新的 32 位立即数，再将当前程序计数器的值和 32 位的新立即数相加，结果存入寄存器 rd 中。

由于生成的 32 位新立即数是有符号数，因此该指令的寻址范围是以当前程序计数器值为基地址前后 2 GB 地址空间，即程序计数器加/减 2 GB。

2.4.4 RV32I 指令简介

1）算术运算指令

RV32I 指令集中只提供了基础的加法运算指令（add）、减法运算指令（sub），如表 2-9 所示。

表 2-9　算术运算指令

指　令	指令格式	说　明
add	add　rd，rs1，rs2	将寄存器 rs1 的值和寄存器 rs2 的值相加，结果存入寄存器 rd 中
addi	addi　rd，rs1，imm	将寄存器 rs1 的值和 12 位立即数 imm 相加，结果存入寄存器 rd 中
sub	sub　rd，rs1，rs2	将寄存器 rs1 的值减去寄存器 rs2 的值，结果存入寄存器 rd 中

2）逻辑运算指令

RV32I 指令集中提供了与（and）、或（or）、非（not）和异或（xor）运算指令，如表 2-10 所示。

表 2-10　逻辑运算指令

指　令	指令格式	说　明
and	and　rd，rs1，rs2	将寄存器 rs1 的值和寄存器 rs2 的值按位与，结果存入寄存器 rd 中
andi	andi　rd，rs1，imm	将寄存器 rs1 的值和 12 位立即数 imm 按位与，结果存入寄存器 rd 中

续表

指　令	指令格式	说　明
or	or　rd,rs1,rs2	将寄存器 rs1 的值和寄存器 rs2 的值按位或,结果存入寄存器 rd 中
ori	ori　rd,rs1,imm	将寄存器 rs1 的值和 12 位立即数 imm 按位或,结果存入寄存器 rd 中
not	not　rd,rs	将寄存器 rs 的值按位取反,结果存入寄存器 rd 中
xor	xor　rd,rs1,rs2	将寄存器 rs1 的值和寄存器 rs2 的值按位异或,结果存入寄存器 rd 中
xori	xori　rd,rs1,imm	将寄存器 rs1 的值和立即数 imm 按位异或,结果存入寄存器 rd 中

3）移位指令

RV32I 指令集中常见的移位指令有逻辑左移(sll)、逻辑右移(srl)、算术右移(sra),如表 2-11 所示。

表 2-11　移位指令

指　令	指令格式	说　明
sll	sll　rd,rs1,rs2	将寄存器 rs1 的值逻辑左移 rs2 位,结果存入寄存器 rd 中
slli	slli　rd,rs1,imm	将寄存器 rs1 的值逻辑左移 imm 位,结果存入寄存器 rd 中
srl	srl　rd,rs1,rs2	将寄存器 rs1 的值逻辑右移 rs2 位,结果存入寄存器 rd 中
srli	srli　rd,rs1,imm	将寄存器 rs1 的值逻辑右移 imm 位,结果存入寄存器 rd 中
sra	sra　rd,rs1,rs2	将寄存器 rs1 的值算术右移 rs2 位,结果存入寄存器 rd 中
srai	srai　rd,rs1,imm	将寄存器 rs1 的值算术右移 imm 位,结果存入寄存器 rd 中

4）比较置位指令

RV32I 指令集支持的比较置位指令如表 2-12 所示。

表 2-12　比较置位指令

指　令	指令格式	说　明
slt	slt　rd,rs1,rs2	有符号数比较,如果寄存器 rs1 的值小于寄存器 rs2 的值,则寄存器 rd 置 1,否则置 0
slti	slti　rd,rs1,imm	有符号数比较,如果寄存器 rs1 的值小于立即数 imm,则寄存器 rd 置 1,否则置 0
sltu	sltu　rd,rs1,rs2	无符号数比较,如果寄存器 rs1 的值小于寄存器 rs2 的值,则寄存器 rd 置 1,否则置 0
sltui	sltui　rd,rs1,imm	无符号数比较,如果寄存器 rs1 的值小于立即数 imm,则寄存器 rd 置 1,否则置 0
seqz	seqz　rd,rs1	如果寄存器 rs1 的值等于 0,则寄存器 rd 置 1,否则置 0
snez	snez　rd,rs1	如果寄存器 rs1 的值不等于 0,则寄存器 rd 置 1,否则置 0
sltz	sltz　rd,rs1	如果寄存器 rs1 的值小于 0,则寄存器 rd 置 1,否则置 0
sgtz	sgtz　rd,rs1	如果寄存器 rs1 的值大于 0,则寄存器 rd 置 1,否则置 0

5）无条件跳转指令

RV32I 指令集支持的无条件跳转指令有 jal 和 jalr 两条，如表 2-13 所示。

表 2-13　无条件跳转指令

指　令	指令格式	说　明
jal	jal rd,offset	跳转到 PC+offset 的地址处，并将返回地址(PC+4)保存到寄存器 rd 中
jalr	jalr rd,offset(rs1)	跳转到 rs1+offset 的地址处（该地址最低位要清零，保证地址两个字节对齐），并将返回地址（PC+4）保存到寄存器 rd 中

6）有条件跳转指令

RV32I 指令集支持的有条件跳转指令如表 2-14 所示。

表 2-14　有条件跳转指令

指　令	指令格式	说　明
beq	beq rs1,rs2,label	如果寄存器 rs1 和 rs2 的值相等，则跳转到 label 处
bne	bne rs1,rs2,label	如果寄存器 rs1 和 rs2 的值不相等，则跳转到 label 处
blt	blt rs1,rs2,label	有符号数比较，如果寄存器 rs1 的值小于寄存器 rs2 的值，则跳转到 label 处
bltu	bltu rs1,rs2,label	无符号数比较，如果寄存器 rs1 的值小于寄存器 rs2 的值，则跳转到 label 处
bgt	bgt rs1,rs2,label	有符号数比较，如果寄存器 rs1 的值大于寄存器 rs2 的值，则跳转到 label 处
bgtu	bgtu rs1,rs2,label	无符号数比较，如果寄存器 rs1 的值大于寄存器 rs2 的值，则跳转到 label 处
bge	bge rs1,rs2,label	有符号数比较，如果寄存器 rs1 的值大于或等于寄存器 rs2 的值，则跳转到 label 处
bgeu	bgeu rs1,rs2,label	无符号数比较，如果寄存器 rs1 的值大于或等于寄存器 rs2 的值，则跳转到 label 处

7）装载指令

装载(load)指令是将存储器中的数据或立即数装载到寄存器中，RV32I 指令集支持的装载指令如表 2-15 所示。

表 2-15　装载指令

指　令	指令格式	说　明
lb	lb rd,offset(rs1)	将存储器地址 rs1+offset 处的一个字节数据做符号扩展后存入寄存器 rd 中
lbu	lbu rd,offset(rs1)	将存储器地址 rs1+offset 处的一个字节数据存入寄存器 rd 中
lh	lh rd,offset(rs1)	将存储器地址 rs1+offset 处的两个字节数据做符号扩展后存入寄存器 rd 中
lhu	lhu rd,offset(rs1)	将存储器地址 rs1+offset 处的两个字节数据存入寄存器 rd 中
lw	lw rd,offset(rs1)	将存储器地址 rs1+offset 处的 4 个字节数据做符号扩展后存入寄存器 rd 中

续表

指　令	指令格式	说　明
lwu	lwu rd,offset(rs1)	将存储器地址 rs1+offset 处的 4 个字节数据存入寄存器 rd 中
lui	lui rd,imm	将立即数 imm 符号扩展为 20 位,再左移 12 位后成为一个新的 32 位立即数,将 32 位的新立即数存入寄存器 rd 中
auipc	auipc rd,imm	将立即数 imm 符号扩展为 20 位,再左移 12 位后成为一个新的 32 位立即数,再将当前程序计数器的值和 32 位的新立即数相加,结果存入寄存器 rd 中

8）存储指令

存储(store)指令将寄存器中的数据保存到存储器中。RV32I 指令集支持的存储指令如表 2-16 所示。

表 2-16　存储指令

指　令	指令格式	说　明
sb	sb rs2,offset(rs1)	将寄存器 rs2 值的低 8 位存储到存储器地址 rs1+offset 处
sh	sh rs2,offset(rs1)	将寄存器 rs2 值的低 16 位存储到存储器地址 rs1+offset 处
sw	sw rs2,offset(rs1)	将寄存器 rs2 值的低 32 位存储到存储器地址 rs1+offset 处

9）csr 操作指令

RISC-V 指令集架构还定义了一组控制和状态寄存器,使用特定的 csr 操作指令来访问 CSR 寄存器。RV32I 指令集支持的 csr 操作指令如表 2-17 所示。

表 2-17　csr 操作指令

指　令	指令格式	说　明
csrrw	csrrw rd,csr,rs1	将 CSR 寄存器中旧值读入 RD 寄存器中后,将寄存器 rs1 中的新值写入 CSR 寄存器中,同时保证该指令执行的原子性
csrrwi	csrrwi rd,csr,imm	将 CSR 寄存器中旧值读入 RD 寄存器中后,将 5 位零扩展的立即数 imm 写入 CSR 寄存器中,同时保证该指令执行的原子性
csrrs	csrrs rd,csr,rs1	将 CSR 寄存器中旧值读入 RD 寄存器中后,将寄存器 CSR 的旧值和寄存器 rs1 的值按位取或的结果写入寄存器 CSR 中,同时保证该指令执行的原子性
csrrsi	csrrsi rd,csr,imm	将 CSR 寄存器中旧值读入 RD 寄存器中后,将寄存器 CSR 的旧值和 5 位零扩展的立即数 imm 按位或的结果写入寄存器 CSR 中,同时保证该指令执行的原子性
csrrc	csrrc rd,csr,rs1	将 CSR 寄存器中旧值读入 RD 寄存器中后,将寄存器 CSR 的旧值和寄存器 rs1 的值按位取与的结果写入寄存器 CSR 中,同时保证该指令执行的原子性
csrrci	csrrci rd,csr,imm	将 CSR 寄存器中旧值读入 RD 寄存器中后,将寄存器 CSR 的旧值和 5 位零扩展的立即数 imm 按位取与的结果写入寄存器 CSR 中,同时保证该指令执行的原子性

2.5 RISC-V 异常与中断

异常与中断是现代处理器中不可缺少的功能。当发生异常或中断时，处理器暂停当前正在执行的程序，从暂停处跳转到异常处理程序或中断服务程序入口，执行处理程序。异常或中断处理结束后，返回主程序暂停处继续往下执行。RISC-V 体系架构提供了异常与中断的处理机制。

2.5.1 同步异常和异步异常

异常分为同步异常和异步异常两种。

(1) 同步异常是指处理器执行某条指令而导致的异常，在处理完相应的异常处理程序后，处理器才能继续执行。在同样的环境下，程序不管执行多少遍，同步异常通常都能够复现出来。常见的同步异常：从非法地址读取指令或数据、指令非法、指令地址未对齐、软件异常、调试导致的异常等。

(2) 异步异常是指触发原因与当前执行指令无关的异常。在同样的环境下，程序执行多少，异常出现的原因都不同，而且发生异常时的当前指令可能也会不一样。最常见的异步异常就是外部中断。

2.5.2 RV32 权限模式和异常

机器模式是 RISC-V 架构处理器必须具备的权限模式，所以在默认情况下，RISC-V 架构处理器会在机器模式中处理异常事件与中断事件请求，执行异常处理或中断服务程序。

RISC-V 架构为了使处理器能够在等级较低的权限模式下处理异常与中断，提供了委托机制。在机器模式下，设置 CSR 寄存器中的中断委托（Machine Interrupt Delegation，mideleg）和异常委托（Machine Exception Delegation，medeleg）寄存器，将一些异常与中断委托给低权限模式处理。在被委托的低权限模式中，可以通过软件屏蔽被委托的中断。

在用户模式下，如果没有设置异常委托或中断委托，则发生异常或中断后，处理器转入机器模式，响应并处理异常事件或中断请求。处理完成后，处理器通过 MRET（机器模式异常返回）指令从机器模式返回到用户模式。

在用户模式下，如果设置了委托模式，则可以在用户模式或管理员模式下处理异常或中断。如果设置在管理员模式下处理，则在处理完成后，处理器通过 SRET（管理员模式异常返回）指令从管理员模式返回到用户模式。

2.5.3 机器模式异常相关的 CSR 寄存器

与机器模式异常相关的寄存器主要有 mstatus、mie、mip、mtvec、mcause、mideleg、medeleg、mepc、mtval。

(1) mstatus 寄存器,用来记录处理器内核当前的运行状态,如表 2-18 所示。

表 2-18　mstatus 寄存器

字　段	位	说　明
UIE	Bit[0]	用户模式下中断使能,1: 打开全局中断使能
SIE	Bit[1]	管理员模式下中断使能,1: 打开全局中断使能
MIE	Bit[3]	机器模式下中断使能,1: 打开全局中断使能
UPIE	Bit[4]	保存用户模式下中断使能状态
SPIE	Bit[5]	保存管理员模式下中断使能状态
MPIE	Bit[7]	保存机器模式下中断使能状态
SPP	Bit[8]	管理员模式下,trap 发生前处理器的权限模式,有 S 或 U 两种模式
MPP	Bit[12:11]	机器模式下,trap 发生前处理器的权限模式,有 M、S 或 U 共 3 种模式

(2) mie 寄存器,用来开关各种中断使能,如表 2-19 所示。

表 2-19　mie 寄存器

字　段	位	说　明
USIE	Bit[0]	1: 用户模式下软件中断使能
SSIE	Bit[1]	1: 管理员模式下软件中断使能
MSIE	Bit[3]	1: 机器模式下软件中断使能
UTIE	Bit[4]	1: 用户模式下定时器中断使能
STIE	Bit[5]	1: 管理员模式下定时器中断使能
MTIE	Bit[7]	1: 机器模式下定时器中断使能
UEIE	Bit[8]	1: 用户模式下外部中断使能
SEIE	Bit[9]	1: 管理员模式下外部中断使能
MEIE	Bit[11]	1: 机器模式下外部中断使能

(3) mip 寄存器,用来记录各种中断请求状态,如表 2-20 所示。

表 2-20　mip 寄存器

字　段	位	说　明
USIP	Bit[0]	1: 用户模式下有软件中断请求
SSIP	Bit[1]	1: 管理员模式下有软件中断请求
MSIP	Bit[3]	1: 机器模式下有软件中断请求
UTIP	Bit[4]	1: 用户模式下有定时器中断请求
STIP	Bit[5]	1: 管理员模式下有定时器中断请求
MTIP	Bit[7]	1: 机器模式下有定时器中断请求
UEIP	Bit[8]	1: 用户模式下有外部中断请求
SEIP	Bit[9]	1: 管理员模式下有外部中断请求
MEIP	Bit[11]	1: 机器模式下有外部中断请求

(4) mtvec 寄存器,用来记录异常向量表基地址,设置向量支持模式,如表 2-21 所示。

表 2-21　mtvec 寄存器

字　段	位	说　明
MODE	Bit[1:0]	1：向量中断模式，中断发生时直接跳到异常向量表中和中断源对应的位置(BASE＋异常编码×4)，获取该中断源对应的中断服务程序的入口地址，执行中断服务程序 0：查询模式，所有中断服务程序的入口地址相同，都是基地址BASE，进入中断服务程序后再根据具体的中断源进行相应处理
BASE	Bit[31:2]	异常向量表基地址

(5) mcause 寄存器，用来保存发生异常的原因，用异常编码表示。Bit[30:0]是 Exception Code 字段(异常编码)；Bit[31]是 Interrupt 字段，1 表示中断，0 表示同步异常。mcause 寄存器中的异常编码字段如表 2-22 所示。

表 2-22　mcause 寄存器中的异常编码字段

中　断	异常编码	描　述
1	0	用户软件中断
1	1	监控软件中断
1	2	留供将来标准使用
1	3	机器软件中断
1	4	用户定时器中断
1	5	监控定时器中断
1	6	保留供将来标准使用
1	7	机器定时器中断
1	8	用户外部中断
1	9	管理程序外部中断
1	10	保留供将来标准使用
1	11	机器外部中断
1	12～15	保留供将来标准使用
1	≥16	保留供平台使用
0	0	指令地址未对齐
0	1	指令存取故障
0	2	非法指令
0	3	断点
0	4	加载地址未对齐
0	5	装载访问故障
0	6	存储/原子内存操作(Atomic Memory Operation，AMO)地址未对齐
0	7	存储/AMO 访问错误
0	8	U 模式环境调用
0	9	S 模式环境调用
0	10	保留
0	11	M 模式环境调用

续表

中断	异常编码	描述
0	12	指令页故障
0	13	加载页面错误
0	14	保留供将来标准使用
0	15	存储/AMO 页面故障
0	16～23	保留供将来标准使用
0	24～31	保留供自定义使用
0	32～47	保留供将来标准使用
0	48～63	保留供自定义使用
0	≥64	保留供将来标准使用

(6) mideleg 寄存器和 medeleg 寄存器。在机器模式下，可将各种中断或异常委托给管理员模式或用户模式处理。在管理员模式下，可将各种中断或异常委托给用户模式处理。

(7) mepc 寄存器：用于保存进入异常前的 PC 的值，即当前程序的停止地址，以作为异常返回地址。

(8) mtval 寄存器：用于保存进入异常前的错误指令的编码值或存储器访问的地址值。

2.5.4 异常与中断响应过程

当异常或中断发生时，默认情况为都在机器模式下处理，处理器自动完成以下操作。

(1) 保存 PC 值到 mepc 寄存器中，即保存返回地址。

(2) 根据异常或中断类型设置 mcasue 寄存器。

(3) 将发生异常时的错误指令编码或存储器访问的地址值保存到 mtval 寄存器。

(4) 保存异常发生前的中断状态，即把 mstatus 寄存器的 MIE 字段保存到 MPIE 字段。

(5) 保存异常发生前的处理器工作模式到 mstatus 寄存器的 MPP 字段。

(6) 设置 mstatus 寄存器的 MIE 字段为 0，关闭中断使能。

(7) 设置处理器为机器模式。

(8) 根据 mtvec 寄存器的值设置 PC，跳转到异常向量表对应位置。

根据异常向量表获取到异常处理程序或中断服务程序的入口地址后，执行异常处理程序或中断服务程序，完成后处理器会恢复异常或中断发生前的工作模式，返回被暂停的程序继续执行。放回的具体过程如下。

(1) 把 mstatus 寄存器 MPIE 字段的值设置到 MIE 字段，恢复异常发生前的中断使能状态。

(2) 根据保存在 mstatus 寄存器的 MPP 字段的处理器工作模式，将处理器恢复为异常发生前的工作模式。

(3) 把 mepc 寄存器中的值设置到 PC 寄存器中，返回被暂停的程序处。

2.6 本章小结

本章对 RISC-V 架构的发展、主要特点和应用进行了介绍，描述了 RISC-V 架构的寄存器组和处理器权限模式。随后，详细介绍了 RISC-V 指令的指令格式、寻址方式以及各指令的功能。最后，对 RISC-V 架构的异常与中断处理相关知识和响应过程进行了说明。通过本章，读者可以了解 RISC-V 架构的基本知识，为后续章节的学习奠定基础。

第3章

昉·星光 2(VisionFive 2) RISC-V 单板计算机

昉·星光 2(VisionFive 2)是上海赛昉科技有限公司开发的集成 GPU 的高性能 RISC-V 单板计算机,它搭载一个 RISC-V 四核 64 位 RV64GC ISA SoC(JH-7110)处理器,工作频率最高可达 1.5 GHz。

赛昉科技成立于 2018 年,是一家具有独立自主知识产权的本土高科技企业,提供基于 RISC-V 指令集的 CPU IP、SoC、开发板等系列产品和解决方案,是我国 RISC-V 软硬件生态的领导者。

成立至今,赛昉科技已相继推出了多款基于 RISC-V 的产品,如全球已交付性能较高的处理器内核昉·天枢,全球量产的高性能多媒体处理器 JH-7110,全球性能较高的量产单板计算机 VisionFive 2。这些产品覆盖了云电脑、平板电脑、台式/笔记本计算机、网关路由等设备,涉及边缘计算、工业显示等场景,可应用在智慧家庭、智慧零售、智慧能源等行业。

3.1 JH-7110(昉·惊鸿-7110)处理器

JH-7110 是一款基于 64 位高性能四核 RISC-V CPU 的 SoC 处理器芯片,具有高性能、低功耗、高安全性的特点。

3.1.1 JH-7110 处理器简介

JH-7110 SoC 处理器芯片具有 2 MB 的二级缓存。根据实测,JH-7110 稳定工作频率达 1.5 GHz,Coremark 跑分达到 5.09,是目前市场上 RISC-V 量产芯片中性能较优的产品。

此外,JH-7110 集成 GPU,具有更强大的图像处理能力。在 400 MHz 的 GPU 工作主频下,使用业界标准的 GPU benchmark-GLmark2 测试,相比单板计算机领域应用广泛的主控芯片,JH-7110 的实测数据超过其 4 倍。

JH-7110 拥有强大的多媒体支持能力。JH-7110 集成了赛昉科技自研的低功耗 ISP 兼容主流摄像头传感器,内置图像/视频处理子系统,提供强大的 H.264/H.265 编解码能力,支持双路 1080P@30fps 编码，1 路 4K@60fps 或 4 路 1080P@30fps 解码；支持 JPEG 编解码；显示输出可支持 2 路 4K 双屏显，6 种图层叠加显示；集成的 GPU 渲染能力可达 2400 MPixels/s。

功耗方面，JH-7110 被划分为 8 个可独立开关的电源域，CPU 频率可通过软件调节，客户可完全按照应用场景和性能需求设置最有效的芯片工作场景，以实现性能、功耗和面积(Performance，Power and Area，PPA)平衡。休眠状态下，JH-7110 功耗为 120 mW；在单板计算机应用场景，JH-7110 满负荷工作，动态功耗为 4100 mW；在软路由、网络附属存储(Network Attached Storage，NAS)的应用场景，用户不需要 GPU 和视频编码，而需要双网口工作，用户可通过软件控制模块开关，此时实际功耗会下降到 3100 mW。

JH-7110 凭借其高性能和对 OpenCL、OpenGL ES、Vulkan 的支持，更加智能、高效。JH-7110 既能完成一系列复杂的图像/视频处理和智能视觉计算，又能满足多种边缘视觉实时处理需求。JH-7110 处理器可以应用在以下应用领域中。

(1) 商务电子产品：个人单板计算机、家用 NAS、路由器等。

(2) 智慧家居产品：扫地机器人、智能家电等。

(3) 工业智能：工业机器人、无人商店、物流机器人、智能无人机等。

(4) 公共安全：视频监控、交通管理等。

3.1.2　JH-7110 处理器内部各模块介绍

JH-7110 处理器的内部各模块如下。

1) 处理器子系统

- JH-7110 有两个 RISC-V 处理器核：四核 64 位高性能 RISC-V 处理器(U74)，支持 RV64GC 指令集，4 个内核都有 32 KB 的指令和数据 L1 缓存，CPU 工作频率最高可达 1.5 GHz；具有 16 KB 指令缓存的 32 位的 RV32IMFC 指令集处理器内核(E24)。
- RV64IMAC 协处理器，带 ECC 16 KB 的 L1 指令缓存，带 ECC 的 8 KB DTIM，8 region 物理内核保护。
- 2 MB 的 L2 缓存，支持最多 16+4 个通道的双 DMA 控制器。
- 支持内核版本 5.10 和 5.15 的 Linux 操作系统。

2) 存储子系统

- 支持最高 256 KB 的 RAM。
- 双倍速率(Double Data Rate，DDR)控制器支持 1×32 通道，最高 8 GB 的 DDR，支持 DDR4/3 和 2800 Mb/s 的 LPDDR4/3，支持 2 个×16 或 1 个×32 设备。
- 四线串行外围接口(Quad Serial Peripheral Interface，QSPI)闪存控制器支持 XIP 模式和 Page 模式，独立的 1/2/4 数据宽度，支持容量高达 16 MB 的 SPI NOR Flash 和 2 GB 的 SPI NAND Flash。

3) GPU 子系统

- GPU IMG BXE-4-32。
- 支持 OpenCL 3.0。

- 支持 OpenGL ES 3.2。
- 支持 Vulkan 1.2。

4）视频处理子系统

- 摄像头 MIPI 接口：1×2-lane MIPI CSI 接口 MIPI CSI-2 RX DPHY。
- 最高支持 1080P@30fps。
- 多达 6 个 1.5 Gb/s 通道。
- 支持 1×4D1C MIPI 传感器。
- 支持 2×2D1C MIPI 传感器，两个独立的 CSI-RX 控制器，每个控制器支持高达 4K-Pixel 的接口。
- 图像信号处理(Image Signal Processing，ISP)：支持 1 个 MIPI CSI 通道和 1 个数字视频端口(Digital Video Port，DVP)输入通道；支持高达 1080p@30fps CMOS RGB 图像传感器；ISP 核心支持。
- 坏点修复。
- R/G/B LUT，AE/AWB/AF。
- 直方图分析。
- 镜头暗角校正。
- cross-talk remove。
- Global tone-mapping。
- 2D denoise。
- 从 1/4 倍到 1 倍的无缝数字缩放。
- 视频编码器：提供 JPEG 编解码，视频编码 H.265，支持 1080p@30fps 编码；视频解码(H.264/H.265)最高达 4K@60fps；支持多路解码；支持 I/P 型切片；高性能 CABAC 编码；支持感兴趣区域(Region of Interest，ROI)。

5）显示子系统

- 支持视频输入：1×DVP、1×4D2C MIPI-CSI，最高达 4K@30fps。
- 支持视频输出：4D1C MIPI 显示输出最高达 1080p@60fps，数据速率最高达 2.5 Gb/s。
- 支持一路高达 4K@30fps 的 HDMI 2.0 接口显示。
- 支持高达 1080P@30fps 的 24 位 RGB 并行接口。
- 支持 2 个显示面板(屏幕)，共享 6 个图像图层。
- 支持 1/64 倍到 64 倍(1/64 未覆盖)缩放器。

6）连接子系统

- 2 个集成物理层(Physical Layer，PHY)的 PCIe 2.0 控制器：支持 2 个单通道 PCIe 2.0 接口，X1 PCI Express 核心，支持每条通道 5 GT/s 的链路速率。
- 支持 High Speed 和 Full Speed USB 2.0 主机/设备模式。
- 通过使用 YT8521DH/DC 和 YT8531DH/DC 两种 PHY 模式，以太网 GMAC 支持 10/100/1000 Mb/s 自动协商的数据传输速率。

- 通过仅使用其他 PHY 模式，以太网 GMAC 支持 1000 Mb/s 的数据传输速率。
- 2 个 SDIO 3.0/eMMC 5.0 主机控制器。
- 2 个 CAN2.0 B，数据速率高达 5 Mb/s。

7）安全子系统

- 加密引擎：移动行业处理器接口（Mobile Industry Processor Interface，MIPI）；摄像头串行接口（Camera Serial Interface，CSI）。
- 支持 256 位随机数生成。

8）音频 DSP 子系统

- 用于传统的音频/语音数据算法处理。
- 32 位音频 DSP，支持浮点指令。
- 96 KB DTCM，96 KB ITCM。
- 16 KB I-cache，32 KB D-cache。
- 支持内部 DMA。
- 支持片上调试（Open on-Chip Debugger，OCD）。
- 32 个中断计数。

9）音频接口子系统

- 8 通道的内置音频（Inter-IC Sound，I2S）总线，支持 playback 和 record 功能，支持 master/slave 模式，带 DMA 接口，可用于 HDMI Audio 播放音频。
- 8 通道的 PCM TDM，支持 playback 和 record 功能，支持 master/slave 模式，带 DMA 接口。
- 提供 2 通道的 SPDIF，仅支持 playback 功能。
- 用于数字 MIC 应用的 4 通道 PDM 输入。

10）其他系统外设

6× UART，7×I2C，7×SP，2×SDIO，1×DPI（并行 RGB 显示），7×32 位计时器，1×温度传感器，2×INTC，8×PWM 输出，1×32 位 WDT 复位输出，64×GPIO，1×DVP 传感器输入接口，3×GPCLK 输出。

3.1.3　JH-7110 处理器地址映射

本小节介绍 JH-7110 处理器的存储空间映射关系。表 3-1 是 U74 核存储映射表，表 3-2 是 E24 核存储映射表，表 3-3 是音频 DSP 存储映射表，表 3-4 是 NoC 存储映射表。

1）U74 核存储映射

表 3-1　U74 核存储映射表

起始地址	结束地址	大　小	属　性	设　备
0x00_0000_0000	0x00_0000_00FF			调试
0x00_0000_0100	0x00_0000_2FFF			保留

续表

起始地址	结束地址	大小	属性	设备
0x00_0000_3000	0x00_0000_3FFF		RWX A	错误设备
0x00_0000_4000	0x00_015F_FFFF			保留
0x00_0110_1000	0x00_0110_1FFF	8 KB	RWX A	S7 Hart0 DTIM
0x00_0170_0000	0x00_0170_0FFF		RW A	S7 Hart0 总线-错误单元
0x00_0170_1000	0x00_0170_1FFF		RW A	U7 Hart1 总线-错误单元
0x00_0170_2000	0x00_0170_2FFF		RW A	U7 Hart2 总线-错误单元
0x00_0170_3000	0x00_0170_3FFF		RW A	U7 Hart3 总线-错误单元
0x00_0170_4000	0x00_0170_4FFF		RW A	U7 Hart3 总线-错误单元
0x00_0170_5000	0x00_01FF_FFFF			保留
0x00_0200_0000	0x00_0200_FFFF		RW A	CLINT
0x00_0201_0000	0x00_0201_3FFF		RW A	L2 高速缓存控制器
0x00_0201_4000	0x00_0203_1FFF			保留
0x00_0203_2000	0x00_0203_3FFF		RW A	U7 Hart1 L2 预取器
0x00_0203_4000	0x00_0203_5FFF		RW A	U7 Hart2 L2 预取器
0x00_0203_6000	0x00_0203_7FFF		RW A	U7 Hart2 L2 预取器
0x00_0203_8000	0x00_0203_9FFF		RW A	U7 Hart4 L2 预取器
0x00_0203_A000	0x00_07FF_FFFF			保留
0x00_0800_0000	0x00_081F_FFFF		RWX A	L2 LIM
0x00_0820_0000	0x00_09FF_FFFF		RW A	保留
0x00_0A00_0000	0x00_0A1F_FFFF		RWX I A	L2 零点装置
0x00_0A20_0000	0x00_0BFF_FFFF			保留
0x00_0C00_0000	0x00_0FFF_FFFF		RW A	PLIC
0x00_0000_0000	0x00_0FFF_FFFF			U74 内部
0x00_1000_0000	0x00_1FFF_FFFF	256 MB		外设端口
0x00_2000_0000	0x00_3FFF_FFFF	512 MB	RWX A	系统端口
0x00_4000_0000	0x04_3FFF_FFFF	16 GB		内存
0x04_4000_0000	0x08_3FFF_FFFF	16 GB	RW A	系统端口
0x09_0000_0000	0x09_7FFF_FFFF	2 GB	RWX A	系统端口
0x09_8000_0000	0x09_FFFF_FFFF	2 GB	RWX A	PCIE 配置空间+内存空间

2）E24 核存储映射

表 3-2　E24 核存储映射表

起始地址	结束地址	大小	属性	设备
0x0000_0000	0x0000_00FF			调试
0x0000_0100	0x0000_2FFF			保留
0x0000_3000	0x0000_3FFF		RWX A	错误设备
0x0000_4000	0x015F_FFFF			保留
0x0200_0000	0x0200_FFFF		RW A	CLINT
0x1000_0000	0x3FFF_FFFF	896 MB	RW A	外设
0x4000_0000	0xFFFF_FFFF	3 GB	RWX C A	DDR，可以通过 SYSCON 重新映射到其他 3 GB 空间

3）音频 DSP 存储映射

表 3-3 音频 DSP 存储映射表

起始地址	结束地址	大小	属性	设备
0x0000_0000	0x0FFF_FFFF	128 MB		保留
0x1000_0000	0x3FFF_FFFF	256 MB	RW A	外设和内存
0x4000_8000	0x4000_FFFF	32 KB	RWX C A	数据 RAM1
0x4001_0000	0x4001_FFFF	64 KB	RWX C A	数据 RAM0
0x4002_0000	0x4002_FFFF	64 KB	RWX C A	指令 RAM0
0x4003_0000	0x4003_7FFF	32 KB	RWX C A	指令 RAM1
0x4100_0000	0xFFFF_FFFF		RWX C A	DDR，可以通过 SYSCON 重新映射到其他 3 GB 空间

4）NoC 存储映射

表 3-4 NoC 存储映射表

起始地址	结束地址	大小	属性	设备
0x1500_0000	0x1500_FFFF	64 KB	RW A	CNODE_MST00.CR
0x1502_0000	0x1502_FFFF	64 KB	RW A	RTMON_MST00.CR
0x1504_0000	0x1504_FFFF	64 KB	RW A	CNODE_MST01.CR
0x1506_0000	0x1506_FFFF	64 KB	RW A	RTMON_MST01.CR
0x1507_0000	0x1507_FFFF	64 KB	RW A	EVMON_MST01.CR
0x1508_0000	0x1508_FFFF	64 KB	RW A	CNODE_MST03.CR
0x150a_0000	0x150a_FFFF	64 KB	RW A	RTMON_MST03.CR
0x150e_0000	0x150e_FFFF	64 KB	RW A	BEMON_MST17.CR
0x1510_0000	0x1510_FFFF	64 KB	RW A	CNODE_MST02.CR
0x1511_0000	0x1511_FFFF	64 KB	RW A	FIRDR_MST02.CR
0x1512_0000	0x1512_FFFF	64 KB	RW A	RTMON_MST02.CR
0x1513_0000	0x1513_FFFF	64 KB	RW A	EVMON_MST02.CR
0x1514_0000	0x1514_FFFF	64 KB	RW A	CNODE_MST04.CR
0x1516_0000	0x1516_FFFF	64 KB	RW A	BEMON_MST04.CR
0x151b_0000	0x151b_FFFF	64 KB	RW A	EVMON_MST09.CR
0x152d_0000	0x152d_FFFF	64 KB	RW A	FIRDR_MST06.CR
0x152e_0000	0x152e_FFFF	64 KB	RW A	RTMON_MST06.CR
0x152f_0000	0x152f_FFFF	64 KB	RW A	EVMON_MST06.CR
0x1536_0000	0x1536_FFFF	64 KB	RW A	BEMON_MST08.CR
0x1537_0000	0x1537_FFFF	64 KB	RW A	EVMON_MST08.CR
0x153a_0000	0x153a_FFFF	64 KB	RW A	BEMON_MST09.CR
0x1542_0000	0x1542_FFFF	64 KB	RW A	FIRDR_MST10.CR
0x1543_0000	0x1543_FFFF	64 KB	RW A	EVMON_MST10.CR
0x1546_0000	0x1546_FFFF	64 KB	RW A	FIRDR_MST11.CR
0x1547_0000	0x1547_FFFF	64 KB	RW A	EVMON_MST11.CR
0x1549_0000	0x1549_FFFF	64 KB	RW A	FIRDR_MST12.CR

续表

起始地址	结束地址	大小	属性	设备
0x154a_0000	0x154a_FFFF	64 KB	RW A	RTMON_MST12. CR
0x154b_0000	0x154b_FFFF	64 KB	RW A	EVMON_MST12. CR
0x154c_0000	0x154c_FFFF	64 KB	RW A	FIRDR_MST13. CR
0x154e_0000	0x154e_FFFF	64 KB	RW A	RTMON_MST13. CR
0x154f_0000	0x154f_FFFF	64 KB	RW A	EVMON_MST13. CR
0x1551_0000	0x1551_FFFF	64 KB	RW A	FIRDR_MST14. CR
0x1552_0000	0x1552_FFFF	64 KB	RW A	RTMON_MST14. CR
0x1553_0000	0x1553_FFFF	64 KB	RW A	EVMON_MST14. CR
0x1555_0000	0x1555_FFFF	64 KB	RW A	FIRDR_MST15. CR
0x1556_0000	0x1556_FFFF	64 KB	RW A	RTMON_MST15. CR
0x1557_0000	0x1557_FFFF	64 KB	RW A	EVMON_MST15. CR
0x1560_0000	0x1560_FFFF	64 KB	RW A	EVMON_SLV00. CR
0x1561_0000	0x1561_FFFF	64 KB	RW A	SNODE_SLV00. CR
0x1568_0000	0x1568_FFFF	64 KB	RW A	INTRRPT_DDR. CR
0x156a_0000	0x156a_FFFF	64 KB	RW A	SNODE_SLV01. CR
0x156c_0000	0x156c_FFFF	64 KB	RW A	INTRRPT_SYS. CR
0x156d_0000	0x156d_FFFF	64 KB	RW A	SNODE_SLV02. CR
0x156f_0000	0x156f_FFFF	64 KB	RW A	INTRRPT_ISP. CR
0x1570_0000	0x1570_FFFF	64 KB	RW A	操作维护中心(Operation and Maintenance Center, OMC)配置和 DDR 控制器 I

3.2 VisionFive 2 RISC-V 单板计算机简介

VisionFive 2 是集成 3D GPU 的高性能量产 RISC-V 单板计算机。该单板计算机在处理器工作频率、多媒体处理能力、可扩展性等方面均为业界领先水平，其优越的性能和合理的价格使 VisionFive 2 成为有史以来性价比较高的 RISC-V 开发板。

VisionFive 2 搭载四核 64 位 RV64GC ISA 的芯片平台，工作频率最高可达 1.5 GHz，集成 IMG BXE-4-32 MC1，支持 OpenCL 3.0、OpenGL ES 3.2 和 Vulkan 1.2。VisionFive 2 提供 2/4/8 GBLPDDR4 RAM 选项，外设 I/O 接口丰富，包括 M.2 接口、eMMC 插槽、USB 3.0 接口、40-pin GPIO header、千兆以太网接口、TF 卡插槽等。VisionFive 2 不仅配有板载音频处理和视频处理能力，还具有多媒体外设接口 MIPI-CSI 和 MIPI-DSI。开源的 VisionFive 2 具有强大的软件适配性，支持 Debian 操作系统及该系统上运行的各种软件。

3.2.1 VisionFive 2 RISC-V 单板计算机组成

VisionFive 2 RISC-V 单板计算机的组成和组成单元分别如图 3-1、表 3-5 所示。

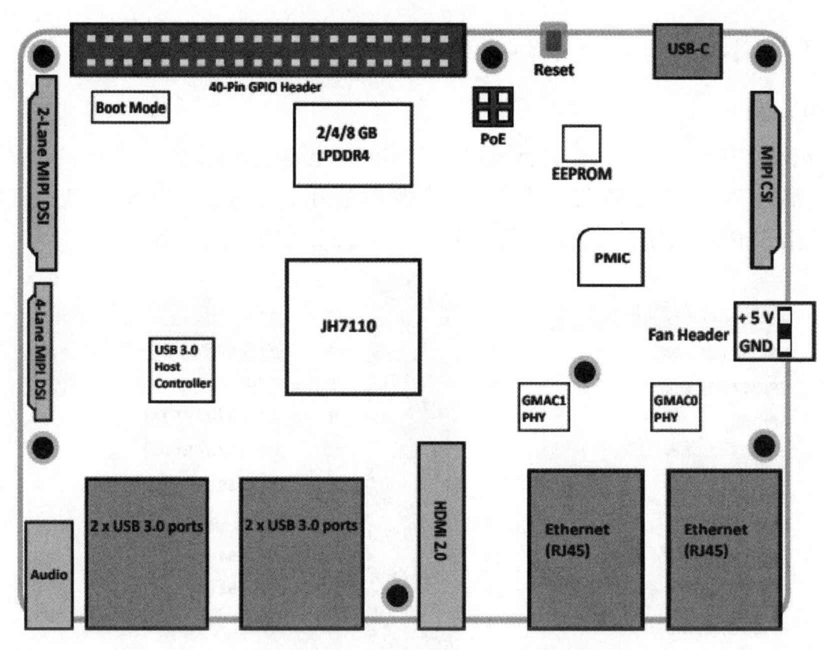

图 3-1　VisionFive 2 RISC-V 单板计算机的组成

表 3-5　VisionFive 2 RISC-V 单板计算机的组成单元

编　号	描　述	编　号	描　述
1	JH-7110 RISC-V 四核 64 位 RV64GC 指令集架构(Instruction Set Architecture, ISA)芯片平台	14	2×以太网接口(RJ45)
2	有源以太网(Power Over Ethernet, PoE) Header	15	HDMI 2.0 接口
3	启动模式 pin	16	3.5 mm 音频插孔
4	40-pin 通用编程 I/O 端口(General-Purpose Input/Output Ports, GPIO) Header	17	2×USB 3.0 接口
5	2 GB/4 GB/8 GB LPDDR4 SDRAM	18	2×USB 3.0 接口
6	Reset 键	19	4-lane MIPI DSI
7	EEPROM	20	USB 3.0 主机控制器
8	USB-C 接口 可用于供电和数据传输	21	2-lane MIPI DSI
9	2-lane MIPI CSI	22	eMMC 插槽
10	PMIC	23	TF 卡插槽
11	2-pin 风扇接口	24	QSPI Flash
12	GMAC0 PHY	25	M.2 M-Key
13	GMAC1 PHY	—	—

3.2.2 VisionFive 2 RISC-V 单板计算机外设

1）GPIO 接口

VisionFive 2 提供了 40-pin 引脚，这些引脚既有电源、接地，也有常用的 GPIO 口。所有 GPIO 口都可以通过设置将其复用为其他功能引脚，包括 CAN 总线、SDIO、音频、DMIC、I2C、I2S、PWM、SPI、UART 等。具体的引脚分布如图 3-2 所示。

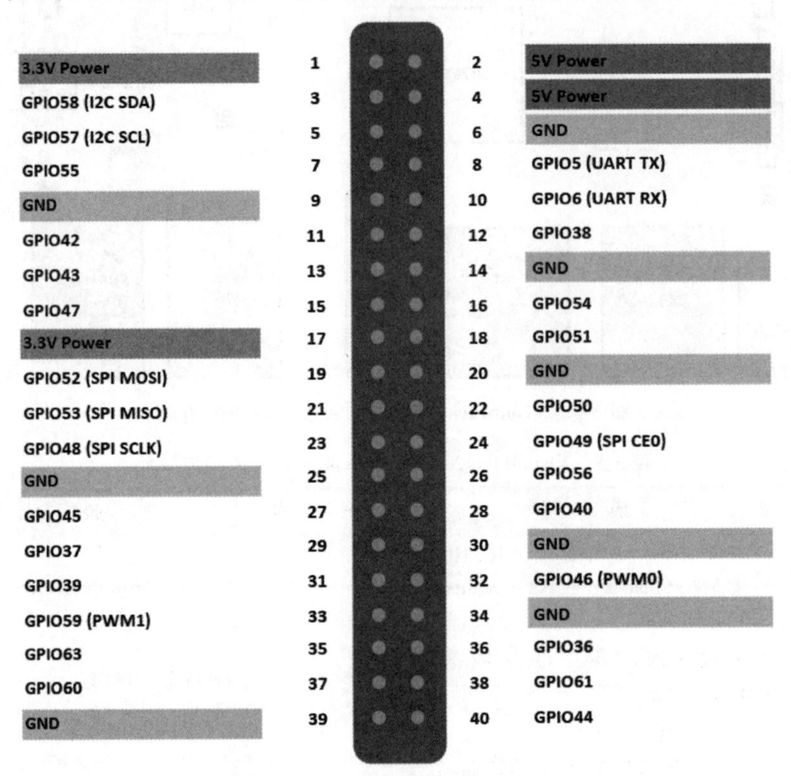

图 3-2　VisionFive 2 引脚分布

2）eMMC 插槽

VisionFive 2 为 eMMC 模块提供高速 eMMC 插槽，作为操作系统和数据存储。eMMC 插槽兼容工业标准的 pin 分布和外形尺寸。

3）摄像头和显示接口

摄像头：VisionFive 2 提供 1 个双通道 MIPI CSI 摄像机接口，支持最高 1080P@30fps。

显示接口：1×2-lane MIPI DSI 显示接口（最高 1080p@30fps）；1×4-lane MIPI DSI 显示接口，在单屏显示和双屏显示模式下支持最高 2K@30fps；1×HDMI 2.0，支持最高 4K@30fps 或 2K@60fps。

4）USB Host

提供 4 个 USB 3.0 接口（通过 JH-7110 的 PCIe 2.0　1×lanes 复用）。

5）USB Device 接口

1 个 USB Device 接口和 USB-C 接口复用。

6）HDMI

提供 1 个 HDMI 接口，支持 HDMI 2.0，支持最高 4K@30fps 或 2K@60fps。

7）音频插孔

通过 4 环 3.5 mm 耳机插孔输出模拟音频。

8）M.2 连接器

提供带有 1 个 PCIe 2.0 接口的 M.2 M-Key SSD 插槽，支持高速存储设备。

9）千兆以太网接口

提供 2 个 RJ45 千兆以太网接口。

10）启动模式 pin

提供专门的 pin 帮助用户在上电前配置启动模式。有四种启动模式可供选择：1 bit QSPI NOR Flash，SDIO 3.0，eMMC，UART。

11）4-pin PoE Header

提供 PoE 功能。PoE 在给网络设备供电的同时能传输数据、简化布线。启用 PoE 功能需要另行购买 PoE 拓展版。

12）风扇接口

提供 1 个 2-pin 风扇接口。需要散热时，可将风扇(2-pin，5 V)连接到相应接口处。

13）Reset 按钮

提供 1 个 Reset 按钮。需要重置 VisionFive 2 时，长按 Reset 键 3 秒以上，以确保重置成功。

3.3　快速使用 VisionFive 2 RISC-V 单板计算机

3.3.1　将操作系统烧录到 Micro-SD 卡上并扩展分区

将 Debian Linux 烧录到 Micro-SD 卡上，以便它可以在 VisionFive 2 上运行。本小节介绍将 Debian 烧录到 Micro-SD 卡上的步骤。

按照以下步骤，在 Linux 系统或 Windows 系统上烧录镜像。

(1) 使用 Micro-SD 卡读卡器将 Micro-SD 卡连接至计算机。

(2) 下载最新 Debian 镜像。

(3) 解压.bz2 文件。

(4) 下载 BalenaEtcher。

(5) 安装并运行 BalenaEtcher(如图 3-3 所示)。

(6) 单击 Flash from file，选择解压后的镜像文件 starfive-JH-7110-VF2-< Version >.img，其中的< Version >表示 Debian 镜像的版本号。

(7) 单击 Select target，并选择连接好的 Micro-SD 卡。

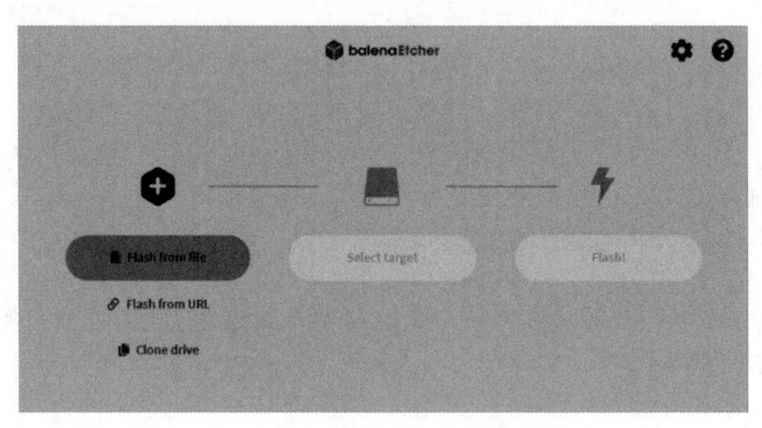

图 3-3　安装 balenaEtcher

(8) 单击 Flash！开始烧录。

登录 Debian 后，为充分利用 SD 卡上未使用的空间，执行以下步骤，扩展 VisionFive 2 的分区。

(1) 执行以下命令，列出可使用的磁盘空间。

```
df -h
```

输出示例如下所示。

```
root@starfive:~# df -h
Filesystem Size Used Avail Use% Mounted on
udev 1.7G 0 1.7G 0% /dev
tmpfs 390M 1.7M 388M 1% /run
/dev/mmcblk1p3 4.8G 3.2G 1.6G 68% /
tmpfs 2.0G 0 2.0G 0% /dev/shm
tmpfs 5.0M 0 5.0M 0% /run/lock
tmpfs 390M 32K 390M 1% /run/user/111
tmpfs 390M 24K 390M 1% /run/user/0
```

(2) 以磁盘名作为参数运行 parted 命令。

```
parted /dev/mmcblk1
```

示例输出如下所示。

```
root@starfive:~# parted /dev/mmcblk1
GNU Parted 3.5
Using /dev/mmcblk1
Welcome to GNU Parted! Type 'help' to view a list of commands.
(parted) resizepart 3 100%
Warning: Partition /dev/mmcblk1p3 is being used. Are you sure you want
to continue?
Yes/No? Y
(parted) q
Information: You may need to update /etc/fstab.
root@starfive:~#
```

(3) 执行 resize2fs 命令调整/dev/mmcblk1p3 分区的大小，以充分利用未使用的块。

示例命令和输出如下所示。

```
root@starfive:~# resize2fs /dev/mmcblk1p3
resize2fs 1.46.5 (30-Dec-2021)
Filesystem at /d[ 192.744328] EXT4-fs (mmcblk1p3): resizing filesystem
from 1280507 to
31186944 blocks
ev/mmcblk1p3 is mounted on /; on-line resizing required
old_desc_blocks = 1, new_desc_blocks = 15
[ 196.934822] EXT4-fs (mmcblk1p3): resized filesystem to 31186944
The filesystem on /dev/mmcblk1p3 is now 31186944 (4k) blocks long.
```

执行 df -h 命令以验证分区的新大小，并验证扩展分区(/dev/mmcblk1p3)的步骤是否成功。以下输出表示修改成功。

```
root@starfive:~# df -h
Filesystem Size Used Avail Use% Mounted on
udev 1.7G 0 1.7G 0% /dev
tmpfs 390M 1.8M 388M 1% /run
/dev/mmcblk1p3 118G 3.3G 114G 3% /
tmpfs 2.0G 0 2.0G 0% /dev/shm
tmpfs 5.0M 0 5.0M 0% /run/lock
tmpfs 390M 32K 390M 1% /run/user/0
```

3.3.2 更新 SPL 和 U-Boot

本小节提供更新 VisionFive 2 的第二阶段程序加载器(Secondary Program Loader，SPL)和 U-Boot 的两种方法，分别是通过 tftpboot 命令更新 SPL 和 U-Boot，通过 flashcp 命令更新 SPL 和 U-Boot。其中第二种方法仅支持镜像版本为 VF2_v2.5.0 或高于该版本的镜像。

1) 通过 tftpboot 命令

通过 tftpboot 命令更新 SPL 和 U-Boot，执行以下步骤。

(1) 部署简单文件传输协议(Trivial File Transfer Protocol，TFTP)服务器。以下是用于 Ubuntu 发行版上执行的示例命令。

```
sudo apt install tftpd-hpa
```

(2) 打开 VisionFive 2，等待它进入 U-Boot 命令行界面。

(3) 执行以下命令设置环境变量。

```
setenv ipaddr 192.168.120.222;setenv serverip 192.168.120.99
```

(4) 使用 ping 命令，检查主机与 VisionFive 2 的连接情况。

(5) 初始化 SPI Flash。

```
sf probe
```

(6) 更新 SPL 二进制文件。

```
tftpboot 0xa0000000 ${serverip}:u-boot-spl.bin.normal.out
sf update 0xa0000000 0x0 $filesize
```

(7) 更新 U-Boot 二进制文件。

```
tftpboot 0xa0000000 ${serverip}:VisionFive 2_fw_payload.img
sf update 0xa0000000 0x100000 $filesize
```

2) 通过 flashcp 命令

通过 flashcp 命令更新 SPL 和 U-Boot,执行以下步骤。

(1) 执行以下命令,安装 mtd-utils 安装包。

```
apt install mtd-utils
```

(2) 通过安全复制(Secure Copy,SCP)将最新的 u-bootspl.bin.normal.out 和 VisionFive 2_fw_payload.img 文件移植到 Debian 系统上。

(3) 执行以下命令,查看内存技术设备(Memory Technology Device,MTD)分区。

```
cat /proc/mtd
```

QSPI Flash 里的数据分区如下。

```
dev: size erasesize name
mtd0: 00020000 00001000 "spl"
mtd1: 00300000 00001000 "uboot"
mtd2: 00100000 00001000 "data"
```

(4) 根据不同分区的内容,分别通过 flashcp 更新 SPL 和 U-Boot。

更新 SPL 的示例命令如下所示。

```
flashcp -v u-boot-spl.bin.normal.out /dev/mtd0
```

更新 U-Boot 的示例命令如下所示。

```
flashcp -v VisionFive 2_fw_payload.img /dev/mtd1
```

上述两个示例命令及对应的输出如下所示。

```
# flashcp -v u-boot-spl.bin.normal.out /dev/mtd0
Erasing blocks: 32/32 (100%)
Writing data: 124k/124k (100%)
Verifying data: 124k/124k (100%)
# flashcp -v VisionFive 2_fw_payload.img /dev/mtd1
Erasing blocks: 682/682 (100%)
Writing data: 2727k/2727k (100%)
Verifying data: 2727k/2727k (100%)
```

(5) 重启系统,以使更新生效。

3.4 本章小结

本章详细介绍了 JH-7110 64 位四核 RISC-V SoC 处理器芯的特点,内部主要组成模块的性能,并详细说明了处理器的存储空间映射关系。随后介绍了 VisionFive 2 单板计算机的组成和板上主要外设。最后介绍了快速使用开发板的过程,为用户今后的使用搭建好运行环境。

第4章

Linux基础

严格来讲,Linux 不算是一个操作系统,只是一个 Linux 系统中的内核,即计算机软件与硬件通信之间的平台。Linux 的全称是 GNU/Linux,这才算是一个真正意义上的 Linux 系统。GNU/Linux 是一个多用户多任务的操作系统,也是一款自由软件,完全兼容 POSIX 标准,拥有良好的用户界面,支持多种处理器架构,移植方便。

4.1 Linux 和 Shell

在过去的 20 年里,Linux 系统主要被应用于服务器端、嵌入式开发和 PC 桌面 3 大领域。例如,大型、超大型互联网企业(百度、腾讯、阿里巴巴等)都在使用 Linux 系统作为其服务器端的程序运行平台。

所有 Linux 版本都会涉及以下几个重要概念。

(1) 内核:内核是操作系统的核心。内核直接与硬件交互,并处理大部分较底层的任务,如内存管理、进程调度、文件管理等。

(2) 命令和工具:在日常工作中,用户会用到很多系统命令和工具,如 cp、mv、cat 和 grep 等。Linux 系统中有 250 多个命令,每个命令都有多个选项。第三方工具有很多,它们扮演着重要角色。

(3) 文件和目录:Linux 系统中所有的数据都被存储到文件中,这些文件被分配到各个目录,构成文件系统。Linux 的目录与 Windows 的文件夹是类似的概念。

(4) Shell:Shell 是一个处理用户请求的工具,它负责解释用户输入的命令,调用用户希望使用的程序。Shell 既是一种命令语言,又是一种程序设计语言。

接下来,本节对 Shell 作简要介绍。

用户通过 Shell 与 Linux 内核交互。Shell 是一个命令行解释工具,它将用户输入的命令转换为内核能够理解的语言(命令)。Shell 也指一种应用程序,这个应用程序提供了一个界面,用户通过这个界面访问操作系统内核的服务。Ken Thompson 的 sh 是第一种 UNIX Shell,Windows Explorer 就是一个典型的图形界面 Shell。

Shell 和 Shell 脚本是不一样的,Shell 脚本(Shell Script),是一种为 Shell 编写的脚本程序。

业界所说的 Shell 通常是指 Shell 脚本，为简洁起见，本节的“Shell 编程”都是指 Shell 脚本编程，不是指开发 Shell 自身。

Shell 编程与 JavaScript、PHP 编程一样，只要有一个能编写代码的文本编辑器和一个能解释执行的脚本解释器就可以。

Linux 的 Shell 种类众多，常见的有：

Bourne Shell(/usr/bin/sh 或/bin/sh)

Bourne Again Shell(/bin/bash)

C Shell(/usr/bin/csh)

K Shell(/usr/bin/ksh)

Shell for Root(/sbin/sh)

…

本节关注的是 bash，也就是 Bourne Again Shell，由于易用和免费，Bash 在日常工作中被广泛使用。同时，bash 也是大多数 Linux 系统默认的 Shell。

在一般情况下，人们并不区分 Bourne Shell 和 Bourne Again Shell，所以，像 #!/bin/sh，它同样可以改为 #!/bin/bash。其中，符号 #! 告诉系统其后路径所指定的程序即解释此脚本文件的 Shell 程序。

接下来，写第一个 Shell 脚本。

打开文本编辑器(可以使用 vi/vim 命令来创建文件)，新建一个文件 test.sh，扩展名为 sh (sh 代表 Shell)，扩展名并不影响脚本执行。输入一些代码，第一行一般如下所示。

```
#!/bin/bash
echo "Hello World !"
```

#! 是一个约定的标记，它告诉系统这个脚本需要什么解释器来执行，即使用哪一种 Shell。echo 命令用于向窗口输出文本。

运行 Shell 脚本有两种方法。

1) 作为可执行程序

将第一个 Shell 脚本的代码保存为 test.sh，并切换到相应目录。

```
chmod +x ./test.sh    #使脚本具有执行权限
./test.sh             #执行脚本
```

注意一定要写成./test.sh，而不是 test.sh，运行其他二进制的程序也一样，直接写 test.sh，Linux 系统会去路径(PATH)里寻找有没有 test.sh，而只有/bin，/sbin，/usr/bin，/usr/sbin 等在 PATH 里，因而用户的当前目录通常不在 PATH 里，所以写成 test.sh 无法找到命令，要用 ./test.sh 通知系统就在当前目录寻找。

2) 作为解释器参数

这种运行方式是直接运行解释器，其参数就是 Shell 脚本的文件名，如下所示。

```
/bin/sh test.sh
/bin/php test.php
```

这种方式运行的脚本，不需要在第一行指定解释器信息。

由于篇幅限制，这里不再对 Shell 赘述，希望获得更多 Shell 知识的读者可以去 Linux 官网或者社区学习。

4.2　常见 Linux 发行版本

在 Linux 内核的发展过程中，各种 Linux 发行版本起了巨大的作用，正是它们推动了 Linux 的应用，从而让更多的人开始关注 Linux。因此，把 Red Hat、Ubuntu、SUSE 等直接说成 Linux 其实是不确切的，它们是 Linux 的发行版本，更确切地说，应该叫作“以 Linux 为核心的操作系统软件包”。Linux 的各个发行版本使用的是同一个 Linux 内核，因此在内核层不存在什么兼容性问题。

Linux 的发行版本可以大体分为两类：商业公司维护的发行版本，以著名的 Red Hat 为代表；社区组织维护的发行版本，以 Debian 为代表。

接下来简要介绍主流 Linux 发行版本。

1. Red Hat Linux

Red Hat(红帽)公司创建于 1993 年，是世界上资深的 Linux 厂商，也是获得认可的 Linux 品牌。Red Hat 公司的产品主要包括 RHEL(Red Hat Enterprise Linux，收费版本)和 CentOS (RHEL 的社区克隆版本，免费版本)、Fedora Core(由 Red Hat 桌面版发展而来，免费版本)。Red Hat 是我国使用人群最多的 Linux 版本，资料丰富，而且大多数 Linux 教程是以 Red Hat 为例来讲解的。

2. Ubuntu Linux

Ubuntu 基于知名的 Debian Linux 发展而来，界面友好、容易上手，对硬件的支持非常全面，是适合做桌面系统的 Linux 发行版本，而且 Ubuntu 的所有发行版本都是免费的。

3. SUSE Linux

SUSE Linux 以 Slackware Linux 为基础，原来是德国的 SUSE Linux AG 公司发布的 Linux 版本，1994 年发行了第一版，早期只有商业版本，2004 年被 Novell 公司收购后，成立了 OpenSUSE 社区，推出了自己的社区版本 OpenSUSE。SUSE Linux 在欧洲较为流行，在我国也有较多应用。SUSE Linux 可以非常方便地实现与 Windows 的交互，硬件检测非常优秀，拥有界面友好的安装过程、图形管理工具，对于终端用户和管理员来说使用非常方便。

4. Gentoo Linux

Gentoo 最初由 Daniel Robbins(FreeBSD 的开发者之一)创建，首个稳定版本发布于 2002 年。Gentoo 是所有 Linux 发行版本里安装较复杂的，到目前为止仍采用源码包编译安装操作系统。不过，它是安装完成后最便于管理的版本，也是在相同硬件环境下运行最快的版本。Gentoo 1.0 的面世给 Linux 领域带来了巨大的惊喜，同时吸引了大量的用户和开发者投入 Gentoo Linux 的怀抱。尽管安装时可以选择预先编译好的软件包，但是大部分使用 Gentoo 的用户选择自己手动编译，这也是为什么 Gentoo 适合比较有 Linux 使用经验的用户使用。

5. 其他 Linux 发行版本

除以上 4 种 Linux 发行版本外，还有很多其他版本，表 4-1 罗列了几种常见的 Linux 发行版本及其特点。

表 4-1 Linux 发行版本及其特点

版本名称	特　点	软件包管理器
Debian Linux	开放的开发模式，且易于进行软件包升级	apt
Fedora Core	拥有数量庞大的用户，优秀的社区技术支持. 并且有许多创新	up2date(rpm)，yum (rpm)
CentOS	CentOS 是一种对 RHEL 源代码再编译的产物，由于 Linux 是开发源代码的操作系统，并不排斥基于源代码的再分发，CentOS 将商业的 Linux 操作系统 RHEL 进行源代码再编译后分发，并在 RHEL 的基础上修正了不少已知的漏洞	rpm
SUSE Linux	专业的操作系统，易用的 YaST 软件包管理系统	YaST (rpm)，第三方 apt (rpm)软件库(repository)
Mandriva	操作界面友好，使用图形配置工具，有庞大的社区进行技术支持，支持 NTFS 分区的大小变更	rpm
KNOPPIX	可以直接在 CD 上运行，具有优秀的硬件检测和适配能力，可作为系统的急救盘使用	apt
Gentoo Linux	高度的可定制性，使用手册完整	portage
Ubuntu Linux	优秀的桌面环境，基于 Debian 构建	apt，dpkg，tasksel

4.3 Linux 文件管理

Linux 下很多工作是通过命令完成的，学好 Linux，首先要掌握常用命令。本章结合常用命令来介绍 Linux 相关基础知识。

Linux 中的所有数据都被保存在文件中，所有的文件被分配到不同的目录。目录是一种类似于树的结构。当用户使用 Linux 时，大部分时间会和文件打交道，通过本节可以了解基本的文件操作，如创建文件、删除文件、复制文件、重命名文件以及为文件创建链接等。

在 Linux 中，有 3 种基本的文件类型。

1. 普通文件

普通文件是以字节为单位的数据流，包括文本文件、源码文件、可执行文件等。文本和二进制对 Linux 来说并无区别，对普通文件的解释由处理该文件的应用程序负责。

2. 目录

目录可以包含普通文件和特殊文件，目录相当于 Windows 和 macOS 中的文件夹。

3. 设备文件

Linux 与外部设备(如光驱、打印机、终端等)是通过一种被称为设备文件的文件来进行通信。Linux 输入输出到外部设备的关系和输入输出到文件的方式是一致的。Linux 与一个外部设备通信之前，这个设备必须首先要有一个设备文件存在。例如，每一个终端都有自己的设备文件来供 Linux 写数据(如出现在终端屏幕上)和读取数据(如用户通过键盘输入)。

设备文件和普通文件不一样，设备文件中并不包含任何数据。最常见的设备文件有两种类型：字符设备文件和块设备文件。字符设备文件以字母"c"开头。字符设备文件向设备传送数据时，一次传送一个字符。典型的通过字符传送数据的设备有打印机、绘图仪、Modem 等。字符设备文件有时也被称为"raw"设备文件。块设备文件以字母"b"开头。块设备文件向设备传送数据时，先从内存中的 buffer 中读或写数据，而不是直接传送数据到物理磁盘。磁盘和 CD-ROMS 既可以使用字符设备文件，也可以使用块设备文件。

4.3.1　查看文件

查看当前目录下的文件和目录可以使用 ls 命令，如下所示。

```
$ ls
bin        hosts    lib        res.03
ch07       hw1      pub        test_results
ch07.bak   hw2      res.01     users
docs       hw3      res.02     work
```

通过 ls 命令的-l 选项，可以获取更多文件信息，如下所示。

```
$ ls -l
total 1962188
drwxrwxr-x    2  amrood  amrood   4096  Dec 25 09:59  uml
-rw-rw-r--    1  amrood  amrood   5341  Dec 25 08:38  uml.jpg
drwxr-xr-x    2  amrood  amrood   4096  Feb 15 2022   univ
drwxr-xr-x    2  root    root     4096  Dec 9 2022    urlspedia
…
```

每一列的含义如下所示，以上述代码的第 3 行为例。

第一列：文件类型及文件的操作权限。"drwxrwxr-x"表示目录及权限。

第二列：文件个数。如果是文件，那么就是 1；如果是目录，那么就是该目录中文件的数目。这里可以看出文件个数为 2。

第三列：文件的所有者，即文件的创建者。可以看出所有者为 amrood。

第四列：文件所有者所在的用户组。在 Linux 中，每个用户都属于一个用户组。

第五列：文件大小(以字节计)。可以看出该目录文件大小为 4096 字节。

第六列：文件被创建或上次被修改的时间。

第七列：文件名或目录名。可以看出文件名为 uml。

注意：每一个目录都有一个指向它本身的子目录"."和指向它上级目录的子目录"..",所以对于一个空目录，第二列应该为 2。

通过 ls -l 列出的文件的每一行都是以 a、d、-或 l 开头，这些字符表示文件类型。字符前缀及其描述如表 4-2 所示。

表 4-2 字符前缀及其描述

前缀	描述
-	普通文件。如文本文件、二进制可执行文件、源代码等
b	块设备文件。硬盘可以使用块设备文件
c	字符设备文件。硬盘也可以使用字符设备文件
d	目录文件。目录可以包含文件和其他目录
l	符号链接(软链接)。可以链接任何普通文件,类似于 Windows 中的快捷方式
p	具名管道。管道是进程间的一种通信机制
s	用于进程间通信的套接字

4.3.2 元字符

元字符是具有特殊含义的字符,如 * 和 ? 都是元字符,* 可以匹配多个任意字符,? 匹配一个字符。

元字符显示如下。

```
$ ls  ch*.doc
```

以上命令可以显示所有以 ch 开头,以 .doc 结尾的文件。

```
ch01-1.doc    ch010.doc    ch02.doc    ch03-2.doc
ch04-1.doc    ch040.doc    ch05.doc    ch06-2.doc
ch01-2.doc    ch02-1.doc c
```

如果希望显示所有以 .doc 结尾的文件,可以使用以下命令。

```
$ ls  *.doc
```

4.3.3 隐藏文件

隐藏文件的第一个字符为英文句号或点号(.),Linux 程序(包括 Shell)通常使用隐藏文件来保存配置信息。下面是一些常见的隐藏文件。

.profile：Bourne Shell (sh) 初始化脚本。

.kshrc：Korn Shell (ksh) 初始化脚本。

.cshrc：C Shell (csh) 初始化脚本。

.rhosts：Remote Shell (rsh) 配置文件。

查看隐藏文件需要使用 ls 命令的-a 选项。

```
$ ls -a
.         .profile     docs     lib        test_results
..        .rhosts      hosts    pub        users
.emacs    bin          hw1      res.01     work
.exrc     ch07         hw2      res.02
.kshrc    ch07.bak     hw3      res.03
$
```

与 4.3.1 节叙述的一样,一个点号(.)表示当前目录,两个点号(..)表示上级目录。

注意：输入密码时，星号（*）作为占位符，代表输入的字符个数。

4.3.4 查看文件内容

可以使用 cat 命令来查看文件内容，示例如下所示。

```
$ cat filename
This is Linux file.... I created it for the first time.....
I'm going to save this content in this file.
$
```

可以通过 cat 命令的-b 选项来显示行号，示例如下所示。

```
$   cat  - b filename
1   This is Linux file.... I created it for the first time.....
2   I'm going to save this content in this file.
$
```

4.3.5 统计单词数目

可以使用 wc 命令来统计当前文件的行数、单词数和字节数，示例如下。

```
$   wc filename
2   19 103 filename
$
```

每一列的含义如下。

第一列：文件的总行数。

第二列：单词数。

第三列：文件的字节数，即文件的大小。

第四列：文件名。

也可以一次查看多个文件的内容，如下所示。

```
$ wc filename1 filename2 filename3
```

4.3.6 复制文件

可以使用 cp 命令来复制文件，cp 命令的基本语法如下。

```
$ cp source_file destination_file
```

复制 filename 文件的示例如下。

```
$ cp filename copyfile
$
```

此时在当前目录中会多出一个与 filename 一模一样的 copyfile 文件。

4.3.7 重命名文件

重命名文件可以使用 mv 命令，如下所示。

```
$ mv old_file new_file
```

把 filename 文件重命名为 newfile 的示例如下。

```
$ mv filename newfile
$
```

此时在当前目录下，只有一个 newfile 文件。mv 命令其实是一个移动文件的命令，不但可以更改文件的路径，而且可以更改文件名。

4.3.8 删除文件

rm 命令可以删除文件，如下所示。

```
$ rm filename
```

注意：删除文件是一种危险的行为，因为文件内可能包含有用信息，建议结合-i 选项来使用 rm 命令。

彻底删除一个文件的示例如下。

```
$ rm filename
$
```

一次删除多个文件的示例如下。

```
$ rm filename1 filename2 filename3
$
```

4.4 Linux 目录

目录也是一个文件，它的功能是保存文件及其相关信息。所有的文件，包括普通文件、设备文件和目录文件，都会被保存到目录中。

4.4.1 主目录

登录后，用户所在的位置就是主目录（或登录目录），接下来主要是在这个目录下进行操作，如创建文件、删除文件等。使用下面的命令可以随时进入主目录。

```
$ cd ～
$
```

这里 ～ 就表示主目录。如果希望进入其他用户的主目录，可以使用下面的命令。

```
$ cd ～username
$
```

返回进入当前目录前所在的目录可以使用下面的命令。

```
$ cd -
$
```

4.4.2 绝对路径和相对路径

Linux 的目录有清晰的层次结构，/ 代表根目录，所有的目录都位于 / 下面。文件在层次结构中的位置可以用路径来表示。

如果一个路径以 / 开头,就称之为绝对路径。它表示当前文件与根目录的关系。示例如下。

```
/etc/passwd
/users/sjones/chem/notes
/dev/rdsk/0s3
```

不以 / 开头的路径被称为相对路径,它表示文件与当前目录的关系,示例如下。

```
chem/notes
personal/res
```

获取当前所在的目录可以使用 pwd 命令。

```
$ pwd
/user0/home/amrood
$
```

查看目录中的文件可以使用 ls 命令。

```
$ ls dirname
```

遍历 /usr/local 目录下的文件的示例如下。

```
$ ls /usr/local

X11     bin     gimp     jikes   sbin
ace     doc     include  lib     share
atalk   etc     info     man     ami
```

4.4.3 创建目录

可以使用 mkdir 命令来创建目录,命令如下所示。

```
$ mkdir dirname
```

dirname 可以为绝对路径,也可以为相对路径。以下命令会在当前目录下创建 mydir 目录。

```
$ mkdir mydir
$
```

以下命令会在 /tmp 目录下创建 test-dir 目录。

```
$ mkdir /tmp/test - dir
$
```

mkdir 成功创建目录后不会输出任何信息。可以使用 mkdir 命令同时创建多个目录,如下所示。

```
$ mkdir docs pub
$
```

上述命令会在当前目录下创建 docs 和 pub 两个目录。

使用 mkdir 命令创建目录时,如果上级目录不存在,就会报错。下面的示例中,mkdir

会输出错误信息。

```
$ mkdir /tmp/amrood/test
mkdir: Failed to make directory "/tmp/amrood/test";
No such file or directory
$
```

为 mkdir 命令增加-p 选项，可以一级一级创建所需要的目录，即使上级目录不存在也不会报错，如下所示。

```
$ mkdir - p /tmp/amrood/test
$
```

上述命令会创建所有不存在的上级目录。

4.4.4 删除目录

可以使用 rmdir 命令来删除目录，例如：

```
$ rmdir dirname
$
```

注意：删除目录时要确保目录为空，不包含其他文件或目录。

也可以使用 rmdir 命令同时删除多个目录。

```
$ rmdir dirname1 dirname2 dirname3
$
```

如果 dirname1、dirname2、dirname3 为空，就会被删除。rmdir 成功删除目录后不会输出任何信息。

4.4.5 改变所在目录

可以使用 cd 命令来改变当前所在目录，进入任何有权限的目录，命令如下。

```
$ cd dirname
```

dirname 为路径，可以为相对路径，也可以为绝对路径。示例如下所示。

```
$ cd /usr/local/bin
$
```

上述命令可以进入 /usr/local/bin 目录。可以使用相对路径从这个目录进入 /usr/home/amrood 目录。

```
$ cd ../../home/amrood
$
```

4.4.6 重命名目录

mv (move) 命令可以用来重命名目录，如下所示。

```
$ mv olddir newdir
```

把 mydir 目录重命名为 yourdir 目录的命令如下。

```
$ mv mydir yourdir
$
```

4.5 Linux 文件权限和访问模式

为了更加安全地存储文件,Linux 为不同的文件赋予了不同的权限,每个文件都拥有下面 3 种权限。

- 所有者权限:文件所有者能够进行的操作。
- 组权限:文件所属用户组能够进行的操作。
- 外部权限(其他权限):其他用户可以进行的操作。

4.5.1 查看文件权限

使用 ls -l 命令可以查看与文件权限相关的信息。

```
$ ls - l /home/amrood
- rwxr - xr --  1 amrood users 1024 Nov 2 00:10 myfile
drwxr - xr --   1 amrood users 1024 Nov 2 00:10 mydir
```

第一列包含文件或目录的权限。常见的是 10 个字符的排列组合,如上述代码段中的第一列"-rwxr-xr--"的第一个字符代表文件类型,-代表是普通文件,d 代表是目录。而接下来的 9 个字符所对应的权限一共分成 3 组,3 个一组,分别属于文件所有者、文件所属用户组和其他用户。权限中的每个字符都代表不同的权限,其中分别为读取(r)、写入(w)和执行(x)。

第一组字符(第 2、3、4 个字符)表示文件所有者的权限,rwx 表示所有者拥有读取、写入和执行的权限。

第二组字符(第 5、6、7 个字符)表示文件所属用户组的权限,r-x 表示该组拥有读取和执行的权限,但没有写入权限。

第三组字符(第 8、9、10 个字符)表示所有其他用户的权限,r--表示其他用户只能读取文件。

4.5.2 文件访问模式

文件权限是 Linux 系统的第一道安全防线,基本的权限有读取、写入和执行。

读取:用户能够读取文件信息,查看文件内容。

写入:用户可以编辑文件,可以向文件写入内容,也可以删除文件内容。

执行:用户可以将文件作为程序来运行。

4.5.3 目录访问模式

目录的访问模式与文件类似,但是稍有不同。

读取:用户可以查看目录中的文件。

写入：用户可以在当前目录中删除文件或创建文件。

执行：执行权限赋予用户遍历目录的权利，如执行 cd 和 ls 命令。

4.5.4 改变权限

可以使用 chmod (change mode) 命令来改变文件或目录的访问权限，权限可以使用符号或数字来表示。

1. 使用符号表示权限

对于初学者来说，最简单的就是使用符号来改变文件或目录的权限，用户可以增加(＋)和删除(－)权限，也可以指定特定权限。表 4-3 列举了权限更改符号。

表 4-3 权限更改符号

符号	说明
＋	为文件或目录增加权限
－	删除文件或目录的权限
＝	设置指定的权限

修改 testfile 文件权限的示例如下。

```
$ ls -l testfile
-rwxrwxr-- 1   amrood   users 1024   Nov 2 00:10   testfile
$ chmod o+wx testfile
$ ls -l testfile
-rwxrwxrwx  1   amrood   users 1024   Nov 2 00:10   testfile
$ chmod u-x testfile
$ ls -l testfile
-rw-rwxrwx 1   amrood   users 1024   Nov 2 00:10   testfile
$ chmod g=rx testfile
$ ls -l testfile
-rw-r-xrwxl   amrood   users 1024   Nov 2 00:10   testfile
```

也可以同时使用多个符号。

```
$ chmod o+wx,u-x,g=rx testfile
$ ls -l testfile
-rw-r-xrwx   1   amrood   users 1024   Nov 2 00:10   testfile
```

2. 使用数字表示权限

除了符号，也可以使用八进制数字来指定具体权限，如表 4-4 所示。

表 4-4 使用数字表示权限

数字	说明	权限
0	没有任何权限	---
1	执行权限	--x
2	写入权限	-w-
3	执行权限和写入权限：1（执行）＋ 2（写入）＝ 3	-wx
4	读取权限	r--

续表

数　字	说　明	权　限
5	读取和执行权限：4（读取）＋1（执行）＝5	r-x
6	读取和写入权限：4（读取）＋2（写入）＝6	rw-
7	所有权限：4（读取）＋2（写入）＋1（执行）＝7	rwx

下面的例子，首先使用 ls -l 命令查看 testfile 文件的权限，然后使用 chmod 命令更改权限。

```
$ls -l testfile
-rwxrwxr--   1   amrood   users 1024   Nov 2 00:10   testfile
$ chmod 755 testfile
$ls -l testfile
-rwxr-xr-x  1   amrood   users 1024   Nov 2 00:10   testfile
$chmod 743 testfile
$ls -l testfile
-rwxr---wx  1   amrood   users 1024   Nov 2 00:10   testfile
$chmod 043 testfile
$ls -l testfile
----r---wx  1   amrood   users 1024   Nov 2 00:10   testfile
```

4.5.5　更改所有者和用户组

在 Linux 中，每添加一个新用户，就会为它分配一个用户 ID 和群组 ID，上面提到的文件权限是基于用户和群组来分配的。

有如下两个命令可以改变文件的所有者或群组。

chown：chown 命令是“change owner”的缩写，用来改变文件的所有者。

chgrp：chgrp 命令是“change group”的缩写，用来改变文件所在的群组。

chown 命令用来更改文件所有者，如下所示。

```
$ chown user filelist
```

user 可以是用户名或用户 ID，将 testfile 文件的所有者改为 amrood 的命令如下。

```
$ chown amrood testfile
$
```

注意：超级用户 root 可以不受限制地更改文件的所有者和用户组，但是普通用户只能更改所有者是自己的文件或目录。

chgrp 命令用来改变文件所属群组，如下所示。

```
$ chgrp group filelist
```

group 可以是群组名或群组 ID，将文件 testfile 的群组改为 special 的命令如下所示。

```
$ chgrp special testfile
$
```

在 Linux 中，一些程序需要特殊权限才能完成用户指定的操作。例如，用户的密码保存在 /etc/shadow 文件中，出于安全考虑，一般用户没有读取和写入的权限。但是当使用

passwd 命令来更改密码时，需要对 /etc/shadow 文件有写入权限。这就意味着，passwd 程序必须要给用户一些特殊权限，才可以向 /etc/shadow 文件写入内容。

Linux 通过给程序设置 SUID(Set User ID)和 SGID(Set Group ID)位来赋予普通用户特殊权限。当运行一个带有 SUID 位的程序时，就会继承该程序所有者的权限。如果程序不带 SUID 位，则会根据程序使用者的权限来运行。

SGID 也一样。一般情况下，程序会根据用户的组权限来运行，但是给程序设置 SGID 后，就会根据程序所在组的组权限运行。

如果程序设置了 SUID 位，就会在表示文件所有者可执行权限的位置上出现's'字母。同样，如果设置了 SGID，就会在表示文件群组可执行权限的位置上出现's'字母。执行命令如下所示。

```
$ ls -l /usr/bin/passwd
-r-sr-xr-x 1 root bin 19031 Feb 7 13:47 /usr/bin/passwd*
$
```

执行命令后的第四个字符不是'x'或'-'，而是's'，说明 /usr/bin/passwd 文件设置了 SUID 位，这时普通用户会以 root 用户的权限来执行 passwd 程序。

注意：小写字母's'说明文件所有者有执行权限(x)，大写字母'S'说明文件所有者没有执行权限(x)。

如果在表示群组权限的位置上出现 SGID 位，那么仅有 3 类用户可以删除该目录下的文件(目录所有者、文件所有者、超级用户 root)。

为一个目录设置 SUID 和 SGID 位可以使用下面的命令。

```
$ chmod ug+s dirname
$ ls -l
drwsr-sr-x 2 root root 4096 Jun 19 06:45 dirname
$
```

4.6 Linux 环境变量

在 Linux 中，环境变量是一个很重要的概念。环境变量可以由系统、用户、Shell 以及其他程序来设定。这里变量就是一个可以被赋值的字符串，赋值范围包括数字、文本、文件名、设备以及其他类型的数据。

下面的例子将为变量 TEST 赋值，然后使用 echo 命令输出。

```
$TEST="Linux Programming"
$echo $TEST
Linux Programming
```

注意：变量赋值时前面不能加 $ 符号，变量输出时必须要加 $ 前缀。退出 Shell 时，变量将消失。

登录系统后，Shell 会有一个初始化的过程，用来设置环境变量。这个阶段，Shell 会读

取 /etc/profile 和 .profile 两个文件，过程如下。

Shell 首先检查 /etc/profile 文件是否存在，如果存在就读取内容，否则就跳过，但是不会报错。

然后检查主目录（登录目录）中是否存在 .profile 文件，如果存在就读取内容，否则就跳过，也不会报错。

读取完上面两个文件，Shell 就会出现 $ 命令提示符。

```
$
```

出现这个提示符，就可以输入命令并调用相应的程序。注意：上面是 Bourne Shell 的初始化过程，bash 和 ksh 在初始化过程中还会检查其他文件。

4.6.1 .profile 文件

/etc/profile 文件包含通用的 Shell 初始化信息，由 Linux 管理员维护，一般用户无权修改。但是用户可以修改主目录下的 .profile 文件，增加一些特定初始化信息，包括设置终端类型和外观样式；设置 Shell 命令查找路径，即 PATH 变量；设置命令提示符等。

4.6.2 设置终端类型

一般情况下，用户使用的终端是由 login 或 getty 程序设置的，这可能不符合用户的习惯。对于没有使用过的终端，用户可能会比较生疏，不习惯命令的输出模式，交互起来略显吃力。所以，一般用户会将终端设置成下面的类型。

```
$ TERM = vt100
$
```

vt100 是 Virtual Terminate 100 的缩写。vt100 是被绝大多数 Linux 系统所支持的一种虚拟终端规范，常用的还有 ansi、xterm 等。

4.6.3 设置 PATH 变量

在命令提示符下输入一个命令时，Shell 会根据 PATH 变量来查找该命令对应的程序，PATH 变量指明了这些程序所在的路径。

一般情况下 PATH 变量的设置如下。

```
$ PATH = /bin:/usr/bin
$
```

多个路径使用冒号（:）分隔。如果用户输入的命令在 PATH 设置的路径下没有找到，就会报错，如下所示。

```
$ hello
hello: not found
$
```

4.6.4 设置命令提示符

PS1 变量用来保存命令提示符，可以随意修改，如果用户不习惯使用 $ 作为提示符，也可以改成其他字符。PS1 变量被修改后，提示符会立即改变。

例如，把命令提示符设置成'=>'。

```
$ PS1 = '=>'
=>
```

也可以将提示信息设置成当前目录，如下所示。

```
=> PS1 = "[\u@\h \w]\$ "
[root@ip-72-167-112-17 /var/www/tutorialspoint/Linux]$
```

命令提示信息包含用户名、主机名和当前所在目录。表 4-5 中的转义字符可以被用作 PS1 的参数，丰富命令提示符信息。

表 4-5 转义字符

转义字符	描述
\t	当前时间，格式为 HH：MM：SS
\d	当前日期，格式为 Weekday Month Date
\n	换行
\W	当前所在目录
\w	当前所在目录的完整路径
\u	用户名
\h	主机名(IP 地址)
#	输入的命令个数，每输入一个新的命令就会加 1
\$	如果是超级用户 root，提示符为 #，否则为 $

用户可以在每次登录时修改提示符，也可以在 .profile 文件中增加 PS1 变量，这样每次登录时会自动修改提示符。如果用户输入的命令不完整，Shell 还会使用第二命令提示符来等待用户完成命令的输入。默认的第二命令提示符是>，保存在 PS2 变量中，可以随意修改。

下面的例子使用默认的第二命令提示符。

```
$ echo "this is a
> test"
this is a
test
$
```

下面的例子通过 PS2 变量改变提示符。

```
$ PS2 = "secondary prompt ->"
$ echo "this is a
secondary prompt -> test"
this is a
test
$
```

4.6.5 常用环境变量

表 4-6 列出了部分重要的环境变量，这些变量可以通过 4.6.4 节提到的方式修改。

表 4-6 部分重要的环境变量

变量	描述
DISPLAY	用来设置将图形显示到何处
HOME	当前用户的主目录
IFS	内部域分隔符
LANG	LANG 可以让系统支持多语言。例如，将 LANG 设为 pt_BR，则可以支持葡萄牙语
PATH	指定 Shell 命令的路径
PWD	当前所在目录，即 cd 到的目录
RANDOM	生成一个介于 0 和 32 767 之间的随机数
TERM	设置终端类型
TZ	时区。可以是 AST(大西洋标准时间)或 GMT(格林尼治标准时间)等
UID	以数字形式表示的当前用户 ID，Shell 启动时会被初始化

下面的例子使用了部分环境变量。

```
$ echo $HOME
/root
]$ echo $DISPLAY

$ echo $TERM
xterm
$ echo $PATH
/usr/local/bin:/bin:/usr/bin:/home/amrood/bin:/usr/local/bin
$
```

4.7 Linux yum 和 Linux apt 软件包管理器

4.7.1 Linux yum 软件包管理器

Linux yum(Yellow dog Updater,Modified)是一个在 Fedora 和 RedHat 以及 SUSE 中的 Shell 前端软件包管理器。

Linux yum 基于红帽软件包管理器(Red Hat Package Management,RPM)，能够从指定的服务器自动下载 RPM 包并且安装，可以自动处理依赖性关系，并且一次安装所有依赖的软件包，无须烦琐地一次次下载、安装。

Linux yum 提供了查找、安装、删除某一个、一组甚至全部软件包的命令，而且命令简洁。

Linux yum 命令如下所示。

```
yum [options] [command] [package ...]
```

其中 options 代表可选，选项包括-h(帮助)、-y(当安装过程提示全部选择 yes)、-q(不显示安装的过程)，command 代表要进行的操作，package 代表安装的包名。

Linux yum 常用命令如下所述。

(1) 列出所有可更新的软件清单命令：yum check-update。

(2) 更新所有软件命令：yum update。

(3) 仅安装指定的软件命令：yum install <package_name>。

(4) 仅更新指定的软件命令：yum update <package_name>。

(5) 列出所有可安装的软件清单命令：yum list。

(6) 删除软件包命令：yum remove <package_name>。

(7) 查找软件包命令：yum search <keyword>。

(8) 清除缓存命令如下所示。

- yum clean packages：清除缓存目录下的软件包。
- yum clean headers：清除缓存目录下的 headers。
- yum clean oldheaders：清除缓存目录下旧的 headers。
- yum clean：清除缓存目录下的软件包及旧的 headers。

4.7.2 Linux apt 软件包管理器

Linux apt(Advanced Packaging Tool)是一个在 Debian 和 Ubuntu 中的 Shell 前端软件包管理器。

Linux apt 命令提供了查找、安装、升级、删除某一个、一组甚至全部软件包的命令，而且命令十分简洁。

Linux apt 命令执行需要超级管理员(也叫超级用户)权限(root)。Linux sudo 是 Linux 系统管理指令，是允许普通用户执行一些或者全部 root 命令的一个工具，如 halt(关闭系统)、reboot(重启系统)、su(变更使用者身份)等，这样不仅减少了 root 用户的登录和管理时间，而且提高了安全性。

sudo 命令如下所示。

```
sudo [ -Vhl LvkKsHPSb ] | [ -p prompt ] [ -c class | - ] [ -a auth_type ] [ -u username | #
uid ] command
```

sudo 参数如表 4-7 所示。

表 4-7 sudo 参数

参 数	说 明
-V	显示版本编号
-h	显示版本编号及指令的使用方式说明
-l	显示自身(执行 sudo 的使用者)的权限
-v	当 sudo 在第一次执行时或在 *N* 分钟内没有执行(*N* 预设为 5)会询问密码，该参数重新做一次确认，如果超过 *N* 分钟，将会询问密码
-b	将要执行的指令放在背景执行

续表

参　数	说　明
-p	prompt 可以更改问密码的提示语，其中 %u 会代换为使用者的账号名称，%h 会显示主机名称
-u	username/#uid。不添加此参数，代表要以 root 的身份执行指令，而添加了此参数之后，可以以 username 的身份执行指令（#uid 为该 username 的使用者 id）
-s	执行环境变数中的 SHELL 所指定的 shell，或 /etc/passwd 里所指定的 shell
-H	将环境变量中的 HOME 目录（当前用户的主目录）指定为要变更身份的使用者主目录（如不加-u 参数就是系统管理者 root ）
command	以系统管理者身份（或以-u 更改为其他人）执行的指令

Linux apt 命令如下所示。

```
apt [options] [command] [package ...]
```

参数设置与 yum 相同。Linux apt 常用命令如下所述。

(1) sudo apt update：列出所有可更新的软件清单。

(2) sudo apt upgrade：升级软件包。

(3) apt list -upgradeable：列出可更新的软件包及版本信息。

(4) sudo apt full -upgrade：升级软件包，升级前先删除需要更新的软件包。

(5) sudo apt install <package_name>：安装指定的软件。

(6) sudo apt install <package_1><package_2><package_3>：安装多个软件包。

(7) sudo apt update <package_name>：更新指定的软件。

(8) sudo apt show <package_name>：显示软件包的具体信息，如版本号、安装大小、依赖关系等。

(9) sudo apt remove <package_name>：删除软件包。

(10) sudo apt autoremove：清理不再使用的依赖和库文件。

(11) sudo apt purge <package_name>：移除软件包及配置文件。

(12) sudo apt search <keyword>：查找软件包。

(13) apt list -installed：列出所有已安装的软件包。

(14) apt list --all-versions：列出所有已安装的软件包的版本信息。

4.8 Linux 常用服务

本节介绍几个常用的 Linux 服务。

4.8.1 Linux 磁盘管理

Linux 磁盘管理好坏直接关系到整个系统的性能问题。Linux 磁盘管理常用的 3 个命令为 df、du 和 fdisk。

➢ df(disk free)：列出文件系统的整体磁盘使用量。

➢ du(disk used)：检查磁盘空间使用量。

➢ fdisk：用于磁盘分区。

1. df

Linux df 命令能检查文件系统的磁盘空间占用情况。可以利用该命令来获取硬盘被占用的空间，目前还剩下的空间等信息。

Linux df 命令如下所示。

```
df [ - ahikHTm] [目录或文件名]
```

选项与参数如下所示。

-a：列出所有的文件系统，包括系统特有的 /proc 等文件系统。

-k：以 KBytes 的容量显示各文件系统。

-m：以 MBytes 的容量显示各文件系统。

-h：以人们较易阅读的 GBytes、MBytes、KBytes 等格式自行显示。

-H：以 M=1000K 取代 M=1024K 的进位方式。

-T：显示文件系统类型，连同该分区的文件系统名称（如 ext3）也列出。

-i：不用硬盘容量，而以 inode 的数量来显示。

下面这个例子将系统内所有的文件系统列出来。

```
[root@www ~]# df
Filesystem     1K - blocks     Used Available Use % Mounted on
/dev/hdc2      9920624     3823112     5585444     41 %     /
/dev/hdc3      4956316     141376      4559108     4 %      /home
/dev/hdc1      101086      11126       84741       12 %     /boot
tmpfs          371332      0           371332      0 %      /dev/shm
```

值得注意的是，如果 df 没有加任何选项，那么默认会将系统内所有的文件系统（不含特殊内存内的文件系统与 swap）都以 1 KBytes 的容量来列出。

下面这个例子将容量结果以易读的容量格式显示出来。

```
[root@www ~]# df - h
Filesystem     Size Used Avail Use % Mounted on
/dev/hdc2      9.5G   3.7G   5.4G   41 %   /
/dev/hdc3      4.8G   139M   4.4G   4 %    /home
/dev/hdc1      99M    11M    83M    12 %   /boot
tmpfs          363M   0      363M   0 %    /dev/shm
```

2. du

Linux du 命令实现对文件和目录磁盘使用空间进行查看的功能。

Linux du 命令如下所示。

```
du [ - ahskm] 文件或目录名称
```

选项与参数如下所示。

-a：列出所有的文件与目录容量，因为默认仅统计目录底下的文件量。

-h：以人们较易读的容量格式(G/M)显示。

-s：列出总量，而不列出每个的目录占用容量。

-k：以 KBytes 列出容量显示。

-m：以 MBytes 列出容量显示。

下面这个例子只列出当前目录下的所有目录容量(包括隐藏目录)。

```
[root@www ~]# du
8      ./test4      <== 每个目录都会列出来
8      ./test2
....
12     ./.gconfd    <== 包括隐藏文件的目录
220    .            <== 这个目录(.)所占用的总量
```

值得注意的是，当直接输入 du 没有加任何选项时，则 du 会分析当前所在目录里的子目录所占用的硬盘空间。

3. fdisk

Linux fdisk 是 Linux 的磁盘分区表操作工具。

Linux fdisk 如下所示。

```
fdisk [ -l] 装置名称
```

选项与参数如下所示。

-l：输出后面接的装置所有的分区内容。若仅有 fdisk -l 时，则系统将会把整个系统内能够搜寻到的装置分区均列出来。

4.8.2 SSH 服务

SSH 为 Secure Shell 的缩写，SSH 是建立在应用层和传输层基础上的安全协议。SSH 是目前较可靠，专为远程登录会话和其他网络服务提供安全性的协议。SSH 客户端适用于多种平台。几乎所有 UNIX 平台包括 HP-UX、Linux、AIX、Solaris、Digital UNIX、Irix 等都可运行 SSH。

打开终端窗口并运行如下命令。

```
ssh root@192.168.1.172
```

其中的 192.168.1.172 为 VisionFive 2 的 IP 地址示例。根据提示，键入密码 starfive 即可成功登录到目标机 VisionFive 2。

值得注意的是，目标机上安装新的操作系统后，默认情况下禁用 Debian Linux 上的 root 登录。当用户试图以 root 用户身份登录到 Debian Linux 上时，会被拒绝访问。以下是示例信息。

```
$ ssh root@192.168.1.172
root@192.168.1.172's
password: Permission denied, please try again.
root@192.168.1.172's password:
```

此时要按照如下步骤启用 SSH root 登录。

(1) 运行以下命令配置 SSH 服务器。

```
echo "PermitRootLogin = yes" >> /etc/ssh/sshd_config
```

(2) 重启 SSH 服务器。

示例命令和输出如下。

```
# /etc/init.d/ssh restart
[ ok ] Restarting ssh (via systemctl): ssh.service.
```

此时就可以用 root 用户身份使用 SSH 登录。如输出以下结果，则表示登录成功。

```
$ ssh root@192.168.1.172 root@192.168.1.172's password:
Linux starfive 5.15.0 - starfive #1 SMP Wed Aug 31 08:29:37 EDT 2022
riscv64The programs included with the Debian GNU/Linux system are free
software;the exact distribution terms for each program are described in the
individual files in /usr/share/doc/ * /copyright. Debian GNU/Linux comes
with ABSOLUTELY NO WARRANTY, to the extent
permitted by applicable law.
Last login: Sat Sep 3 11:48:06 2022 root@starfive:~#
```

4.8.3 minicom

minicom 是 Linux 下应用比较广泛的一个串口通信工具，就像 Windows 下的超级终端，可用来与串口设备通信。本小节以主机运行 minicom 实现登录目标机 VisionFive 2 的过程为例说明 minicom 的作用。在安装 minicom 之前，主机和目标机分别安装了相应的 Linux 并做了串口硬件连接。

(1) 运行以下命令以更新软件包列表。

```
sudo apt - get update
```

(2) 运行以下命令安装 minicom。

```
sudo apt - get install minicom
```

(3) 运行以下命令查看连接中的串口设备。图 4-1 显示了当前环境下的串口设备。

```
dmesg | grep tty
```

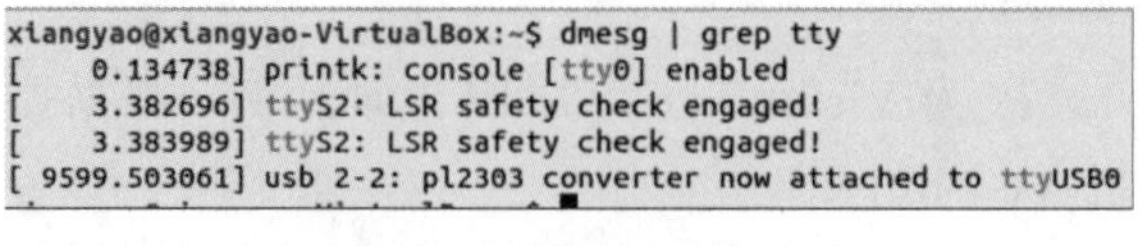

```
xiangyao@xiangyao-VirtualBox:~$ dmesg | grep tty
[    0.134738] printk: console [tty0] enabled
[    3.382696] ttyS2: LSR safety check engaged!
[    3.383989] ttyS2: LSR safety check engaged!
[ 9599.503061] usb 2-2: pl2303 converter now attached to ttyUSB0
```

图 4-1 串口设备列表

(4) 运行以下命令连接到串口设备。

```
sudo minicom -D /dev/ttyUSB0 -b 115200
```

在该命令中，波特率设置为 115 200 波特。命令中-D 参数起到指定设备、覆盖配置文件中给定值的作用。

(5) 启动 VisionFive 2。

(6) 输入用户名 root 及密码 starfive。

执行完毕后,成功在主机 Linux 下通过串口登录到 VisionFive 2。图 4-2 显示了登录成功的输出信息。

```
Debian GNU/Linux bookworm/sid starfive ttyS0

starfive login: root
Password:
Linux starfive 5.15.0-starfive #1 SMP Thu Sep 29 15:10:06 EDT 2022 riscv64

The programs included with the Debian GNU/Linux system are free software;
the exact distribution terms for each program are described in the
individual files in /usr/share/doc/*/copyright.

Debian GNU/Linux comes with ABSOLUTELY NO WARRANTY, to the extent
permitted by applicable law.
Last login: Mon Nov  7 05:58:28 UTC 2022 on ttyS0
root@starfive:~#
```

图 4-2 登录成功的输出信息

4.9 本章小结

Linux 具有开放源代码、易于移植、资源丰富、免费等优点,使得它除了在服务器和 PC 桌面端之外的嵌入式领域越来越流行。更重要的一点是,由于嵌入式 Linux 与 PC Linux 源于同一套内核代码,只是裁剪的程度不一样,这使得很多为 PC 开发的软件再次编译之后,可以直接在嵌入式设备上运行。本章介绍 Linux 的很多基础命令和组成单元,但是 Linux 本身是代码数量在千万行之上的庞大操作系统,资源极其多,因此本章着重介绍在嵌入式 Linux 领域中会用到的相关知识。

第5章

Linux内核

Linux 是一个一体化内核(Monolithic Kernel)系统。这里的"内核"指的是一个提供硬件抽象层、磁盘及文件系统控制、多任务等功能的系统软件,一个内核不是一套完整的操作系统。一套建立在 Linux 内核之上的完整操作系统被叫作 Linux 操作系统或 GNU/Linux。

Linux 操作系统的灵魂是 Linux 内核,内核为系统其他部分提供系统服务,它负责整个系统的进程管理和调度、内存管理、文件管理、设备管理和网络管理等主要系统功能。

5.1 Linux 内核概述

5.1.1 GNU/Linux 的基本体系结构

GNU/Linux 的基本体系结构如图 5-1 所示。从图 5-1 可以看到 GNU/Linux 被分成了两个空间。

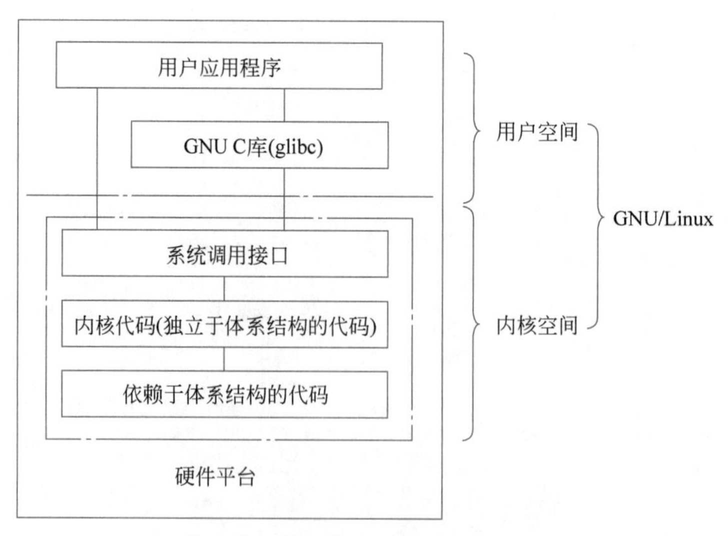

图 5-1 GNU/Linux 的基本体系结构

相对于操作系统其他部分,Linux 内核具有很高的安全级别和严格的保护机制。这种机制确保应用程序只能访问许可的资源，而不许可的资源是拒绝被访问的。因此系统设计者将内核和上层的应用程序进行抽象隔离，分别称之为内核空间和用户空间，如图 5-1 所示。

用户空间包括用户应用程序和 GNU C 库(glibc)，负责执行用户应用程序。在该空间中，一般的应用程序是由 glibc 间接调用系统调用接口(System Call Interface，SCI)而不是直接调用内核的系统调用接口去访问系统资源，这样做的主要理由是内核空间和用户空间的应用程序使用的是不同的保护地址空间。每个用户空间的进程都使用自己的虚拟地址空间，而内核则占用单独的地址空间。从面向对象的思想出发，glibc 对内核的系统调用接口做了一层封装。

用户空间的下面是内核空间，Linux 内核空间可以进一步划分成 3 层。最上面是系统调用接口，它是用户空间与内核空间的桥梁，用户空间的应用程序通过这个统一接口来访问系统中的硬件资源，通过此接口，所有的资源访问都在内核的控制下执行，以免用户程序对系统资源进行越权访问，从而保障了系统的安全和稳定。从功能上来看，系统调用接口实际上是一个非常有用的函数调用多路复用器和多路分解服务器。用户可以在. /Linux/kernel 中找到系统调用接口的实现代码。系统调用接口之下是内核代码部分，实际可以更精确地定义为独立于体系结构的代码。这些代码是 Linux 所支持的所有处理器体系结构所通用的。这些代码之下是依赖于体系结构的代码，构成了通常被称为板级支持包(Board Support Package，BSP)的部分。这些代码用作给定体系结构的处理器和特定的平台，一般位于内核里的 arch 目录(. /Linux/arch 目录)和 drivers 目录中。arch 目录含有诸如 x86、RISC-V、ARM 等体系结构的支持。drivers 目录含有块设备、字符设备、网络设备等不同硬件驱动的支持。

5.1.2　Linux 内核版本及特点

在 2.6 版本之前，Linux 内核版本的命名格式为“A. B. C”。数字 A 是内核版本号，版本号只有在代码和内核的概念有重大改变的时候才会改变，截至目前有两次变化：第一次是 1994 年的 1.0 版，第二次是 1996 年的 2.0 版。2011 年的 3.0 版发布，但这次在内核的概念上并没有发生大的改变。数字 B 是内核主版本号，主版本号根据传统的奇-偶系统版本编号来分配：奇数为开发版，偶数为稳定版。数字 C 是内核次版本号，次版本号是无论在内核增加安全补丁、修复 Bug、实现新的特性还是驱动时都会改变。

2004 年 2.6 版本发布之后，内核开发者觉得基于更短的时间为发布周期更有益，所以大约 7 年的时间里，内核版本号的前两个数一直保持是“2.6”，第三个数随着发布次数的增加，发布周期是两三个月。考虑到对某个版本的 Bug 和安全漏洞的修复，有时会出现第四个数字。2011 年 5 月 29 日，设计者 Linus Torvalds 宣布为了纪念 Linux 发布 20 周年，在 2.6.39 版本发布之后，内核版本将升至 3.0。Linux 继续使用在 2.6.0 版本引入的基于时间的发布规律，但是使用第二个数字——如在 3.0 发布的几个月之后发布 3.1，同时当需要修复 Bug 和安全漏洞时，增加一个数字(现在是第三个数)来表示，如 3.0.18。

如图 5-2 所示，在 Linux 内核官网上主要有 3 种类型的内核版本。

mainline:	6.4-rc6	2023-06-11	[tarball]		[patch]	[inc. patch]	[view diff]
stable:	6.3.8	2023-06-14	[tarball]	[pgp]	[patch]	[inc. patch]	[view diff]
stable:	6.2.16 [EOL]	2023-05-17	[tarball]	[pgp]	[patch]	[inc. patch]	[view diff]
longterm:	6.1.34	2023-06-14	[tarball]	[pgp]	[patch]	[inc. patch]	[view diff]
longterm:	5.15.117	2023-06-14	[tarball]	[pgp]	[patch]	[inc. patch]	[view diff]
longterm:	5.10.184	2023-06-14	[tarball]	[pgp]	[patch]	[inc. patch]	[view diff]
longterm:	5.4.247	2023-06-14	[tarball]	[pgp]	[patch]	[inc. patch]	[view diff]
longterm:	4.19.286	2023-06-14	[tarball]	[pgp]	[patch]	[inc. patch]	[view diff]
longterm:	4.14.318	2023-06-14	[tarball]	[pgp]	[patch]	[inc. patch]	[view diff]
linux-next:	next-20230616	2023-06-16					

图 5-2 Linux 内核可支持版本一览

mainline 是主线版，目前主线版本为 6.4。

stable 是稳定版，由 mainline 在时机成熟时发布，稳定版会在相应版本号的主线上提供 Bug 修复和安全补丁。从 5.15 版本开始，内核开始全面支持基于 RISC-V 指令集架构的 VisionFive 2 单板计算机。

longterm 是长期支持版，目前还处在长期支持版的有 6 个版本的内核，长期支持版的内核等到不再支持时，也会标记停止支持(End of Life，EoL)。

操作系统内核主要可以分为两大体系结构：单内核和微内核。单内核中所有的部分都集中在一起，而且所有的部件在一起编译连接。这样做的好处是系统各部分直接沟通、系统响应速度高、CPU 利用率好、实时性好。但是单内核的不足显而易见，当系统较大时体积也较大，不符合嵌入式系统容量小、资源有限的特点。

微内核将内核中的功能划分为独立的过程，每个过程被定义为一个服务器，不同的服务器保持独立并运行在各自的地址空间。这种体系结构在内核中只包含一些基本的内核功能，如创建删除任务、任务调度、内存管理和中断处理等部分，而文件系统、网络协议栈等部分是在用户内存空间运行的。这种结构虽然执行效率不如单内核，但是大大减小了内核体积、同时有利于系统的维护、升级和移植。

Linux 是一个内核运行在单独的内核地址空间的单内核，但是汲取了微内核的精华如模块化设计、抢占式内核、支持内核线程以及动态装载内核模块等特点。

5.1.3 Linux 内核的主要架构及功能

Linux 内核的整体架构如图 5-3 所示。根据内核的核心功能，Linux 内核具有 5 个主要的子系统，分别负责如下的功能：进程管理、内存管理、虚拟文件系统(Virtual File System，VFS)、进程间通信和网络管理。

1. 进程管理

进程管理负责管理 CPU 资源，以便让各个进程能够以尽量公平的方式访问 CPU。进程管理负责进程的创建和销毁，并处理它们和外部世界之间的连接(输入输出)。除此之外，控制进程如何共享调度器也是进程管理的一部分。概括来说，内核进程管理活动就是在单个或多个 CPU 上实现多个进程的抽象。进程管理源码可参考./Linux/kernel 目录。

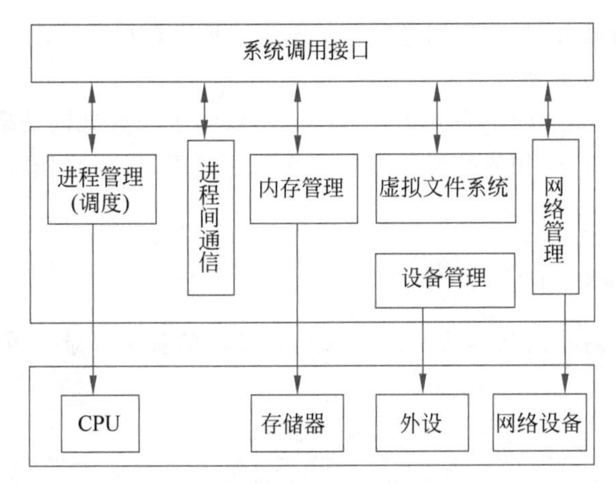

图 5-3 Linux 内核的整体架构

2. 内存管理

Linux 内核管理的另外一个重要资源是内存。内存管理策略是决定系统性能的一个关键因素。内核在有限的可用资源之上为每个进程都创建了一个虚拟空间。内存管理的源代码可以在 ./Linux/mm 中找到。

3. 虚拟文件系统

文件系统在 Linux 内核中具有十分重要的地位,用于对外设的驱动和存储,隐藏了各种硬件的具体细节。Linux 引入虚拟文件系统为用户提供统一、抽象的文件系统界面,以支持越来越繁杂的具体的文件系统。Linux 内核将不同功能的外部设备,如 Disk 设备(硬盘、磁盘、NAND Flash、NOR Flash 等)、输入输出设备、显示设备等,抽象为可以通过统一的文件操作接口来访问这些设备。Linux 中的绝大部分对象可以被视为文件并进行相关操作。

4. 进程间通信

不同进程之间的通信是操作系统的基本功能之一。Linux 内核通过支持 POSIX 规范中标准的进程间通信(Inter Process Communication,IPC)机制和其他许多广泛使用的 IPC 机制实现进程间通信。IPC 不管理任何的硬件,它主要负责 Linux 系统中进程之间的通信,如 UNIX 中最常见的管道、信号量、消息队列和共享内存等。另外,信号(Signal)常被用来作为进程间的通信手段。Linux 内核支持 POSIX 规范的信号及信号处理并被广泛应用。

5. 网络管理

网络管理提供了各种网络标准的存取和各种网络硬件的支持,负责管理系统的网络设备,并实现多种多样的网络标准。网络接口可以分为网络设备驱动程序和网络协议。

这 5 个子系统相互依赖,缺一不可,但是相对而言,进程管理处于比较重要的地位,其他子系统的挂起和恢复进程的运行都必须依靠进程管理子系统的参与。当然,其他子系统的地位也非常重要:调度程序的初始化及执行过程中需要内存管理模块为其分配内存地址空间并进行处理;进程间通信需要内存管理实现进程间的内存共享;而内存管理利用虚拟文件系统支持数据交换,交换进程定期由调度程序调度;虚拟文件系统需要使用网络接口实现网络文件系统的构建，而且使用内存管理子系统实现内存设备管理，同时虚拟文件系统实现了内存管理中内存的交换。

除了这些依赖关系外，内核中的所有子系统还依赖于一些共同的资源。这些资源包括所有子系统都用到的过程，如分配和释放内存空间的过程，打印警告或错误信息的过程，以及系统的调试例程等。

5.1.4 Linux内核源码目录结构

为了实现Linux内核的基本功能，Linux内核源码的各个目录大致与此相对应，其组成如表5-1所示。

表5-1 Linux内核源码目录结构

目录名称	目录说明
arch	arch目录包括所有与体系结构相关的核心代码。它下面的每一个子目录都代表一种Linux支持的体系结构，如riscv子目录就是RISC-V CPU及与之相兼容体系结构的子目录
block	block目录包含一些Linux存储体系中关于块设备管理的代码。该目录用于实现块设备的基本框架和块设备的I/O调度算法
crypto	crypto目录包含许多加密算法的源代码。例如，“sha1_generic.c”文件包含SHA1加密算法的代码
documentation	documentation目录下是一些文档，是对目录作用的具体说明
drivers	drivers目录中是系统中所有的设备驱动程序。它又进一步划分成几类设备驱动，如字符设备、块设备等。每一种设备驱动均有对应的子目录
fs	fs目录存放Linux支持的文件系统代码。不同的文件系统有不同的子目录对应，如jffs2文件系统对应的就是jffs2子目录
include	include目录包括编译核心所需要的大部分头文件，如与平台无关的头文件在include/Linux子目录下
init	init目录包含核心的初始化代码，要注意的是该代码不是系统的引导代码
ipc	ipc目录包含核心进程间的通信代码
kernel	kernel目录存放内核管理的核心代码。另外与处理器结构相关代码都放在arch/*/kernel目录下
lib	lib目录包含核心的库代码，但是与处理器结构相关的库代码被放在arch/*/lib/目录下
mm	mm目录包含内存管理代码，主要用于管理程序对主内存区的使用，实现了进程逻辑地址到线性地址以及线性地址到主内存区中物理内存地址的映射，通过内存的分页管理机制，在进程的虚拟内存页与主内存区的物理内存页之间建立了对应关系。需要值得注意的是，与具体硬件体系结构相关的内存管理代码位于arch/*/mm目录下
net	net目录里是核心的网络部分代码，它包含网络协议代码，主要包括IPv6、AppleTalk、以太网、Wi-Fi、蓝牙等代码，此外处理网桥和DNS解析的代码也在net目录中
samples	samples目录存放一些内核编程范例

续表

目录名称	目录说明
scripts	scripts 目录包含用于配置核心的脚本文件
security	security 目录存放有关内核安全的代码
sound	sound 目录包含声卡驱动、存放声音系统架构的相关代码和具体声卡的设备驱动程序
tools	tools 目录包含了与内核交互的工具
usr	usr 目录包含早期用户空间代码
virt	virt 目录包含内核虚拟机代码

5.2 Linux 进程管理

进程是处于执行期的程序以及它所管理的资源包括打开的文件、挂起的信号、进程状态、地址空间等的总称。程序并不是进程，实际上两个或多个进程不仅有可能执行同一程序，而且还有可能共享地址空间等资源。

进程管理是 Linux 内核中最重要的子系统，它主要提供对 CPU 的访问控制。由于在计算机中，CPU 资源是有限的，而众多的应用程序都要使用 CPU 资源，所以需要进程管理子系统对 CPU 进行调度管理。进程管理子系统包括 4 个子模块（如图 5-4 所示），它们的功能如下所示。

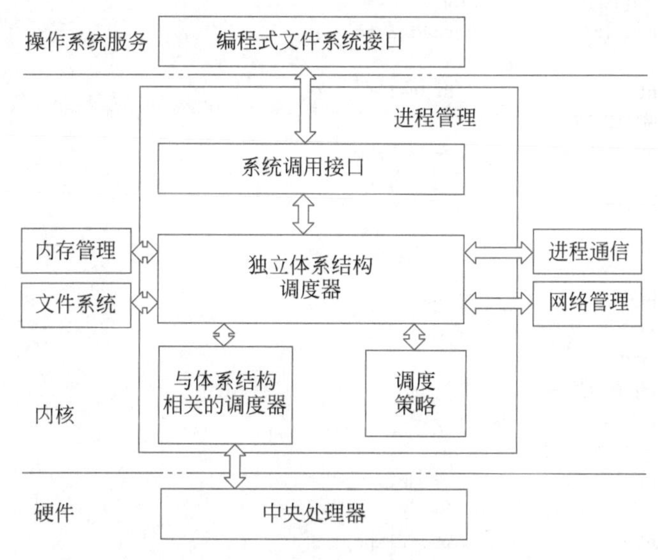

图 5-4 Linux 进程管理子系统的基本架构

（1）调度策略模块。该模块实现进程调度的策略，它决定哪个（或者哪几个）进程将拥有 CPU 资源。

（2）与体系结构相关的调度器模块。该模块涉及与体系结构相关的部分，用于将对不同 CPU 的控制抽象为统一的接口。这些控制功能主要在 suspend 和 resume 进程时使用，包含 CPU 的寄存器访问、汇编指令操作等。

(3) 独立体系结构调度器模块。该模块涉及与体系结构无关的部分,会和调度策略模块沟通,决定接下来要执行哪个进程,然后通过与体系结构相关的调度器模块指定的进程予以实现。

(4) 系统调用接口模块。进程管理子系统通过系统调用接口将需要提供给用户空间的接口开放出去,同时屏蔽掉不需要用户空间程序关心的细节。

5.2.1 进程的表示和切换

对于 Linux 5.15 内核,系统最多可有 64 种进程同时存在。内核程序使用进程标识符(Process ID,PID)来标识每个进程。Linux 内核通过一个被称为进程描述符的 task_struct 结构体来管理进程,这个结构体记录了进程的最基本信息,它的所有域按其功能可以分为状态信息、链接信息、各种标识符、进程间通信信息、时间和定时器信息、调度信息、文件系统信息、虚拟内存信息、处理器环境信息等。进程描述符中不仅包含许多描述进程属性的字段,而且还包含一系列指向其他数据结构的指针。内核把每个进程的描述符放在一个叫作任务队列的双向循环链表当中,它定义在./include/Linux/sched.h 文件中。该结构体代码较长,这里只列出部分代码。

```
struct task_struct {
#ifdef CONFIG_THREAD_INFO_IN_TASK
    struct thread_info          thread_info;
#endif
    unsigned int                __state;
#ifdef CONFIG_PREEMPT_RT
    unsigned int                saved_state;
#endif
    randomized_struct_fields_start
    void     *stack;
    refcount_t     usage;
    unsigned int                flags;
    unsigned int                ptrace;
#ifdef CONFIG_SMP
    int     on_cpu;
    struct __call_single_node     wake_entry;
#ifdef CONFIG_THREAD_INFO_IN_TASK
    unsigned int     cpu;     /* 当前 CPU */
#endif
    unsigned int                wakee_flips;
    unsigned long               wakee_flip_decay_ts;
    struct task_struct           *last_wakee;
    int     recent_used_cpu;
    int     wake_cpu;
#endif
    int     on_rq;
    int     prio;
```

```
    int     static_prio;
    int     normal_prio;
    unsigned int  rt_priority;
…
#define TASK_RUNNING                0x0000
#define TASK_INTERRUPTIBLE          0x0001
#define TASK_UNINTERRUPTIBLE        0x0002
#define EXIT_DEAD                   0x0010
#define EXIT_ZOMBIE                 0x0020
#define EXIT_TRACE                  (EXIT_ZOMBIE | EXIT_DEAD)
#define TASK_PARKED                 0x0040
#define TASK_DEAD                   0x0080
#define TASK_WAKEKILL               0x0100
#define TASK_WAKING                 0x0200
#define TASK_NOLOAD                 0x0400
#define TASK_NEW                    0x0800
#define TASK_STATE_MAX              0x1000
#define TASK_KILLABLE               (TASK_WAKEKILL | TASK_UNINTERRUPTIBLE)
#define TASK_STOPPED                (TASK_WAKEKILL | __TASK_STOPPED)
#define TASK_TRACED                 (TASK_WAKEKILL | __TASK_TRACED)
#define TASK_IDLE                   (TASK_UNINTERRUPTIBLE | TASK_NOLOAD)
…
```

系统中的每个进程都必然处于以上所列进程状态中的一种。这里对进程状态给予说明。

TASK_RUNNING 表示进程要么正在执行,要么正在准备执行。

TASK_INTERRUPTIBLE 表示进程被阻塞(睡眠),直到某个条件变为真。条件一旦达成,进程的状态就被设置为 TASK_RUNNING。

TASK_UNINTERRUPTIBLE 的意义与 TASK_INTERRUPTIBLE 基本类似,除了不能通过接受一个信号来唤醒以外。

TASK_STOPPED 表示进程被停止执行。

TASK_TRACED 表示进程被 debugger 等进程监视。

TASK_WAKEKILL 表示当进程收到致命错误信号时唤醒进程。

TASK_WAKING 表示该任务正在唤醒,其他唤醒操作均会失败,都被置为 TASK_DEAD 状态。

TASK_DEAD 表示一个进程在退出时,state 字段都被置于 TASK_DEAD 状态。

EXIT_ZOMBIE 表示进程的执行被终止,但是其父进程还没有使用 wait()等系统调用来获知它的终止信息。

EXIT_DEAD 表示进程的最终状态,进程在系统中被删除时将进入该状态。

EXIT_ZOMBIE 和 EXIT_DEAD 也可以存放在 exit_state 成员中。

调度程序负责选择下一个要运行的进程,它在可运行态进程之间分配有限的处理器时间资源,使系统资源最大限度地发挥作用,实现多进程并发执行的效果。进程状态的切换过程如图 5-5 所示。

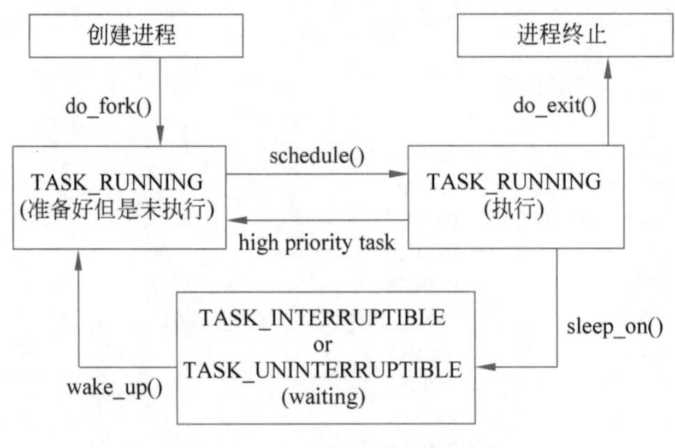

图 5-5　进程状态的切换过程

5.2.2　进程、线程和内核线程

在 Linux 内核中，内核是采用进程、线程和内核线程统一管理的方法实现进程管理的。内核对进程、线程和内核线程一视同仁，即内核使用唯一的数据结构 task_struct 来分别表示它们。内核使用相同的调度算法对这三者进行调度。并且内核使用同一个函数 do_fork()来分别创建这 3 种执行线程。执行线程通常是指任何正在执行的代码实例，如一个内核线程、一个中断处理程序或一个进入内核的进程。Linux 内核的这种处理方法简洁方便，并且内核在统一处理这三者之余保留了它们本身所具有的特性。

本小节首先介绍进程、线程和内核线程的概念，然后结合三者的特性分析进程在内核中的功能。

进程是系统资源分配的基本单位，线程是程序独立运行的基本单位。线程有时也被称作小型进程，这是因为多个线程之间是可以共享资源的，而且多个线程之间的切换所花费的代价远比进程低。在用户态下，使用最广泛的线程操作接口为 POSIX 线程接口，即 pthread。通过这组接口可以进行线程的创建以及多线程之间的并发控制等。

如果内核要对线程进行调度，那么线程必须如同进程那样在内核中对应一个数据结构。进程在内核中有相应的进程描述符，即 task_struct 结构。事实上，从 Linux 内核的角度而言，并不存在线程这个概念。内核对线程并没有设立特别的数据结构，而是与进程一样使用 task_struct 结构进行描述。也就是说线程在内核中也是以一个进程而存在的，只不过它比较特殊，它和同类的进程共享某些资源，如进程地址空间、进程信号、打开的文件等。这类特殊的进程称之为轻量级进程。

按照这种线程机制的定义，每个用户态的线程都与内核中的一个轻量级进程相对应。多个轻量级进程之间共享资源，从而体现了多线程之间资源共享的特性。同时这些轻量级进程与普通进程一样由内核进行独立调度，从而实现了多个进程之间的并发执行。

在内核中还有一种特殊的线程，称之为内核线程。由于在内核中，进程和线程不做区分，因此也可以将其称为内核进程。内核线程在内核中也是通过 task_struct 结构来表示的。

内核线程和普通进程一样,也是内核调度的实体,但是有着明显的不同：首先内核线程永远都运行在内核态,而不同进程既可以运行在用户态也可以运行在内核态；从地址空间的使用角度来讲,以 32 位 Linux 为例,内核线程只能使用大于 3 GB 的地址空间,而普通进程则可以使用整个 4 GB 的地址空间；还有内核线程只能调用内核函数,无法使用用户空间的函数,而普通进程必须通过系统调用才能使用内核函数。

5.2.3 进程描述符 task_struct 的几个特殊字段

上述 3 种执行线程在内核中都使用统一的数据结构 task_struct 来表示。这里简单介绍进程描述符中几个比较特殊的字段,它们分别指向代表进程所拥有的资源的数据结构。

(1) mm 字段：指向 mm_struct 结构的指针,该类型用来描述进程整个的虚拟地址空间。

(2) fs 字段：指向 fs_struct 结构的指针,该字段用来描述进程所在文件系统的根目录和当前进程所在的目录信息。

(3) files 字段：指向 files_struct 结构的指针,该字段用来描述当前进程所打开文件的信息。

(4) signal 字段：指向 signal_struct 结构(信号描述符)的指针,该字段用来描述进程所能处理的信号。

对于普通进程来说,上述字段分别指向具体的数据结构以表示该进程所拥有的资源。对应每个线程,内核通过轻量级进程与其进行关联。轻量级进程之所以轻量,是因为它与其他进程共享上述所提及的进程资源,如进程 A 创建了线程 B,则线程 B 会在内核中对应一个轻量级进程。这个轻量级进程对应一个进程描述符,而且线程 B 的进程描述符中的某些代表资源指针会和进程 A 中对应的字段指向同一个数据结构,这样就实现了多线程之间的资源共享。

内核线程只运行在内核态,并不需要像普通进程那样的独立地址空间,因此内核线程的进程描述符中的 mm 指针为 NULL。

5.2.4 kernel_clone 函数

进程、线程以及内核线程都有对应的创建函数,这三者所对应的创建函数最终在内核都是由 do_fork 函数进行创建的,在 5.10-rc1 版本里,kernel_clone 函数替换了原 do_fork 函数,kernel_clone 函数对于进程、线程以及内核线程的应用如图 5-6 所示。

从图 5-6 可以看出,内核中创建进程的核心函数为 kernel_clone,该函数的原型如下。

```
pid_t kernel_clone(struct kernel_clone_args * args)
{
    u64 clone_flags = args->flags;
    struct completion vfork;
```

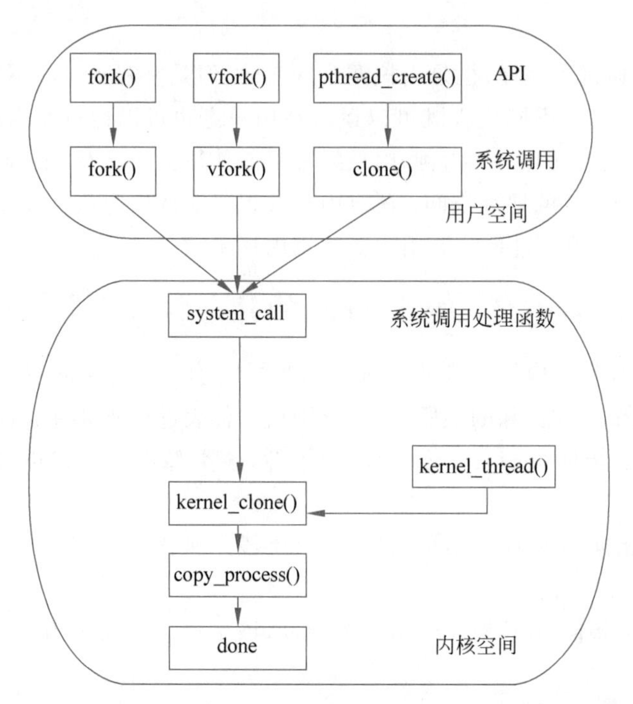

图 5-6　**kernel_clone** 函数对于进程、线程以及内核线程的应用

```
    struct pid * pid;
    struct task_struct * p;
    int trace = 0;
    pid_t nr;
    if ((args->flags & CLONE_PIDFD) &&
        (args->flags & CLONE_PARENT_SETTID) &&
        (args->pidfd == args->parent_tid))
        return -EINVAL;
    if (!(clone_flags & CLONE_UNTRACED)) {
        if (clone_flags & CLONE_VFORK)
            trace = PTRACE_EVENT_VFORK;
        else if (args->exit_signal != SIGCHLD)
            trace = PTRACE_EVENT_CLONE;
        else
            trace = PTRACE_EVENT_FORK;
        if (likely(!ptrace_event_enabled(current, trace)))
            trace = 0;
    }
//创建一个进程并返回 task_struct 指针
    p = copy_process(NULL, trace, NUMA_NO_NODE, args);
    add_latent_entropy();
    if (IS_ERR(p))
        return PTR_ERR(p);
        trace_sched_process_fork(current, p);
    //获取 pid
```

```
    pid = get_task_pid(p, PIDTYPE_PID);
    //获取虚拟的 pid
    pid_vnr(pid);
    if (clone_flags & CLONE_PARENT_SETTID)
        put_user(nr, args->parent_tid);

    if (clone_flags & CLONE_VFORK) {
        p->vfork_done = &vfork;
        init_completion(&vfork);
        get_task_struct(p);
    }
//将进程加入到就绪队列
    wake_up_new_task(p);
    if (unlikely(trace))
        ptrace_event_pid(trace, pid);
//等待子进程调用 exec()或 exit()
if (clone_flags & CLONE_VFORK) {
        if (!wait_for_vfork_done(p, &vfork))
            ptrace_event_pid(PTRACE_EVENT_VFORK_DONE, pid);
    }
    put_pid(pid);
    return nr;
}
```

该函数的参数 kernel_clone_args 的定义说明如下。

```
struct kernel_clone_args {
        /* 创建进程的标志位集合 */
        u64 flags;
        int __user *pidfd;
        /* 指向用户空间子进程 ID */
        int __user *child_tid;
        /* 指向用户空间父进程 ID */
        int __user *parent_tid;
        int exit_signal;
        /* 用户态栈起始地址 */
        unsigned long stack;
        /* 用户态栈大小,通常设置为 0 */
        unsigned long stack_size;
        /* 线程本地存储(Thread Local Storage) */
        unsigned long tls;
        pid_t *set_tid;
        size_t set_tid_size;
        int cgroup;
        struct cgroup *cgrp;
        struct css_set *cset;
};
```

5.2.5 进程的创建

在用户态程序中,可以通过 fork()、vfork()和 clone()这 3 个接口函数创建进程,这 3 个函数在库中分别对应同名的系统调用。系统调用函数进入内核后,会调用相应的系统调用服务例程。

```
SYSCALL_DEFINE0(fork)
{
#ifdef CONFIG_MMU
        struct kernel_clone_args args = {
                .exit_signal = SIGCHLD,
        };
        return kernel_clone(&args);
#else
        return -EINVAL;
#endif
}
SYSCALL_DEFINE0(vfork)
{
        struct kernel_clone_args args = {
                .flags          = CLONE_VFORK | CLONE_VM,
                .exit_signal    = SIGCHLD,
        };
        return kernel_clone(&args);
}
SYSCALL_DEFINE5(clone, unsigned long, clone_flags, unsigned long, newsp,
                int __user *, parent_tidptr,
                unsigned long, tls,
                int __user *, child_tidptr)
{
        struct kernel_clone_args args = {
                .flags          = (lower_32_bits(clone_flags) & ~CSIGNAL),
                .pidfd          = parent_tidptr,
                .child_tid      = child_tidptr,
                .parent_tid     = parent_tidptr,
                .exit_signal    = (lower_32_bits(clone_flags) & CSIGNAL),
                .stack          = newsp,
                .tls            = tls,
        };
        return kernel_clone(&args);
}
```

通过上述系统调用服务例程的源码可以发现，3个系统服务例程内部都调用了kernel_clone函数，主要差别在于参数所传的值不同这正好导致由这3个进程创建函数所创建的进程有不同的特性。下面予以简单说明。

(1) fork()。使用fork()函数创建子进程时，子进程和父进程有各自独立的进程地址空间，fork后会重新申请一份资源，包括进程描述符、进程上下文、进程堆栈、内存信息、打开的文件描述符、进程优先级、根目录、资源限制、控制终端等，复制给子进程。fork()函数会返回两次，一次在父进程，另一次在子进程。如果返回值为0，说明是子进程；如果返回值为正数，说明是父进程。fork系统调用只使用SIGCHLD标志位，子进程终止后发送SIGCHLD信号通知父进程。fork是重量级调用，为子进程创建了一个基于父进程的完整副本，然后子进程基于此运行，为了减少工作量采用写时复制技术。子进程只复制父进程的页表，不会复制页面内容，页表的权限为 RD-ONLY。当子进程需要写入新内容时会触发写时复制机制，为子进程创建一个副本，并将页表权限修改为 RW。由于需要修改页表，触发 page fault 等，因此 fork 需要 mmu 的支持。

(2) vfork()。使用 vfork()函数创建子进程时，子进程和父进程有相同的进程地址空间，vfork 会将父进程除 mm_struct 的资源复制给子进程，也就是创建子进程时，它的 task_struct-> mm 指向父进程，父进程与子进程共享一份同样的 mm_struct，vfork 会阻塞父进程，直到子进程退出或调用 exec 释放虚拟内存资源，父进程才会继续执行。vfork 的实现比 fork 多了两个标志位，分别是 CLONE_VFORK 和 CLONE_VM。CLONE_VFORK 表示父进程会被挂起，直至子进程释放虚拟内存资源。CLONE_VM 表示父进程与子进程运行在相同的内存空间中。由于没有写时复制，不需要页表管理，因此 vfork 不需要 MMU。

(3) clone()。使用 clone()创建用户线程时，clone 不会申请新的资源，所有线程指向相同的资源。创建进程和创建线程采用同样的 api 即 kernel_clone，带有标记 clone_filag 可以指明哪些是要复制。进程完全不共享父进程资源，线程完全共享父进程的资源，通过 clone_flags 标志复制父进程一部分资源，部分资源与父进程共享，部分资源与父进程不共享，而是位于进程和线程间的临界态。

5.2.6 线程和内核线程的创建

每个线程在内核中对应一个轻量级进程，两者的关联是通过线程库完成的。因此通过 pthread_create()创建的线程最终在内核中是通过 clone()完成创建的，而 clone()最终调用 kernel_clone 函数。

一个新内核线程的创建是通过在现有的内核线程中使用 kernel_thread()而创建的，其本质是向 kernel_clone 函数提供特定的 flags 标志而创建的。

```
pid_t kernel_thread(int ( * fn)(void * ), void * arg, unsigned long flags)
{
    struct kernel_clone_args args = {
        .flags          = ((lower_32_bits(flags) | CLONE_VM |
                        CLONE_UNTRACED) & ~CSIGNAL),
        .exit_signal    = (lower_32_bits(flags) & CSIGNAL),
        .stack          = (unsigned long)fn,
        .stack_size     = (unsigned long)arg,
    };
    return kernel_clone(&args);
```

kernel_thread 用于创建一个内核线程，它只运行在内核地址空间，且所有内核线程共享相同的内核地址空间，没有独立的进程地址空间，即 task_struct-> mm 为 NULL。通过 kernel_thread 创建的内核线程处于不可运行态，需要 wake_up_process()来唤醒并加载到就绪队列，kthread_run()是 kthread_create 和 wake_up_process 的封装，可创建并唤醒进程。

5.2.7 进程的执行——exec 函数族

fork()函数用于创建一个子进程，该子进程几乎复制了父进程的所有内容。但是这个新创建的进程是如何执行的呢？在 Linux 中使用 exec 函数族来解决这个问题，exec 函数族提供了一个在进程中启动另一个程序执行的方法。它可以根据指定的文件名或目录名找到可执行文件，并用它来取代原调用进程的数据段、代码段和堆栈段，在执行完之后，原调用进程的内容除了进程号外，其他全部被新的进程替换。

在 Linux 中使用 exec 函数族主要有两种情况。

(1) 当进程认为自己不能再为系统和用户做出任何贡献时，就可以调用 exec 函数族中的任意一个函数让自己重生。

(2) 如果一个进程希望执行另一个程序，那么它就可以调用 fork()函数新建一个进程，然后调用 exec 函数族中的任意一个函数，这样看起来就像通过执行应用程序而产生了一个新进程。

相对来说，第二种情况非常普遍。实际上，在 Linux 中并没有 exec()函数，而是有 6 个以 exec 开头的函数，表 5-2 列举了 exec 函数族成员函数的语法。

表 5-2 exec 函数族成员函数的语法

所需头文件	#include <unistd.h>
函数原型	int execl(const char * path,const char * arg,…)
	int execv(const char * path,char * const argv[])
	int execle(const char * path,const char * arg,…,char * const envp[])
	int execve(const char * path,char * const argv[],char * const envp[])
	int execlp(const char * file,const char * arg,…)
	int execvp(const char * file,char * const argv[])
函数返回值	−1：出错

事实上，这 6 个函数中真正的系统调用函数只有 execve()，其他 5 个都是库函数，它们最终都会调用 execve()这个函数。这里简要介绍 execve()执行的流程。

(1) 打开可执行文件，获取该文件的 file 结构。

(2) 获取参数区长度，将存放参数的页面清零。

(3) 对 Linux_binprm 结构的其他项作初始化。这里的 Linux_binprm 结构用来读取并存储运行可执行文件的必要信息。

5.2.8 进程的终止

当进程终止时，内核必须释放它所占有的资源，并告知其父进程。进程的终止可以通过以下 3 个事件驱动：正常的进程结束、信号和 exit()函数的调用。进程的终止最终都要通过 do_exit()来完成(Linux/kernel/exit.c 中)。进程终止后，与进程相关的所有资源都要被释放，进程不可运行并处于 TASK_ZOMBIE 状态，此时进程存在的唯一目的就是向父进程提供信息。当父进程检索到信息后，或者通知内核该信息是无关信息后，进程所持有的剩余内存被释放。

这里 exit()函数所需的头文件为#include <stdlib.h>,函数原型是:

```
void exit(int status)
```

其中 status 是一个整型的参数,可以利用这个参数传递进程结束时的状态。一般来说,0 表示正常结束;其他数值表示出现了错误,进程非正常结束。在实际编程时,可以用 wait()系统调用接收子进程的返回值,从而针对不同的情况进行不同的处理。

下面简要介绍 do_exit()的执行过程。

(1) 将 task_struct 中的标志成员设置 PF_EXITING,表明该进程正在被删除,释放当前进程占用的 mm_struct,如果没有别的进程使用,即没有被共享,就彻底释放它们。

(2) 如果进程排队等候 IPC 信号,则离开队列。

(3) 分别递减文件描述符、文件系统数据、进程名字空间的引用计数。如果这些引用计数的数值降为 0,则表示没有进程在使用这些资源,可以释放。

(4) 向父进程发送信号:将当前进程的子进程的父进程重新设置为线程组中的其他线程或者 init 进程,并把进程状态设成 TASK_ZOMBIE。

(5) 切换到其他进程,处于 TASK_ZOMBIE 状态的进程不会再被调用。此时进程占用的资源就是内核堆栈、thread_info 结构、task_struct 结构。此时进程存在的唯一目的就是向它的父进程提供信息。父进程检索到信息后,或者通知内核该信息是无关信息后,由进程所持有的剩余内存被释放,归还给系统使用。

5.2.9 进程的调度

由于进程、线程和内核线程使用统一数据结构来表示,因此内核对这三者并不作区分,也不会为其中某一个设立单独的调度算法。内核对这三者一视同仁,进行统一的调度。进程调度的主要原则如下。

(1) 公平:保证每个进程得到合理的 CPU 时间。

(2) 高效:使 CPU 保持忙碌状态,即总有进程在 CPU 上运行。

(3) 响应时间:使交互用户的响应时间尽可能短。

(4) 周转时间:使批处理用户等待输出的时间尽可能短。

(5) 吞吐量:使单位时间内处理的进程数量尽可能多。

(6) 负载均衡:在多核多处理器系统中提供更高的性能。

在 Linux 中,从调度的角度来看,进程主要分为两种:实时进程和普通进程。

(1) 实时进程:对系统的响应时间要求很高,它们需要短的响应时间,并且这个时间的变化非常小,典型的实时进程有音乐播放器、视频播放器等。

(2) 普通进程:包括交互进程和非交互进程,交互进程如文本编辑器等,非交互进程的后台维护进程对 I/O 的响应时间没有很高的要求,如编译器。

实时进程和普通进程在 Linux 内核运行时是共存的,实时进程的优先级为 0~99,实时进程的优先级不会在运行期间改变,而普通进程的优先级为 100~139,普通进程的优先级会在内核运行期间进行相应的改变。

1. Linux 调度时机

Linux 进程调度分为主动调度和被动调度两种方式。主动调度随时都可以进行，内核里可以通过 schedule() 启动一次调度，当然也可以将进程状态设置为 TASK_INTERRUPTIBLE、TASK_UNINTERRUPTIBLE，暂时放弃运行而进入睡眠，用户空间也可以通过 pause()达到同样的目的。如果为这种暂时的睡眠放弃加上时间限制，内核态有 schedule_timeout，用户态有 nanosleep()用于此目的。注意内核中这种主动放弃是不可见的，隐藏在每一个可能受阻的系统调用中，如 open()、read()、select()等。被动调度发生在系统调用返回的前夕、中断异常处理返回前或者用户态处理软中断返回前。

从 Linux 2.6 内核后，Linux 实现了抢占式内核，即处于内核态的进程可能被调度出去。比如一个进程正在内核态运行，此时一个中断发生使另一个高权值进程就绪，在中断处理程序结束之后，Linux 2.6 内核之前的版本会恢复原进程的运行，直到该进程退出内核态才会引发调度程序。而 Linux 2.6 抢占式内核在处理完中断后，会立即引发调度，切换到高权值进程。为支持内核代码可抢占，在 2.6 版内核后，通过采用禁止抢占的自旋锁(spin_unlock_mutex)来保护临界区。在释放自旋锁时，同样会引发调度检查。而对那些长期持锁或禁止抢占的代码片段插入了抢占点，此时检查调度需求，以避免不合理的延迟发生。而在检查过程中，调度进程很可能就会中止当前的进程来让另外一个进程运行，只要新的进程不需要持有该锁。

2. 进程调度的一般原理

调度程序运行时，要在所有可运行的进程中选择最值得运行的进程。内核默认提供以下 5 个调度器，Linux 内核使用 struct sched_class 来对调度器进行抽象。

(1) Stop 调度器(stop_sched_class)：优先级最高的调度类，可以抢占其他所有进程，不能被其他进程抢占。

(2) Deadline 调度器(dl_sched_class)：使用红黑树，将进程按照绝对截止期限进行排序，选择最小进程进行调度运行。

(3) RT 调度器(rt_sched_class)：实时调度器，为每个优先级维护一个队列。

(4) 完全公平调度器(Completely Fair Scheduler，CFS)(cfs_sched_class)：完全公平调度器，采用完全公平调度算法，引入虚拟运行时间概念。

(5) IDLE-Task 调度器(idle_sched_class)：空闲调度器，每个 CPU 都会有一个 idle 线程，当没有其他进程可以调度时，调度运行 idle 线程。

Linux 内核提供了一些调度策略供用户程序来选择调度器，其中 Stop 调度器和 IDLE-Task 调度器，仅由内核使用，用户无法进行选择。调度策略主要有以下几种。

(1) SCHED_DEADLINE：限期进程调度策略，使 task 选择 Deadline 调度器来调度运行。

(2) SCHED_RR：实时进程调度策略，时间片轮转，进程用完时间片后加入优先级对应运行队列的尾部，把 CPU 让给同优先级的其他进程。

(3) SCHED_FIFO：实时进程调度策略，先进先出调度没有时间片，没有更高优先级的情况下，只能等待主动让出 CPU。

(4) SCHED_NORMAL：普通进程调度策略，使 task 选择 CFS 调度器来调度运行。

(5) SCHED_BATCH：普通进程调度策略，批量处理，使 task 选择 CFS 调度器来调度运行。

(6) SCHED_IDLE：普通进程调度策略，使 task 以最低优先级选择 CFS 调度器来调度运行。

进程调度的一般原理如图 5-7 所示、

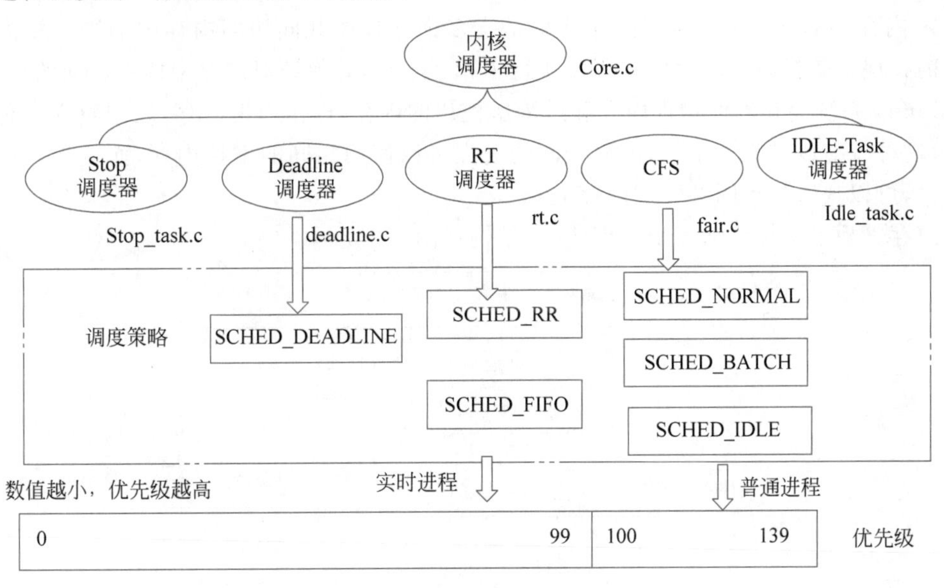

图 5-7 进程调度的一般原理

3. Linux CFS 调度

CFS 用于 Linux 系统中普通进程的调度。CFS 采用了红黑树算法来管理所有的调度实体 sched_entity，算法效率为 $O(\log(n))$。CFS 跟踪调度实体 sched_entity 的虚拟运行时间 vruntime，平等对待运行队列中的调度实体 sched_entity，将执行时间短的调度实体 sched_entity 排列到红黑树的左边。调度实体 sched_entity 通过 enqueue_entity() 和 dequeue_entity() 来进行红黑树的管理。

5.3 Linux 内存管理

5.3.1 Linux 内存管理概述

内存管理是 Linux 内核中最重要的子系统之一，它主要提供对内存资源的访问控制机制，这种机制主要涵盖如下功能。

➢ 内存分配和回收。内存管理记录每个内存单元的使用状态，为运行进程的程序段和数据段等需求分配内存空间，并在不需要时回收它们。

➢ 地址转换。当程序写入内存执行时，如果程序中编译时生成的地址（逻辑地址）与写入内存的实际地址（物理地址）不一致，就要把逻辑地址转换成物理地址。这种地址转换通常是由内存管理单元（Memory Management Unit，MMU）完成的。

➢ 内存扩充。由于计算机资源迅猛发展，内存容量在不断变大。同时，当物理内存容量不足时，操作系统需要在不改变物理内存的情况下，通过对外存的借用实现内存容量的扩充。最常见的方法包括虚拟存储、覆盖和交换等。

➢ 内存共享与保护。所谓内存共享是指多个进程能共同访问内存中的同一段内存单元。内存保护是指防止内存中各程序执行中相互干扰，并保证对内存中信息访问的正确。

Linux 系统会在硬件物理内存和进程所使用的内存（称作虚拟内存）之间建立一种映射关系，这种映射以进程为单位，因而不同的进程可以使用相同的虚拟内存，而这些相同的虚拟内存，可以映射到不同的物理内存上。

内存管理子系统包括 3 个子模块，其结构如图 5-8 所示。

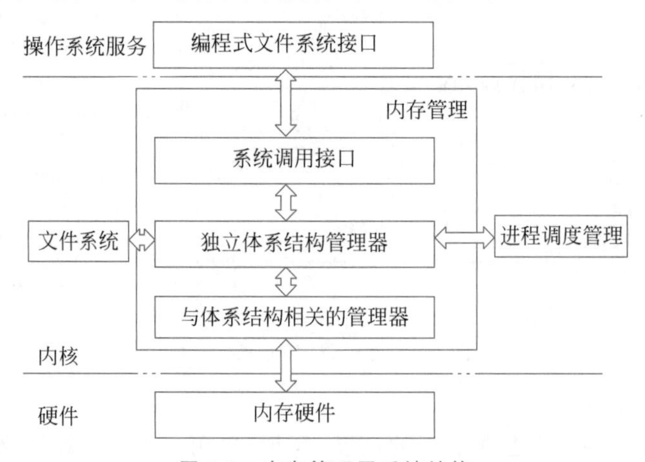

图 5-8　内存管理子系统结构

(1) 与体系结构相关的管理器子模块，涉及体系结构相关部分，提供用于访问硬件 Memory 的虚拟接口。

(2) 独立体系结构管理器子模块，涉及体系结构无该部分，提供所有的内存管理机制，包括以进程为单位的 memory mapping、虚拟内存的交换技术 Swapping 等。

(3) 系统调用接口子模块，通过该接口，向用户空间应用程序提供内存的分配、释放，文件的映射等功能。

内存管理子系统使用节点（node）、区域（zone）、页（page）三级结构描述物理内存。在多核 CPU 中，节点是基于哪个 CPU 建立的，一般多少核的 CPU 就有多少个节点。内存节点结构体在 linux 内核 include/linux/mmzone.h 文件中定义，部分代码如下所示。

```
struct bootmem_data;
typedef struct pglist_data {
    struct zone node_zones[MAX_NR_ZONES];              //内存区域数组
    struct zonelist node_zonelists[MAX_ZONELISTS];     //备用区域数组
    int nr_zones;                                      //该节点包含的内存区域数量
#ifdef CONFIG_FLAT_NODE_MEM_MAP
    struct page *node_mem_map;                         //指向物理页描述符数组
#ifdef CONFIG_PAGE_EXTENSION
    struct page_ext *node_page_ext;                    //页的扩展属性
#endif
#endif
#ifndef CONFIG_NO_BOOTMEM
    struct bootmem_data *bdata;                        //早期内存管理器
...
} pg_data_t;
```

每一个节点分成多个区域，采用数组 node_zones 表示。这个数组的大小为 MAX_NR_ZONES。内存区域结构体在 include/linux/mmzone.h 文件中定义，部分代码如下。

```
struct zone {
    unsigned long watermark[NR_WMARK];
    unsigned long nr_reserved_highatomic;
    long lowmem_reserve[MAX_NR_ZONES];
#ifdef CONFIG_NUMA
    int node;
#endif
    struct pglist_data     *zone_pgdat;
    struct per_cpu_pageset __percpu *pageset;
#ifndef CONFIG_SPARSEMEM
    unsigned long          *pageblock_flags;
#endif
    unsigned long          zone_start_pfn;
    unsigned long          managed_pages;
    unsigned long          spanned_pages;
    unsigned long          present_pages;
    const char             *name;
...
}
```

Linux 内核的内存管理功能是采用请求调页式的虚拟存储技术实现的。Linux 内核根据内存的当前使用情况动态换进换出进程页，通过外存上的交换空间存放换出页。内存与外存之间的相互交换信息是以页为单位进行的，这样的管理方法具有良好的灵活性，并具有很高的内存利用率。

5.3.2 Linux 虚拟存储空间及分布

32 位的处理器具有 4 GB 大小的虚拟地址容量，即每个进程的最大虚拟地址空间为 4 GB，如图 5-9 所示。Linux 内核处于高端的 1 GB 虚拟内存空间处，而低端的 3 GB 属于用户虚拟内存空间，被用户程序所使用。所以在系统空间，即在内核中，虚拟地址与物理地址在数值上是相同的,用户空间的地址映射是动态的,根据需要分配物理内存,并且建立起具体进程的虚拟地址与所分配的物理内存间的映射。需要值得注意的是,系统空间的一部分不是映射到物理内存,而是映射到一些 I/O 设备,包括寄存器和一些小块的存储器。要说明的是现在的 64 位处理器没有使用 64 位虚拟地址。因为目前应用程序没有那么大的内存需求,所以 ARM64 和 x86_64 处理器不支持完全的 64 位虚拟地址,而是使用了 48 位,也就是对应了 256 TB 的地址空间。RISC-V Linux 支持 sv32、sv39、sv48 等虚拟地址格式,分别代表 32 位虚拟地址、39 位虚拟地址和 48 位虚拟地址。RISC-V Linux 默认使用 sv39 格式。

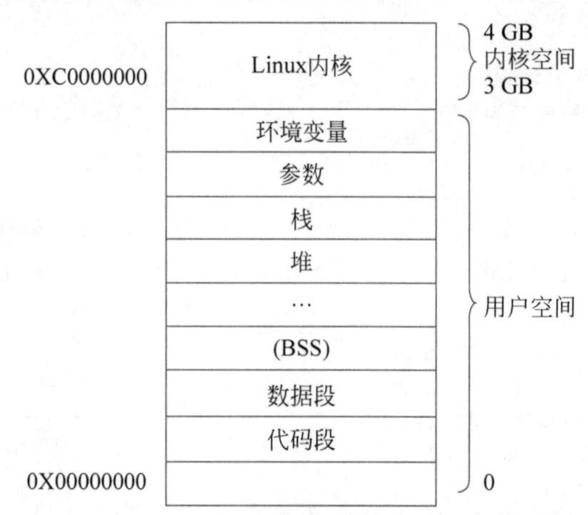

图 5-9 Linux 进程的虚拟内存空间及其组成(32 位平台)

这里简单说明进程对应的内存空间中所包含的 5 种不同的数据区。

- 代码段:用来存放可执行文件的操作指令,也就是说它是可执行程序在内存中的镜像。代码段需要防止在运行时被非法修改,所以只允许读取操作,而不允许写入(修改)操作。
- 数据段:用来存放可执行文件中已初始化的全局变量,即存放程序静态分配的变量和全局变量。
- BSS 段:包含程序中未初始化的全局变量,在内存中 BSS 段全部置零。
- 堆(heap):用于存放进程运行中被动态分配的内存段,它的大小并不固定,可动态扩张或缩减。当进程调用 malloc 等函数分配内存时,新分配的内存就被动态添加到堆上(堆被扩张)。当利用 free 等函数释放内存时,被释放的内存从堆中被剔除(堆被缩减)。
- 栈:用户存放程序临时创建的局部变量,也就是函数括弧"{}"中定义的变量(但不包括 static 声明的变量,static 意味着在数据段中存放变量)。除此以外,在函数被调用时,其参数会被压入发起调用的进程栈中,并且待到调用结束后,函数的返回值也会被存放回栈中。由于栈的先进先出特点,所以栈特别方便用于保存/恢复调用现场。从这个意义上讲,堆栈被看成一个寄存、交换临时数据的内存区。

64 位 Linux 进程的虚拟内存空间及其组成和 32 位虚拟内存空间及其组成大致类似,

主要不同的地方有如下3点。

（1）在用户态虚拟内存空间与内核态虚拟内存空间之间形成了一段地址是0x0000 7FFF FFFF F000～0xFFFF 8000 0000 0000的空洞，在这段范围内的虚拟内存地址是不合法的。

（2）在代码段和数据段的中间有一段不可以读写的保护段，它的作用是防止程序在读写数据段时越界访问到代码段。

（3）用户态虚拟内存空间与内核态虚拟内存空间均占用128 TB，其中低128 TB分配给用户态虚拟内存空间，高128 TB分配给内核态虚拟内存空间。

5.3.3　进程空间描述

1. 关键数据结构描述

一个进程的虚拟地址空间主要由两个数据结构来描述：一个是最高层次的mm_struct，另一个是较高层次的vm_area_structs。最高层次的mm_struct结构描述了一个进程的整个虚拟地址空间。每个进程只有一个mm_struct结构，在每个进程的task_struct结构中，有一个指向该进程的mm_struct结构的指针，每个进程与用户相关的各种信息都存放在mm_struct结构体中，其中包括本进程的页目录表的地址与本进程的用户区的组成情况等重要信息。可以说，mm_struct结构是对整个用户空间的描述。

mm_struct用来描述一个进程的整个虚拟地址空间，在./include/Linux/mm_types.h中描述，代码较长，这里只列出部分。

```
struct mm_struct {
    struct {
        struct maple_tree mm_mt;
#ifdef CONFIG_MMU
        unsigned long ( * get_unmapped_area) (struct file * filp,
                unsigned long addr, unsigned long len,
                unsigned long pgoff, unsigned long flags);
#endif
        unsigned long mmap_base;            /* 内存映射区域的基址 */
        unsigned long mmap_legacy_base;     /* 自底向上分配模式下的内存映射区域的基址 */
#ifdef CONFIG_HAVE_ARCH_COMPAT_MMAP_BASES /* 兼容内存映射的基址地址 */
        unsigned long mmap_compat_base;
        unsigned long mmap_compat_legacy_base;
#endif
        unsigned long task_size;            /* 任务的vm空间大小 */
        pgd_t * pgd;
#ifdef CONFIG_MEMBARRIER
        atomic_t membarrier_state;
#endif
        atomic_t mm_users;
        atomic_t mm_count;

#ifdef CONFIG_MMU
```

```
        atomic_long_t pgtables_bytes;                    /* PTE 页表中的页 */
#endif
        int map_count;                                   /* VMAs 的计数 */
        spinlock_t page_table_lock;                      /* 保护页表和计数器 */
        struct rw_semaphore mmap_lock;
        struct list_head mmlist;
        unsigned long hiwater_rss;
        unsigned long hiwater_vm;
        unsigned long total_vm;                          /* 映射总页数 */
        unsigned long locked_vm;
        atomic64_t pinned_vm;
        unsigned long data_vm;
        unsigned long exec_vm;
        unsigned long stack_vm;                          /* VM 堆栈 */
        unsigned long def_flags;
        seqcount_t write_protect_seq;
        spinlock_t arg_lock;
        unsigned long start_code, end_code, start_data, end_data; /* start_code 代码段起始
地址,end_code 代码段结束地址,start_data 数据段起始地址, start_end 数据段结束地址 */
        unsigned long start_brk, brk, start_stack; /* start_brk 和 brk 记录有关堆的信息
start_brk 是用户虚拟地址空间初始化时,堆的结束地址, brk 是当前堆的结束地址, start_stack 是
栈的起始地址 */
        unsigned long arg_start, arg_end, env_start, env_end; /* arg_start 参数段的起始地
址,arg_end 参数段的结束地址, env_start 环境段的起始地址, env_end 环境段的结束地址 */
......}
```

Linux 内核中对应进程内存区域的数据结构是 vm_area_struct,内核将每个内存区域作为一个单独的内存对象管理,相应的操作都一致。每个进程的用户区是由一组 vm_area_struct 结构体组成的链表来描述的。用户区的每个段(如代码段、数据段和栈等)都由一个 vm_area_struct 结构体描述,其中包含本段的起始虚拟地址和结束虚拟地址,也包含当发生缺页异常时如何找到本段在外存上的相应内容(如通过 nopage 函数)。

vm_area_struct 是描述进程地址空间的基本管理单元,vm_area_struct 结构是以链表形式链接的,不过为了方便查找,内核又以红黑树(red_black tree)的形式组织内存区域,以便降低搜索耗时。值得注意的是,并存的两种组织形式并非冗余: 链表用于需要遍历全部节点时;而红黑树用于在地址空间中定位特定内存区域时。内核为了内存区域上的各种不同操作都能获得高性能,所以同时使用了这两种数据结构。

Linux 进程地址空间的管理模型如图 5-10 所示。

图 5-10 中的内存映射(memory map,mmap)是 Linux 操作系统的一个很大特色,它可以将系统内存映射到一个文件(设备)上,以便可以通过访问文件内容来达到访问内存的目的。这样做的最大好处是提高了内存访问速度,并且可以利用文件系统的接口编程(设备在 Linux 中作为特殊文件处理)访问内存,降低了开发难度。许多设备驱动程序便是利用内存映射功能将用户空间的一段地址关联到设备内存上,无论何时,只要内存在分配的地址范围内进行读/写,实际上就是对设备内存的访问。同时对设备文件的访问等同于对内存区域的

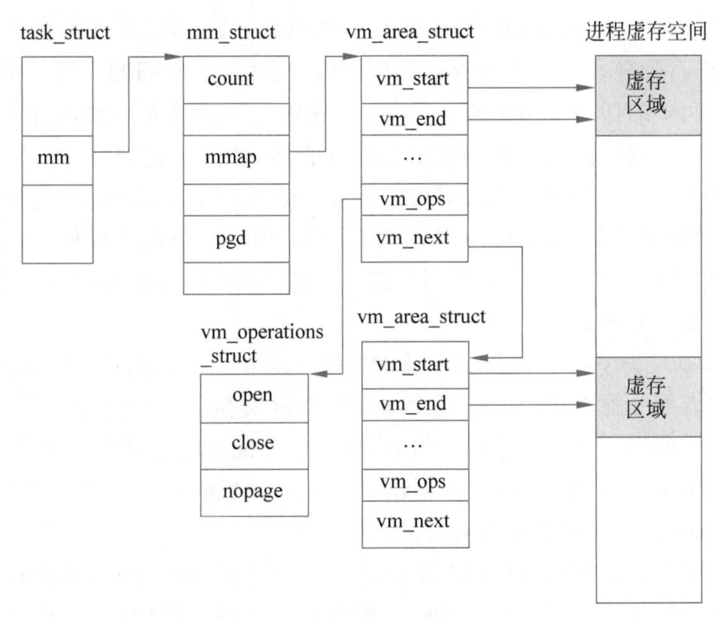

图 5-10 Linux 进程地址空间的管理模型

访问,也就是说,通过文件操作接口可以访问内存。vm_area_struct 结构体如下所示。

```
struct vm_area_struct {
    unsigned long vm_start;
    unsigned long vm_end;
    struct vm_area_struct * vm_next, * vm_prev;
    struct rb_node vm_rb;
    unsigned long rb_subtree_gap;
    struct mm_struct * vm_mm;
    pgprot_t vm_page_prot;
    unsigned long vm_flags;          /* mm.h 中的标志 */
    struct {
        struct rb_node rb;
        unsigned long rb_subtree_last;
    } shared;
```

2. Linux 的分页模型

由于分段机制与 Intel 处理器相关联,在其他的硬件系统上,可能并不支持分段式内存管理,因此在 Linux 中,操作系统使用分页的方式管理内存。在 Linux 中,Linux 采用了通用的四级页表结构,4 种页表分别为:页全局目录、页上级目录、页中间目录、页表。

为了实现跨平台运行 Linux 的目标,设计者提供了一系列转换宏使得 Linux 内核可以访问特定进程的页表。该系列转换宏实现逻辑页表和物理页表在逻辑上的一致,这样内核无须知道页表入口的结构和排列方式。采用这种方法后,在使用不同级数页表的处理器架构中,Linux 就可以使用相同的页表操作代码。

分页机制将整个线性地址空间及整个物理内存看成由许多大小相同的存储块组成,并把这些块作为页(虚拟空间分页后的每个单位被称为页)或页帧(物理内存分页后的每个单位被称为页帧)进行管理。不考虑内存访问权限时,线性地址空间的任何一页理论上可以映射为物理地址空间中的任何一个页帧。Linux 内核的分页方式是一般以 4 KB 单位划分页的,并且保证页地址边界对齐,即每一页的起始地址都应被 4K 整除。在 4 KB 的页单位下,32 位计算机的整个虚拟空间就被划分成 2^{20} 个页。操作系统按页为每个进程分配虚拟地址范围,理论上根据程序需要,最大可使用 4 GB 的虚拟内存。但由于操作系统需要保护内核进程内存,所以将内核进程虚拟内存和用户进程虚拟内存分离,前者可用空间为 1 GB 虚拟内存,后者为 3 GB 虚拟内存。

创建进程 fork()、程序载入 execve()、映射文件 mmap()、动态内存分配 malloc()/brk()等进程相关操作都需要分配内存给进程。而此时进程申请和获得的内存实际为虚拟内存,获得的是虚拟地址。值得注意的是,进程对内存区域的分配最终都会归结到 do_mmap()函数上来(brk 调用被单独以系统调用实现,不用 do_mmap()函数)。同样,释放一个内存区域应使用函数 do_ummap(),它会销毁对应的内存区域。

由于进程所能直接操作的地址都是虚拟地址。进程需要内存时,从内核获得的仅仅是虚拟的内存区域,而不是实际的物理地址,进程并没有获得物理内存(物理页面),而只是对一个新的线性地址区间的使用权。实际的物理内存只有当进程实际访问新获取的虚拟地址时,才会由"请求页机制"产生"缺页"异常,从而进入分配实际页面的例程。这个过程可以借助 nopage 函数,该函数实现当访问的进程虚拟内存并未真正分配页面时,该操作便被调用来分配实际的物理页,并为该页建立页表项的功能。

这种"缺页"异常是虚拟内存机制赖以存在的基本保证——它会告诉内核去真正为进程分配物理页,并建立对应的页表,然后虚拟地址才真正地映射到了系统的物理内存上。当然,如果页被换出到外存,也会产生"缺页"异常,也就不用再建立页表。这种请求页机制利用内存访问的"局部性原理",请求页带来的好处是节约了空闲内存、提高了系统的吞吐率。

5.3.4 物理内存管理(页管理)

Linux 内核管理物理内存是通过分页机制实现的,它将整个内存划分成无数个固定大小的页,从而分配和回收内存的基本单位便是内存页。在此前提下,系统可以拼凑出所需要的任意内存供进程使用。但是实际上系统使用内存时还是倾向于分配连续的内存块,因为分配连续内存时,页表不需要更改,因此能降低页地址快表(TLB)的刷新率(频繁刷新会在很大程度上降低访问速度)。

鉴于上述需求,内核分配物理页面时为了尽量减少不连续情况,采用伙伴(buddy)算法来管理空闲页面。Linux 系统采用伙伴算法管理系统页框的分配和回收,该算法对不同的管理区使用单独的伙伴系统管理。伙伴算法把内存中的所有页框按照大小分成 10 组不同大小的页块,每个页块分别包含 1,2,4,…,512 个页框。每种不同的页块都通过一个 free_area_struct 结构体来管理。系统将 10 个 free_area_struct 结构体组成一个 free _area[ ]数组,其核心数据结构如下所示。

```
typedef struct free_area_struct
{
struct list_head free_list ;
unsigned long * map ;
} free_area_t ;
```

当向内核请求分配一定数目的页框时，若所请求的页框数目不是2的幂次方，则按稍微大于此数目的2的幂次方在页块链表中查找空闲页块，如果对应的页块链表中没有空闲页块，则在更大的页块链表中查找。当分配的页块中有多余的页框时，伙伴系统将根据多余的页框大小插入对应的空闲页块链表中。向伙伴系统释放页框时，伙伴系统会将页框插入对应的页框链表中，并且检查新插入的页框能否与原有的页块组合构成一个更大的页块，如果有两个块的大小相同且这两个块的物理地址连续，则合并成一个新页块并加入对应的页块链表中，并迭代此过程直到不能合并为止，这样可以极大限度地减少内存的碎片。

Linux内核中分配空闲页面的基本函数是get_free_page/get_free_pages，它们是分配单页或分配指定的页面(2、4、8、…、512页)。值得注意的是：get_free_page在内核中分配内存，不同于malloc函数在用户空间中的分配方法。malloc函数利用堆动态分配，实际上是调用brk()系统调用，该调用的作用是扩大或缩小进程堆空间(它会修改进程的brk域)。如果现有的内存区域不够容纳堆空间，则会以页面大小的倍数为单位，扩张或收缩对应的内存区域，但brk值并非以页面大小为倍数修改，而是按实际请求修改。因此malloc在用户空间分配内存可以以字节为单位分配，但内核在内部仍然是以页为单位分配的。

另外需要注意的是，物理页在系统中由页结构struct_page描述，系统中所有的页面都存储在数组mem_map[]中，可以通过该数组找到系统中的每一页(空闲或非空闲)。而其中的空闲页面则可由上述提到的以伙伴关系组织的空闲页链表(free_area[MAX_ORDER])来索引。内核空间物理页分配技术如图5-11所示。

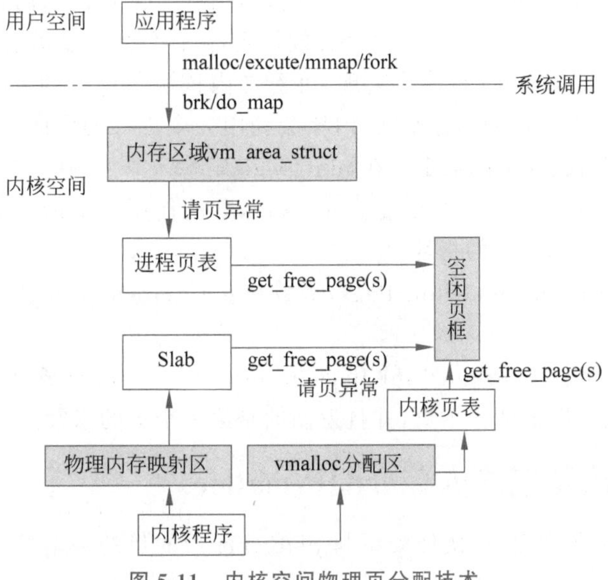

图5-11 内核空间物理页分配技术

5.3.5 基于 Slab 分配器的管理技术

伙伴算法采用页面作为分配内存的基本单位，这样虽然有利于解决外部碎片问题，但却只适合大块内存的请求，而且伙伴算法的充分条件较高且容易产生内存浪费。由于内核自身最常使用的内存往往是很小(远远小于一页)的内存块——如存放文件描述符、进程描述符、虚拟内存区域描述符等行为所需的内存都不足一页。这些用来存放描述符的内存相比页面，差距是非常大的。一个整页中可以聚集多个这些小块内存，而且这些小块内存一样频繁地生成或者销毁。

为了满足内核对这种小块内存的需要，Linux 系统采用一种被称为 Slab 分配器(Slab Allocator)的技术。Slab 并非脱离伙伴关系而独立存在的一种内存分配方式，Slab 仍然是建立在页面基础之上。Slab 分配器主要的功能就是对频繁分配和释放的小对象提供高效的内存管理。它的核心思想是实现一个缓存池，分配对象时从缓存池中取，释放对象时再放入缓存池。Slab 分配器是基于对象类型进行内存管理的，每一种对象被划分为一类，如索引节点对象是一类，进程描述符又是一类等。每当需要申请一个特定的对象时，就从相应的类中分配一个空白的对象出去。当这个对象被使用完毕时，就重新"插入"相应的类中(其实并不存在插入的动作，仅仅是将该对象重新标记为空闲而已)。

与传统的内存管理模式相比，Slab 分配器有很多优点。首先，内核通常依赖于对小对象的分配，它们会在系统生命周期内进行无数次分配，Slab 分配器通过对类似大小的对象进行缓存，可以大大减少内部碎片。同时 Slab 分配器还支持通用对象的初始化，从而避免了为同一目的而对一个对象重复进行初始化。事实上，内核中常用的 kmalloc 函数(类似于用户态的 malloc)就使用了 Slab 分配器来进行可能的优化。

Slab 分配器不仅只用来存放内核专用的结构体，还被用来处理内核对小块内存的请求。一般来说，内核程序中对小于一页的小块内存的请求才通过 Slab 分配器提供的接口 kmalloc 来完成(虽然它可分配 32 到 131 072 Byte 的内存)。从内核内存分配的角度来讲，kmalloc 可被看成 get_free_page(s)的一个有效补充，内存分配粒度更灵活。

关于 kmalloc()与 kfree()的具体实现，可参考内核源程序中的 include/Linux/slab. h 文件。如果希望分配大一点的内存空间，内核会利用一个更好的面向页的机制。分配页的相关函数有以下 3 个，这 3 个函数定义在 mm/page_alloc. c 文件中。

- get_zeroed_page(unsigned int gfp_mask)函数的作用是申请一个新的页，初始化该页的值为零，并返回页的指针。
- __get_free_page(unsigned int flags)函数与 get_zeroed_page 类似，但是它不初始化页的值为零。
- __get_free_pages(unsigned int flags, unsigned int order)函数类似于__get_free_page，但是它可以申请多个页，并且返回的是第一个页的指针。

5.3.6 内核非连续内存分配(vmalloc)

从内存管理理论角度而言，伙伴关系与 Slab 分配器的目的基本是一致的，它们都是为了防止“分片”,分片又分为外部分片和内部分片。内部分片是系统为了满足一小段内存区连续的需要,不得不分配一大区域连续内存给它,从而造成空间浪费。外部分片是指系统虽有足够的内存,但却是分散的碎片,无法满足对大块“连续内存”的需求。无论哪种分片都是系统有效利用内存的障碍。由前文可知,Slab 分配器使得一个页面内包含的众多小块内存可独立被分配使用,避免了内部分片,节约了空闲内存。伙伴关系把内存块按大小分组管理,一定程度上减轻了外部分片的危害,但并未彻底消除。

所以避免外部分片的最终解决思路还是落到了如何利用不连续的内存块组合成“看起来很大的内存块”——这里的情况很类似于用户空间分配虚拟内存,即内存逻辑上连续,其实映射到并不一定连续的物理内存上。Linux 内核借用了这个技术,允许内核程序在内核地址空间中分配虚拟地址,同样利用页表(内核页表)将虚拟地址映射到分散的内存页上。以此完美地解决了内核内存使用中的外部分片问题。内核提供 vmalloc 函数分配内核虚拟内存,该函数不同于 kmalloc,它可以分配比 kmalloc 大得多的内存空间(可远大于 128 KB,但必须是页大小的倍数),但相比 kmalloc 来说,vmalloc 需要对内核虚拟地址进行重映射,必须更新内核页表,因此分配效率上相对较低。

与用户进程相似,内核有一个名为 init_mm 的 mm_strcut 结构来描述内核地址空间,其中页表项 pdg=swapper_pg_dir 包含系统内核空间的映射关系。因此 vmalloc 分配内核虚拟地址必须更新内核页表,而 kmalloc 或 get_free_page 由于分配的连续内存,所以不需要更新内核页表。

vmalloc 分配的内核虚拟内存与 kmalloc/get_free_page 分配的内核虚拟内存位于不同的区间,不会重叠。因为内核虚拟空间被分区管理,各司其职。进程用户空间地址分布从 0 到 3G(其到 PAGE_OFFSET),从 3G 到 vmalloc_start 这段地址是物理内存映射区域(该区域中包含内核镜像、物理页面表 mem_map 等)。

vmalloc()函数的相关原型包含在 include/Linux/vmalloc.h 头文件中,主要函数说明如下。

(1) void * vmalloc(unsigned long size):该函数的作用是申请 size 大小的虚拟内存空间,发生错误时返回 0,成功时返回一个指向大小为 size 的线性地址空间的指针。

(2) void vfree(void * addr):该函数的作用是释放一个由 vmalloc()函数申请的内存,释放内存的基地址为 addr。

(3) void * vmap(struct page ** pages,unsigned int count,unsigned long flags,pgport_t prot):该函数的作用是映射一个数组(其内容为页)到连续的虚拟空间中。第一个参数 pages 为指向页数组的指针,第二个参数 count 为要映射页的个数,第三个参数为 flags 为传递的 vm_area-> flags 值,第四个参数 prot 为映射时的页保护。

(4) void vunmap(void * addr):该函数的作用是释放由 vmap 映射的虚拟内存,释放从 addr 地址开始的连续虚拟区域。

5.3.7 页面回收简述

有页面分配,就会有页面回收。页面回收的方法大体上可分为以下两种。

一是主动释放。就像用户程序通过 free 函数释放曾经通过 malloc 函数分配的内存一样，页面的使用者明确知道页面的使用时机。前文所述的伙伴算法和 Slab 分配器机制，一般都是由内核程序主动释放的。对于直接从伙伴系统分配的页面，这是由使用者使用 free_pages 之类的函数主动释放的，页面释放后被直接放归伙伴系统。从 Slab 分配器中分配的对象(使用 kmem_cache_alloc 函数)，也是由使用者主动释放的(使用 kmem_cache_free 函数)。

二是通过 Linux 内核提供的页框回收算法(Page Frame Reclaiming Algorithm，PFRA)进行回收。页面的使用者一般将页面当作某种缓存，以提高系统的运行效率。缓存一直存在固然好，但是如果缓存没有了也不会造成什么错误，仅仅是效率受影响而已。页面的使用者不需要知道这些缓存页面什么时候最好被保留，什么时候最好被回收，这些都交由 PFRA 来负责。

简单来说，PFRA 要做的事就是回收可以被回收的页面。PFRA 的使用策略是主要在内核线程中周期性地被调用运行，或者当系统已经页面紧缺，试图分配页面的内核执行流程因得不到需要的页面而同步地调用 PFRA。内核非连续内存分配方式一般由 PFRA 来进行回收，也可以通过类似删除文件、进程退出这样的过程来同步回收。

5.4 Linux 模块

可加载内核模块(Loadable Kernel Module，LKM)也被称为模块，即可在内核运行时加载到内核的一组目标代码(并非一个完整的可执行程序)。这样做的最明显好处就是在重构和使用 LKM 时并不需要重新编译内核。LKM 在设备驱动程序的编写和扩充内核功能中扮演着非常重要的角色。

LKM 最重要的功能包括内核模块在操作系统中的加载和卸载两部分。内核模块是一些在启动操作系统内核时如有需要可以载入内核执行的代码块，这些代码块在不需要时由操作系统卸载。模块扩展了操作系统的内核功能却不需要重新编译内核和启动系统。这里需要值得注意的是，如果只是认为可装载模块就是外部模块或者认为在模块与内核通信时模块是位于内核外部的，那么这在 Linux 下均是错误的。当模块被装载到内核后，可装载模块已是内核的一部分。

5.4.1 LKM 的编写和编译

1. 内核模块的基本结构

一个内核模块至少包含两个函数，模块被加载时执行的初始化函数 init_module()和模块被卸载时执行的结束函数 cleanup_module()。在 Linux 2.6 版本中，两个函数可以起任意的名字，通过宏 module_init()和 module_exit()实现。唯一需要注意的是，函数必须在宏的使用前定义，如下所示。

```
static int __init hello_init(void){}
static void __exit hello_exit(void ){}
module_init(hello_init);
module_exit(hello_exit);
```

这里声明函数为 static 的目的是使函数在文件以外不可见，宏__init 的作用是在完成初始化后收回该函数占用的内存，宏__exit 用于模块被编译进内核时忽略结束函数。这两个宏只针对模块被编译进内核的情况，而对动态加载模块是无效的，这是因为编译进内核的模块没有清理结束工作，而动态加载模块却需要自己完成这些工作。

2. 内核模块的编译

内核模块编译时需要提供一个 Makefile 来隐藏底层大量的复杂操作，使用户通过 make 命令就可以完成编译的任务。下面列举一个简单的编译 hello.c 的源码与 Makefile 文件。

hello.c 模块代码如下所示。

```
#include <linux/module.h>
#include <linux/kernel.h>
static int __init init_hello_module(void)          //__init 进行注明
{
    printk("***************Start***************\n");
    printk("Hello World! Start of hello world module!\n");
    return 0;
}
static void __exit exit_hello_module(void)         //__exit 进行注明
{
    printk("***************End***************\n");
    printk("Hello World! End of hello world module!\n");
}
MODULE_LICENSE("GPL");                             //模块许可证声明
module_init(init_hello_module);                    //module_init()宏,用于初始化
module_exit(exit_hello_module);                    //module_exit()宏,用于析构
```

Makefile 文件如下所示。

```
obj-m += hello.ko
KDIR := /lib/modules/$(Shell uname -r)/build
PWD := $(Shell pwd)
default:
$(MAKE) -C $(KDIR) SUBDIRS=$(PWD) modules
```

编译后获得可加载的模块文件 hello.ko。

5.4.2 LKM 的内核表示

每一个内核模块在内核中都对应一个数据结构 module，所有的模块通过一个链表维护。下列代码来自 module.h 文件。部分成员列举如下。

```
struct module
{   enum module_state state;                   //状态
    struct list_head list;                     //所有的模块构成双链表
```

```
    char name[MODULE_NAME_LEN];                    //模块名字
    struct module_kobject mkobj;
    struct module_attribute * modinfo_attrs;
    const char * version;
    const char * srcversion;
    struct kobject * holders_dir;
const struct kernel_symbol * syms;                 //导出符号信息
const unsigned long * crcs;
    unsigned int num_syms;
    struct kernel_param * kp;                      //内核参数
    unsigned int num_kp;
unsigned int num_gpl_syms;/
const struct kernel_symbol * gpl_syms;
    const unsigned long * gpl_crcs;
#ifdef CONFIG_UNUSED_SYMBOLS
    const struct kernel_symbol * unused_syms;
    const unsigned long * unused_crcs;
    unsigned int num_unused_syms;
    unsigned int num_unused_gpl_syms;
    const struct kernel_symbol * unused_gpl_syms;
    const unsigned long * unused_gpl_crcs;
#endif
#ifdef CONFIG_MODULE_SIG
        bool sig_ok;
#endif
    unsigned int num_exentries;
    struct exception_table_entry * extable;        //异常表
    int ( * init)(void);                           //模块初始化函数指针
    void * module_init;
    void * module_core;                            //核心数据和代码部分,在卸载时会调用
    …
    struct task_struct * waiter;                   //等待队列,记录被卸载的进程
    void ( * exit)(void);                          //卸载退出函数,模块中定义的 exit 函数
    …
};
```

5.4.3 模块的加载与卸载

1. 模块的加载

模块的加载一般有两种方法：一种是使用 insmod 命令加载；另一种是当内核发现需要加载某个模块时,请求内核后台进程 kmod 加载适当的模块。当内核需要加载模块时,kmod 被唤醒并执行 modprobe,同时传递需加载模块的名字作为参数。modprobe 像 insmod 一样将模块加载进内核,不同的是在模块被加载时,查看它是否涉及当前没有定义在内核中的任何符号。如果有,在当前模块路径的其他模块中查找。如果找到,它们也会被加载到内核中。但在这种情况下使用 insmod,会以“未解析符号”信息结束。

关于模块加载,可以用图 5-12 来简要说明。

insmod 程序必须找到要求加载的内核模块,这些内核模块是已链接的目标文件。与其

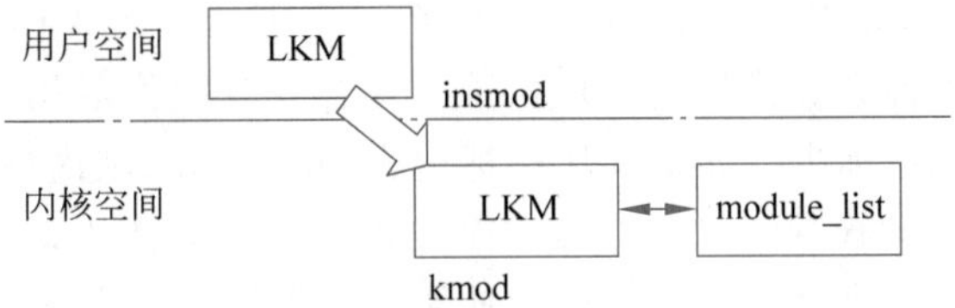

用户空间
LKM
insmod
内核空间
LKM
module_list
kmod

图 5-12 LKM 的加载

他文件不同的是,它们被链接成可重定位映像,这里的重定位映像首先强调的是映像没有被链接到特定地址上。insmod 将执行一个特权级系统调用来查找内核的输出符号。内核输出符号表被保存在内核维护的模块链表的第一个 module 结构中。只有特殊符号才被添加,并且在内核编译与链接时确定。insmod 将模块读入虚拟内存并通过使用内核输出符号来修改其未解析的内核函数和资源的引用地址。这些工作采取由 insmod 程序直接将符号的地址写入模块中相应地址来进行。

当 insmod 修改完模块对内核输出符号的引用后,它将再次使用特权级系统调用申请足够的空间容纳新模块。内核将为其分配一个新的 module 结构以及足够的内核内存来保存新模块,并将其插入内核模块链表的尾部,最后将新模块标志为 UNINITIALIZED。insmod 将模块复制到已分配空间中,如果为它分配的内核内存已用完,将再次申请,但模块被多次加载必然处于不同的地址。

另外,此重定位工作包括使用适当地址来修改模块映像。如果新模块希望将其符号输出到系统中,insmod 将为其构造输出符号映像表。每个内核模块必须包含模块初始化和结束函数,所以为了避免冲突它们的符号被设计成不输出,但是 insmod 必须知道这些地址,这样可以将它们传递给内核。在所有这些工作完成以后,insmod 将调用初始化代码并执行一个特权级系统调用将模块的初始化和结束函数地址传递给内核。

当将一个新模块加载到内核中时,内核必须更新其符号表并修改那些被新模块使用的老模块。那些依赖于其他模块的模块必须在其符号表尾部维护一个引用链表并在其 module 数据结构中指向它。

2. 模块的卸载

可以使用 rmmod 命令卸载模块,这里有个特殊情况是请求加载模块在其使用计数为 0 时,会自动被系统删除。模块卸载可以用图 5-13 来描述。

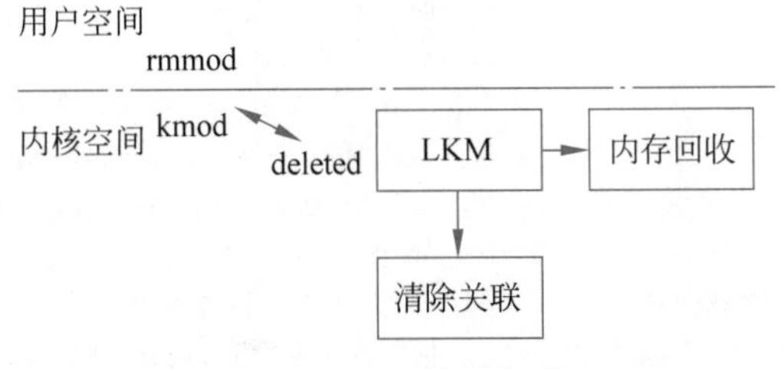

图 5-13 LKM 的卸载

内核中其他部分还在使用的模块不能被卸载。例如,系统中安装了多个虚拟文件分配表(Virtual File Allocation Table,VFAT)文件系统则不能卸载 VFAT 模块。执行 lsmod 将看到每个模块的引用计数。模块的引用计数被保存在其映像的第一个常字中,这个字还包含 autoclean 和 visited 标志。如果模块被标记成 autoclean,则内核知道此模块可以自动卸载。visited 标志表示此模块正被一个或多个文件系统部分使用,只要有其他部分使用此模块则这个标志被置位。当系统要删除未被使用的请求加载模块时,内核就扫描所有模块,一般只查看那些被标志为 autoclean 并处于 running 状态的模块。如果某模块的 visited 标记被清除则该模块就将被删除,并且此模块占有的内核内存将被回收。其他依赖于该模块的模块将修改各自的引用域,表示它们间的依赖关系不复存在。

5.4.4 模块主要命令

表 5-3 列举了模块相关的主要命令。

表 5-3 模块相关的主要命令

名　称	说　明	使用方法示例
insmod	装载模块到当前运行的内核中	#insmod [/full/path/module_name] [parameters]
rmmod	从当前运行的内核中卸载模块	#rmmod [-fw] module_name -f: 强制将该模块删除掉,不论是否正在被使用 -w: 若该模块正在被使用,则等待该模块被使用完毕后再删除
lsmod	显示当前内核已加载的模块信息,可以和 grep 指令结合使用	#lsmod 或者#lsmod | grep XXX
modinfo	检查与内核模块相关联的目标文件,并打印出所有得到的信息	#modinfo [-adln] [module_name|filename] -a: 仅列出作者名 -d: 仅列出该 modules 的说明 -l: 仅列出授权 -n: 仅列出该模块的详细路径
modprobe	利用 depmod 创建的依赖关系文件自动加载相关的模块	#modprobe [-lcfr] module_name -c: 列出目前系统上面所有的模块 -l: 列出目前在/lib/modules/\`uname-r\`/kernel 当中的所有模块完整文件名 -f: 强制加载该模块 -r: 删除某个模块
depmod	创建一个内核可装载模块的依赖关系文件,modprobe 用它来自动加载模块	#depmod [-Ane] -A: 不加任何参数时,depmod 会主动去分析目前内核的模块,并且重新写入/lib/modules/$(uname-r)/modules.dep 中。如果加-A 参数,则会查找比 modules.dep 内还要新的模块,如果真找到,才会更新 -n: 不写入 modules.dep,而是将结果输出到屏幕上 -e: 显示出目前已加载的不可执行的模块名称

这里值得注意的是,modprobe 的内部函数调用过程与 insmod 类似,只是其装载过程

会查找一些模块装载的配置文件，且 modprobe 在装载模块时可解决模块间的依赖性，也就是说如果有必要，modprobe 会在装载一个模块时自动加载该模块依赖的其他模块。

5.5 Linux 中断管理

5.5.1 Linux 中断的一些基本概念

1. 设备、中断控制器和 CPU

在一个完整的设备中，与中断相关的硬件可以划分为 3 类，它们分别是：设备、中断控制器和 CPU 本身，图 5-14 展示了一个对称多处理(Symmetrical Multi-Processing，SMP)系统的硬件组成。

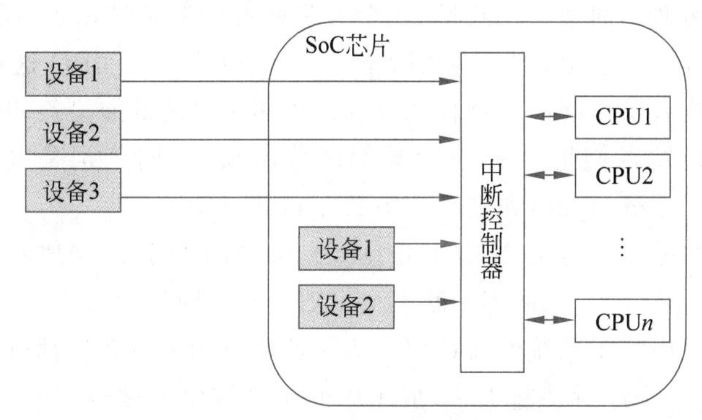

图 5-14 SMP 系统的硬件组成

- 设备：设备是发起中断的源，当设备需要请求某种服务时，它会发起一个硬件中断信号，通常该信号会连接至中断控制器，由中断控制器做进一步的处理。在现代的移动设备中，发起中断的设备可以位于 SoC 芯片的外部，也可以位于 SoC 的内部。
- 中断控制器：中断控制器负责收集所有中断源发起的中断，现有的中断控制器几乎都是可编程的，通过对中断控制器的编程，用户可以控制每个中断源的优先级、中断的电器类型，还可以打开和关闭某一个中断源，在 SMP 系统中，甚至可以控制某个中断源发往哪一个 CPU 进行处理。对 ARM 架构的 SoC，使用较多的中断控制器是 VIC(Vector Interrupt Controller)，进入多核时代以后，GIC(General Interrupt Controller)的应用也开始逐渐变多。
- CPU：CPU 是最终响应中断的部件，它通过对可编程中断控制器的编程操作，控制和管理者系统中的每个中断。当中断控制器最终判定一个中断可以被处理时，它会根据事先的设定，通知其中一个或者某几个 CPU 对该中断进行处理，虽然中断控制器可以同时通知数个 CPU 对某一个中断进行处理，实际上，最后只会有一个 CPU 响应这个中断请求，但具体是哪个 CPU 进行响应可能是随机的，中断控制器在硬件上对这一特性进行了保证，不过这也依赖于操作系统对中断系统的软件实现。在 SMP 系统中，CPU 之间也通过 IPI(Inter Processor Interrupt)进行通信。

2. IRQ 编号

系统中每一个注册的中断源，都会分配一个唯一的编号用于识别该中断，称之为中断请求(Interrupt Request，IRQ)编号。IRQ 编号贯穿在整个 Linux 的通用中断子系统中。在移动设备中，每个中断源的 IRQ 编号都会在 arch 相关的一些头文件中，如 arch/xxx/mach-xxx/include/irqs.h。驱动程序在请求中断服务时，它会使用 IRQ 编号注册该中断，中断发生时，CPU 通常会从中断控制器中获取相关信息，然后计算出相应的 IRQ 编号，然后把该 IRQ 编号传递到相应的驱动程序中。

5.5.2 通用中断子系统

在通用中断子系统(generic IRQ)出现之前，内核使用_do_IRQ 处理所有的中断，这意味着_do_IRQ 中要处理各种类型的中断，这会导致软件的复杂性增加，层次不分明，而且代码的可重用性也不好。事实上，到了内核版本 2.6.38 以后，_do_IRQ 这种方式已经逐步在内核的代码中消失或者不再起决定性作用。通用中断子系统的原型最初出现于 ARM 体系中，一开始内核的开发者们把 3 种中断类型区分出来，它们分别是电平触发中断(level type)、边缘触发中断(edge type)和简易的中断(simple type)。

后来又针对某些需要回应 EoI(End of Interrupt)的中断控制器加入了 fast eoi type，针对 SMP 系统加入了 per cpu type 等中断类型。把这些不同的中断类型抽象出来，然后整合这些中断类型构建成中断子系统的流控层。为了使所有的体系架构都可以重用这部分的代码，中断控制器被进一步地封装起来，形成了中断子系统中的硬件封装层。图 5-15 表示通用中断子系统的层次结构。接下来简要介绍这些层次。

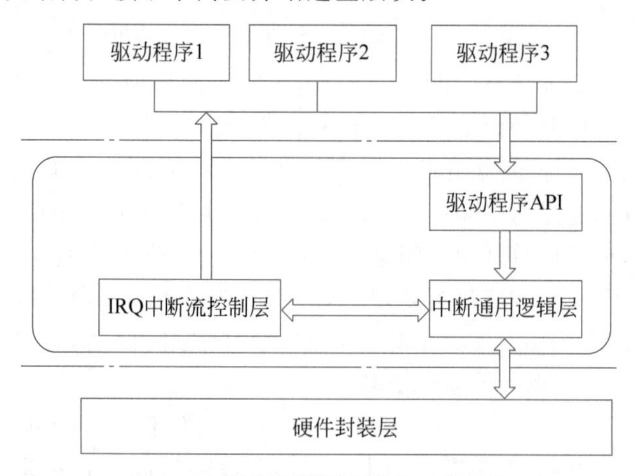

图 5-15 通用中断子系统的层次结构

硬件封装层：包含体系架构相关的所有代码，包括中断控制器的抽象封装、arch 相关的中断初始化以及各个 IRQ 的相关数据结构的初始化工作，CPU 的中断入口会在 arch 相关的代码中实现。中断通用逻辑层通过标准的封装接口(实际上就是 struct irq_chip 定义的接口)访问并控制中断控制器的行为，体系相关的中断入口函数在获取 IRQ 编号后，通过中断通用逻辑层提供的标准函数,把中断调用传递到中断流控层中。

中断流控制层:所谓中断流控制是指合理并正确地处理连续发生的中断,如一个中断在处理中,同一个中断再次到达时如何处理、何时应该屏蔽中断、何时打开中断、何时回应中断控制器等一系列的操作。该层实现了与体系和硬件无关的中断流控制处理操作,它针对不同的中断电气类型(电平、边缘等),实现了对应的标准中断流控处理函数,在这些处理函数中,最终会把中断控制权传递到驱动程序注册中断时传入的处理函数或者中断线程中。

中断通用逻辑层:该层实现了对中断系统几个重要数据的管理,并提供了一系列的辅助管理函数。同时,该层还实现了中断线程的实现和管理,共享中断和嵌套中断的实现和管理,另外还提供了一些接口函数,它们将作为硬件封装层和中断流控层以及驱动程序 API 层之间的桥梁,如以下 API:generic_handle_irq()、irq_to_desc()、irq_set_chip()、irq_set_chained_handler()。

驱动程序 API :该部分向驱动程序提供了一系列的 API,用于向系统申请/释放中断、打开/关闭中断、设置中断类型和中断唤醒系统的特性等操作。驱动程序的开发者通常使用到这一层提供的这些 API 即可完成驱动程序的开发工作,其他的细节都由另外几个软件层较好地“隐藏”起来,驱动程序开发者无须再关注底层的实现。

5.5.3 主要数据结构

Linux 中断主要涉及的数据结构包括 irq_desc、irq_chip 和 irqaction。首先分析 irq_desc 的部分代码。irq_desc 结构体用来描述中断源,其中的 action 成员是一个指向由 irqaction 结构体组成的一个单向链表的头的指针。若一个 IRQ 只被一个中断源使用,那么该链表的长度就是 1,当有多个设备共享一个中断源时,该链表就会由多个 irqaction 结构体组成。dpth 成员描述 irq_desc_t 的当前用户的个数,主要用来保证事件正在处理的过程中 IRQ 不会被禁止。

```
struct irq_desc {
    irq_flow_handler_t          handle_irq;           /* 指向中断函数 */
    struct irqaction            *action;              /* action 链表,用于中断处理函数 */
    unsigned int                status_use_accessors;
    unsigned int                core_internal_state__do_not_mess_with_it;
    unsigned int                depth;
    unsigned int                wake_depth;
    unsigned int                tot_count;
    unsigned int                irq_count;            /* IRQs 侦测 */
    unsigned long               last_unhandled;
    unsigned int                irqs_unhandled;
    atomic_t                    threads_handled;
    int                         threads_handled_last;
    raw_spinlock_t              lock;
    struct cpumask              *percpu_enabled;
    const struct cpumask        *percpu_affinity;
……
};
```

irq_chip 结构体，用于访问底层硬件，下面是部分代码。

```
struct irq_chip {
    struct device      * parent_device;
    const char         * name;
    unsigned int      ( * irq_startup)(struct irq_data * data);      //启动中断
    void              ( * irq_shutdown)(struct irq_data * data);     //关闭中断
    void              ( * irq_enable)(struct irq_data * data);       //使能中断
    void              ( * irq_disable)(struct irq_data * data);      //禁止中断
    void              ( * irq_ack)(struct irq_data * data);          //响应中断
    void              ( * irq_mask)(struct irq_data * data);         //屏蔽中断源
    void              ( * irq_mask_ack)(struct irq_data * data);     //屏蔽中断源并响应中断
    void              ( * irq_unmask)(struct irq_data * data);       //开启中断源
    void              ( * irq_eoi)(struct irq_data * data);
……
    };
```

irqaction 结构定义如下所示。

```
struct irqaction {
        irq_handler_t handler;                   //相当于用户注册的中断处理函数
        unsigned long flags;                     //中断标志
        cpumask_t mask;                          //中断掩码
        const char * name;                       //中断名称，产生中断的硬件的名字
        void * dev_id;                           //设备 id
        struct irqaction * next;                 //指向下一个成员
        int irq;                                 //中断号，
        struct proc_dir_entry * dir;             //指向 IRQn 相关的/proc/irq/
};
```

Linux 中断的处理，总体来说可以分为两部分。

(1) 围绕 irq_desc 中断描述符建立连接关系，这个过程包括：中断源信息的解析（通过设备树）、硬件中断号到 Linux 中断号的映射、irq_desc 结构的分配及初始化（内部各个结构的组织关系）、中断的注册（填充 irq_desc 结构，包括 handler 处理函数）等，总而言之，就是完成静态关系创建，为中断处理做好准备。

(2) 当外设触发中断信号时，中断控制器接收到信号并发送到处理器，此时处理器进行异常模式切换，并逐步从处理器架构相关代码逐级回调。如果涉及中断线程化，则还需要进行中断内核线程的唤醒操作，最终完成中断处理函数的执行。

5.6 本章小结

本章主要介绍 Linux 内核的相关知识。内核是操作系统的灵魂，是了解和掌握 Linux 操作系统的最核心所在。Linux 内核具有 5 个子系统，分别负责如下的功能：进程管理、内存管理、虚拟文件系统、进程间通信和网络接口。本章主要从进程管理、内存管理、模块机制、中断管理这几个方面阐述 Linux 内核。由于篇幅限制，本章只简要对内核的主要子模块进行了阐述，更多更详细的信息可参考 Linux 官网和阅读内核源码。

第6章

Linux文件系统

文件系统是操作系统用于管理磁盘或分区上的文件的方法和数据结构。文件系统是负责存取和管理文件信息的机构，用于实现对数据、文件以及设备的存取控制，它提供对文件和目录的分层组织形式、数据缓冲以及对文件存取权限的控制功能。

文件系统是一种系统软件，是操作系统的重要组成部分。文件系统可以位于系统内核，也可以作为操作系统的一个服务组件而存在。信息以文件的形式存储在磁盘或外部介质上，需要使用时进程可以读取这些信息或者写入新的信息。外存上的文件不会因为进程的创建和终止而受到影响，只有通过文件系统提供的系统调用删除它时才会消失。文件系统必须提供创建文件、删除文件、读文件、写文件等功能的系统调用为文件操作服务。用户程序建立在文件系统上，通过文件系统访问数据，而不需要直接对物理存储设备进行操作。文件的存放通过目录完成，所以对目录的操作就成了文件系统功能的一部分。目录本身也是一种文件，也有相应的创建目录、删除目录和层次结构组织等系统调用。

文件系统具有以下主要功能。

(1) 对文件存储设备进行管理，分别记录空闲区和被占用区，以便用户创建、修改以及删除文件时对空间进行操作。

(2) 对文件和目录的按名访问、分层组织功能。

(3) 创建、删除及修改文件功能。

(4) 数据保护功能。

(5) 文件共享功能。

6.1 Linux 文件系统概述

尽管内核是 Linux 的核心，但文件却是用户与操作系统交互所使用的主要工具。这对 Linux 来说尤其重要，因为在 UNIX 系统中，它使用文件 I/O 机制管理硬件设备和数据文件。最初的操作系统一般只支持单一的文件系统，而且文件系统与操作系统内核紧密关联在一起，而 Linux 操作系统的文件系统结构是树状的，在根目录"/"下有许多子目录，每个目录都可以采用各自不同的文件系统类型。

Linux 中的文件不仅指的是普通的文件和目录，而且将设备当作一种特殊的文件，因此，每种不同的设备从逻辑上都可以看成一种不同的文件系统。Linux 支持多种文件系统，除了常见的 Ext2(The Second Extended File System)、Ext3、ReiserFS 和 Ext4 之外，还支持苹果的混合文件系统(Hybrid File System，HFS)，也支持其他 UNIX 操作系统的文件系统。在 Linux 操作系统中，为了支持多种不同的文件系统，采用虚拟文件系统(Virtual File System，VFS)技术。虚拟文件系统是对多种实际文件系统的共有功能的抽象，它屏蔽了各种不同文件系统在实现细节上的差异，为用户程序提供了统一的、抽象的、标准的接口以便对文件系统进行访问，如打开、读、写等操作。这样用户程序就不需要关心所操作的具体文件属于哪种文件系统以及这种文件系统是如何设计与实现的。VFS 确保了对所有文件的访问方式都是完全相同的。

可以从磁盘、硬盘、Flash 等存储设备中读取或写入数据，因为最初的文件系统都是构建在这些设备之上的。这个概念也可以推广到其他的硬件设备，如内存、显示器、键盘、串口等。对硬件设备的访问控制，也可以归纳为读取或者写入数据，因而可以用统一的文件操作接口实现访问。Linux 内核就是这样做的，除了传统的磁盘文件系统之外，它还抽象出了设备文件系统、内存文件系统等，这些逻辑都是由 VFS 子系统实现的。

VFS 子系统的子模块结构如图 6-1 所示，它们的功能如下。

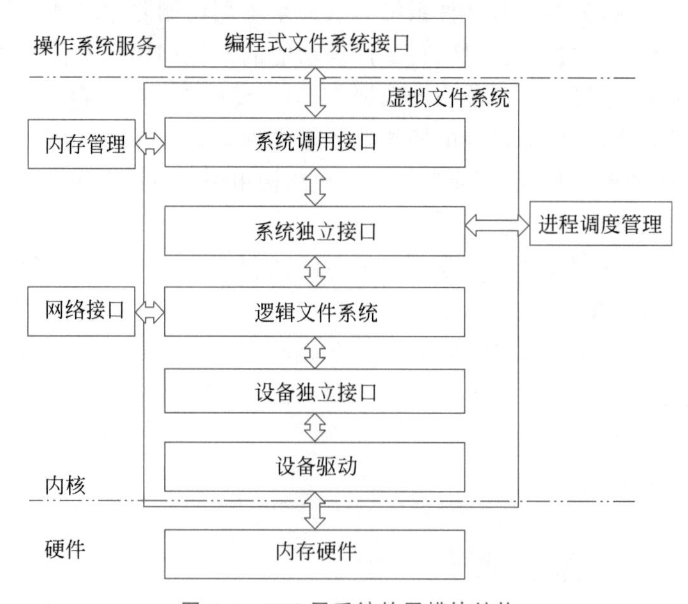

图 6-1 VFS 子系统的子模块结构

(1) 设备驱动，设备驱动用于控制所有的外部设备及控制器。由于存在大量不能相互兼容的硬件设备(特别是嵌入式产品)，所以必须有众多的设备驱动与之匹配。值得注意的是，Linux 内核中将近一半的源码都是设备驱动。

(2) 设备独立接口，该模块定义了描述硬件设备的统一方式(统一设备模型)，所有的设备驱动都遵守这个规则，同时可以用一致的形式向上提供接口，这样做可以有效降低开发难度。

(3) 逻辑文件系统，每一种文件系统都会对应一个逻辑文件系统，它会实现具体的文件系统逻辑。

(4) 系统独立接口，该模块主要面向块设备和字符设备，负责以统一的接口表示硬件设备和逻辑文件系统，这样上层软件就不再关心具体的硬件形态。

(5) 系统调用接口(System Call Interface)，向用户空间提供访问文件系统和硬件设备的统一的接口。

用户空间包含应用程序和 GNU C 库(glibc)，它们为文件系统调用(打开、读、写和关闭等)提供用户接口。系统调用接口的作用就像是交换器，它将系统调用从用户空间发送到内核空间中的适当端点。

VFS 是底层文件系统的主要组件(接口)。这个组件导出一组接口，然后将它们抽象到行为可能差异很大的各个文件系统。VFS 具有两个针对文件系统对象的缓存(inode 索引节点对象和 dentry 目录项对象)，它们缓存最近使用过的文件系统对象。

dentry 结构表示一个打开的目录项，如当打开文件 /usr/local/lib/libc.so 文件时，内核会为文件路径中的每个目录创建一个 dentry 结构。其中的 d_op 字段就是目录的操作方法集。下面给出了 dentry 结构的部分代码。

```
struct dentry
{ ...
struct dentry * d_parent;                          // 父目录指针
struct qstr d_name;                                // 目录名字
struct inode * d_inode;                            // 指向 inode 结构
...
const struct dentry_operations * d_op;             // 操作方法集
... };
```

内核在打开文件时，会为路径中的每个目录创建一个 dentry 结构，并且使用 d_parent 字段来指向其父目录项，这样就能通过 d_parent 字段来追索到根目录。

inode 结构表示一个真实的文件。下面给出了 inode 结构的部分代码。

```
struct inode
{ ... uid_t i_uid;                        // 文件所属用户
gid_t i_gid;                              // 文件所属组
...
struct timespec i_atime;                  // 最后访问时间
struct timespec i_mtime;                  // 最后修改时间
struct timespec i_ctime;                  // 文件创建时间
...
unsigned short i_bytes;                   // 文件大小
...
const struct file_operations * i_fop;  // 文件操作方法集(用于设置 file 结构)
... };
```

每个文件系统(如 Ext2、JFFS2 等)实现可以导出一组通用接口供 VFS 使用。缓冲区缓存会缓存文件系统和相关块设备之间的请求。例如，对底层设备驱动程序的读/写请求会通过缓冲区缓存来传递。这就允许在其中缓存请求，减少访问物理设备的次数，加快访问速度。VFS以最近使用(Least Recently Used，LRU)列表的形式管理缓冲区缓存。

综合看来，Linux虚拟文件系统采用面向对象设计思想，文件系统中定义的VFS相当于面向对象系统中的抽象基类，从它出发可以派生出不同的子类，以支持多种具体文件系统，但从效率考虑，内核纯粹使用C语言编程，故没有直接利用面向对象的语义。

6.2 Ext2/Ext3/Ext4 文件系统

Ext2文件系统是Linux系统中的标准文件系统，主要包括普通文件、目录文件、特殊文件和符号链接文件。Ext2文件系统是通过对Minix的文件系统进行扩展而得到的，其存取文件的性能良好，可以管理特大磁盘分区，文件系统最大内存可达4 TB。早期的Linux都使用Ext2文件系统。

在Ext2文件系统中，文件由包含有文件所有信息的节点inode进行唯一标志。inode又称文件索引节点，包含文件的基础信息以及数据块的指针。一个文件可能对应多个文件名，只有在所有文件名都被删除后，该文件才会被删除。同一文件在磁盘中存放和被打开时所对应的inode是不同的，并由内核负责同步。

Ext2文件系统采用三级间接块来存储数据块指针，并以块(内存大小默认为1 KB)为单位分配空间，其磁盘分配策略是尽可能将逻辑相邻的文件分配到磁盘上物理相邻的块中，并尽可能将碎片分配给尽量少的文件，从而在全局上提高性能。Ext2文件系统将同一目录下的文件尽可能地放在同一个块组中，但目录则分布在各个块组中以实现负载均衡。在扩展文件时，会给文件以预留空间的形式尽量一次性扩展8个连续块。

在Ext2文件系统中，所有元数据结构的大小均基于“块”，而不是“扇区”。块的大小随文件系统的大小而有所不同。而一定数量的块又组成一个块组，每个块组的起始部分有多种描述该块组各种属性的元数据结构。每个块组依次包括超级块、块组描述符、块位图和节点inode位图、节点inode表及数据块。

1. 超级块

每个Ext2文件系统都必须包含一个超级块，其中存储该文件系统的大量基本信息，如块的大小、每块组中包含的块数等。同时系统会对超级块进行备份，备份被存放在块组的第一个块中。超级块的起始位置为其所在分区的第1024个字节，占用1 KB的空间。

2. 块组描述符

一个块组描述符用以描述一个块组的属性。块组描述符组由若干块组描述符组成，描述文件系统中所有块组的属性，存放于超级块所在块的下一个块中。

3. 块位图和节点inode位图

块位图和节点inode位图的每一位分别指出块组中对应哪个块或inode是否被使用。

4. 节点inode表

节点inode表用于跟踪定位每个文件，包括位置、大小等，不包括文件名。一个块组只有一个节点 inode 表。

5. 数据块

数据块中存放文件的内容，包括目录表、扩展属性、符号链接等。

在 Ext2 文件系统中，目录是作为文件存储的。根目录总是在 inode 表的第二项，而其子目录则在根目录文件的内容中定义。目录项在 include/Linux/ext2_fs.h 文件中定义，其结构如下所示。

```
struct ext2_dir_entry_2 {
    __le32   inode;                  /* 节点编号 */
    __le16   rec_len;
    __u8     name_len;               /* 名称长度 */
    __u8     file_type;
    char     name[EXT2_NAME_LEN];    /* 文件名称 */
};
```

Ext3 是第三代扩展文件系统，Ext3 是在 Ext2 的基础上增加日志形成的一个日志文件系统，常用于 Linux 操作系统。它是很多 Linux 发行版的默认文件系统，该文件系统从 Linux 2.4.15 版本的内核开始，合并到内核主线中。

如果在文件系统尚未关闭前就关机，下次重开机后会造成文件系统的信息不一致，因而此时必须重整文件系统，修复不一致和错误。然而该重整工作存在两个较大问题，一是耗时较长，特别是容量大的文件系统；二是不能确保信息的完整性。日志文件系统可以较好地克服此问题。日志文件系统最大的特点是会将整个磁盘的写入动作完整记录在磁盘的某个区域上，以便有需要时可以回溯追踪。由于信息的写入动作包含许多的细节，如改变文件标头信息、搜寻磁盘可写入空间、一个个写入信息区段等，每一个细节进行到一半若被中断，就会造成文件系统的不一致，因而需要重整。然而，在日志文件系统中，由于详细记录了每个细节，故当在某个过程中被中断时，系统可以根据这些记录直接回溯并重整被中断的部分，而不必花时间去检查其他的部分，故重整的工作速度相当快，几乎不需要花时间。

除开日志文件系统所具有的优点，Ext3 还有以下特点。

(1) Ext3 文件系统在非正常关机状况下，系统无须检查文件系统，而且 Ext3 的恢复时间极短。

(2) Ext3 文件系统能够极大地提高文件系统的完整性，避免了意外宕机对文件系统的破坏。

(3) Ext3 文件系统可以不经任何更改，而直接加载成为 Ext2 文件系统。由 Ext2 文件系统转换成 Ext3 文件系统也非常容易。

(4) 3 种日志模式可选：日记、顺序、回写。可适应不同场合对日志模式的要求。

(5) 便于移植，无论是硬件体系还是内核修改，其移植工作均较容易。

第四代扩展文件系统 Ext4 是 Linux 系统下的日志文件系统，是 Ext3 文件系统的后继版本。2008 年 12 月 25 日，Linux Kernel 2.6.28 的正式版本发布。随着这一新内核的发布，Ext4 文件系统结束实验期，成为稳定版。

Ext4 文件系统的特点主要包括：Ext4 的文件系统容量达到 1 EB，而文件容量则达到 16 TB，Ext4 理论上支持无限数量的子目录，Ext4 文件系统具有 64 位空间记录块数量，Ext4 在文件系统层面实现了持久预分配并提供相应的 API，比应用软件自己实现更有效率，Ext4 支持更大的节点和支持快速扩展属性和节点保留，Ext4 为日志数据添加了校验功能，日志校验功能可以很方便地判断日志数据是否损坏，Ext4 支持在线碎片整理，并将提供 e4defrag 工具进行个别文件或整个文件系统的碎片整理。

6.3 嵌入式文件系统

6.3.1 嵌入式文件系统概述

嵌入式文件系统是指在嵌入式系统中实现文件存取、管理等功能的模块，这些模块提供一系列文件输入输出等文件管理功能，为嵌入式系统和设备提供文件系统支持。在嵌入式系统中，文件系统是嵌入式系统的一个组成模块，它是作为系统的一个可加载选项提供给用户，由用户决定是否需要加载它。嵌入式文件系统具有结构紧凑、使用简单便捷、安全可靠及支持多种存储设备、可伸缩、可剪裁、可移植等特点。

在国内外流行的嵌入式操作系统中，多数具有可根据应用需求而进行定制的文件系统组件，下面对几个主流的嵌入式操作系统的文件系统做简要阐述。

VxWorks 的文件系统提供的组件——快速文件系统（Fast File System，FFS）非常适合于实时系统的应用。它包括几种支持使用块设备（如磁盘）的本地文件系统，这些设备都使用一个标准的接口从而使得文件系统能够被灵活地在设备驱动程序上移植。

CramFS（Compressed ROM File System）是 Linux 的创始人 Linus Torvalds 参与开发的一种只读的压缩文件系统。在 CramFS 中，每一页（4 KB）被单独压缩，可以随机页访问，其压缩比高达 2∶1，为嵌入式系统节省大量的 Flash 存储空间，使系统可通过更低容量的 Flash 存储相同的文件，从而降低系统成本。

网络文件系统（Network File System，NFS）是由 Sun 开发并发展起来的一项在不同机器、不同操作系统之间通过网络共享文件的技术。在嵌入式 Linux 系统的开发调试阶段，可以利用该技术在主机上建立基于 NFS 的根文件系统，挂载到嵌入式设备，可以很方便地修改根文件系统的内容。

嵌入式 Linux 文件系统结构如图 6-2 所示，自下而上主要由硬件层、驱动层、内核层和用户层组成。内核层为内核中的各种文件系统（如图 6-2 所示的 JFFS2、RAMFS 等）提供统一、抽象的系统总线，并为上层用户提供了具有统一格式的接口函数，用户程序可以使用这些函数来操作各种文件系统下的文件。MTD 是用于访问 Flash 设备的 Linux 子系统，其主要目的是使 Flash 设备的驱动程序更加简单。MTD 子系统整合底层芯片驱动，为上层文件系统提供统一的 MTD 设备接口，MTD 设备可以分为 MTD 字符设备和 MTD 块设备，通过这两个接口，就可以像读/写普通文件一样对 Flash 设备进行读/写操作，经过简单的配置后，MTD 在系统启动以后可以自动识别支持 CFI 或 JEDEC 接口的 Flash 芯片，并自动采用适当的命令参数对 Flash 进行读/写或擦除。

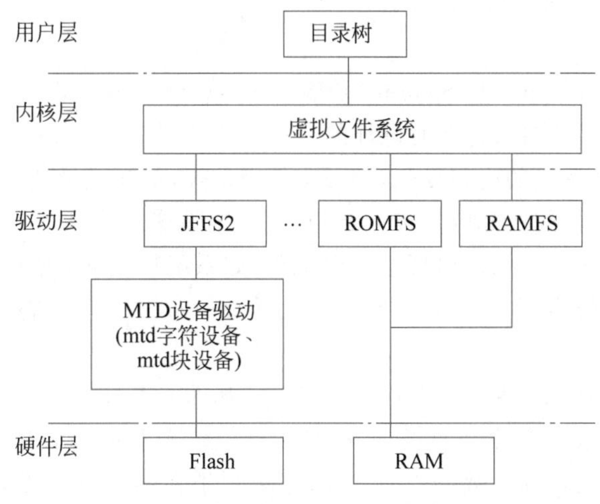

图 6-2　嵌入式 Linux 文件系统结构

在文件系统结构底层，Flash 和 RAM 都在嵌入式系统中得到广泛应用。由于具有高可靠性、高存储密度、低价格、非易失、擦写方便等优点，Flash 存储器取代了传统的 EPROM 和 EEPROM，在嵌入式系统中得到了广泛的应用。Flash 存储器可以分为若干块，每块又由若干页组成，对 Flash 的擦除操作以块为单位进行，而读和写操作以页为单位进行。Flash 存储器在进行写入操作之前必须先擦除目标块。

根据所采用的制造技术不同，Flash 存储器主要分为 NOR Flash 和 NAND Flash 两种。NOR Flash 通常容量较小，其主要特点是程序代码可以直接在 Flash 内运行。NOR Flash 具有 RAM 接口、易于访问，缺点是擦除电路复杂，写速度和擦除速度都比较慢，最大擦写次数约 10 万次，典型的块大小是 128 KB。NAND Flash 通常容量较大，具有很高的存储密度，从而降低了单位价格。NAND Flash 的块尺寸较小，典型大小为 8 KB，擦除速度快，使用寿命较长，最大擦写次数可以达到 100 万，但是其访问接口是复杂的 I/O 口，并且坏块和位反转现象较多，对驱动程序的要求较高。由于 NOR Flash 和 NAND Flash 各具特色，因此它们的用途各不相同，NOR Flash 一般用来存储体积较小的代码，而 NAND Flash 则用来存储大体积的数据。

在嵌入式系统中，Flash 上也可以运行传统的文件系统，如 Ext2 等，但是这类文件系统没有考虑 Flash 存储器的物理特性和使用特点，如 Flash 存储器中各个块的最大擦除次数是有限的。

为了延长 Flash 的整体寿命需要均匀地使用各个块，这就需要磨损均衡的功能，为了提高 Flash 存储器的利用率，还应该有对存储空间的碎片收集功能，在嵌入式系统中，要考虑出现系统意外掉电的情况，所以文件系统还应该有掉电保护的功能，保证系统在出现意外掉电时也不会丢失数据。因此在 Flash 存储设备上，目前主要采用了专门针对 Flash 存储器的要求而设计的 JFFS2(Journaling Flash File System Version 2)文件系统。

6.3.2 JFFS2 嵌入式文件系统

1. JFFS2 简介

JFFS(Journaling Flash File System)是瑞典的 Axis Communications 公司专门针对嵌入式系统中的 Flash 存储器的特性而设计的一种日志文件系统。如 6.3.1 节所述，在日志文件系统中，所有文件系统的内容变化，如写文件操作等，都被记录到一个日志中，每隔一段时间，文件系统会对文件的实际内容进行更新，然后删除这部分日志，重新开始记录。如果对文件内容的变更操作由于系统出现意外而中断，如系统掉电等，则系统重新启动时，会根据日志恢复中断以前的操作，这样系统的数据就更加安全，文件内容将不会因为系统出现意外而丢失。

Red Hat 公司的 David Woodhouse 在 JFFS 的基础上进行了改进，从而发布了 JFFS2。和 JFFS 相比，JFFS2 支持更多节点类型，提高了磨损均衡和碎片收集的能力，增加了对硬链接的支持。JFFS2 还增加了数据压缩功能，这更利于在容量较小的 Flash 中使用。与传统的 Linux 文件系统如 Ext2 相比，JFFS2 处理擦除和读/写操作的效率更高，并且具有完善的掉电保护功能，使存储的数据更加安全。

2. JFFS2 有关原理

JFFS2 在内存中建立超级块信息 jffs2_sb_info 管理文件系统操作，建立索引节点信息 jffs2_inode_info 管理打开的文件。VFS 层的超级块 super_block 和索引节点 inode 分别包含 JFFS2 的超级块信息 jffs2_sb_info 和索引节点信息 jffs2_inode_info，它们是 JFFS2 和 VFS 间通信的主要接口。JFFS2 的超级块信息 jffs2_sb_info 包含底层 MTD 设备信息 mtd_info 指针，文件系统通过该指针访问 MTD 设备，实现 JFFS2 和底层 MTD 设备驱动之间的通信。JFFS2 层次如图 6-3 所示。

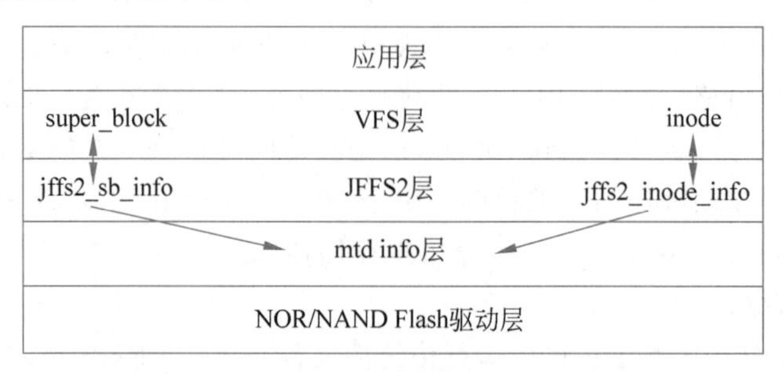

图 6-3 JFFS2 层次

JFFS2 在 Flash 上只存储两种类型的数据实体，分别为用于描述目录项的 jffs2_raw_dirent 和描述数据节点的 jffs2_raw_inode。

jffs2_raw_dirent 主要包括文件名、节点 ino、父节点 ino、版本号、校验码等信息，它用来形成整个文件系统的层次目录结构。

```
struct jffs2_raw_dirent
{
```

```
    jint16_t magic;
    jint16_t nodetype;          /* 节点类型设置为 JFFS2_NODETYPE_DIRENT */
    jint32_t totlen;
    jint32_t hdr_crc;           /* jffs2_unknown_node 部分的 CRC 校验 */
    jint32_t pino; ;            /* 上层目录节点(父节点)的标号 */
    jint32_t version;           /* 版本号 */
    jint32_t ino; ;             /* 节点编号,如果是 0 表示没有链接的节点 */
    jint32_t mctime;            /* 创建时间 */
    __u8 nsize; ;               /* 大小 */
    __u8 type;
    __u8 unused[2];
    jint32_t node_crc;
    jint32_t name_crc;
    __u8 name[0];
};
```

jffs2_raw_inode 主要包括文件 ino、版本号、访问权限、修改时间、本节点所包含的数据文件中的起始位置及本节点所包含的数据大小等信息，它用来管理文件的所有数据。一个目录文件由多个 jffs2_raw_dirent 组成。而普通文件、符号链接文件、设备文件、FIFO 文件等都由一个或多个 jffs2_raw_inode 数据实体组成。

```
struct jffs2_raw_inode
{
    jint16_t magic;
    jint16_t nodetype;          ; /* 设置为 JFFS_NODETYPE_inode */
    jint32_t totlen;
    jint32_t hdr_crc;
    jint32_t ino;               /* 节点编号 */
    jint32_t version;           /* 版本号 */
    jmode_t mode;
    jint16_t uid;               /* 文件拥有着 */
    jint16_t gid;               /* 文件组 */
    jint32_t isize;
    jint32_t atime;             /* 最后访问时间 */
    jint32_t mtime;             /* 最后修改时间 */
    jint32_t ctime;
    jint32_t offset;            /* 写的起始位置 */
    jint32_t csize;             /* (Compressed) 数据大小 */
    jint32_t dsize;
    __u8 compr;
    __u8 usercompr;
    jint16_t flags;
    jint32_t data_crc;          /* (compressed) data 的 CRC 校验算法 */
    jint32_t node_crc;
    __u8 data[0];
};
```

JFFS2 在挂载时扫描整个 Flash，每个 jffs2_raw_inode 数据实体都会记录其所属的文件的 ino 及其他元数据，以及数据实体中存储的数据的长度及在文件内部的偏移。而 jffs2_ raw_dirent 数据实体中存有目录项对应的文件的 ino 及目录项所在的目录的 ino 等信息。JFFS2 在扫描时根据 jffs2_raw_dirent 数据实体中的信息在内存中建立文件系统的目录树信息，类似地，根据 jffs2_raw_inode 数据实体中的信息建立起文件数据的寻址信息。为了提高文件数据的寻址效率，JFFS2 将属于同一个文件的 jffs2_raw_inode 数据实体组织为一棵红黑树，在挂载扫描过程中检测到的每一个有效的 jffs2_raw_inode 都会被添加到所属文件的红黑树。在文件数据被更新的情况下，被更新的旧数据所在的 jffs2_raw_inode 数据实体会被标记为无效，同时将其从文件的红黑树中删除。然后将新的数据组织为 jffs2_raw_inode 数据实体写入 Flash 并将新的数据实体加入红黑树。

与磁盘文件系统不同，JFFS2 不在 Flash 设备上存储文件系统结构信息，所有的信息都分散在各个数据实体节点之中，在系统初始化时，扫描整个 Flash 设备，从中建立起文件系统在内存中的映像，系统在运行期间，利用这些内存中的信息进行各种文件操作。JFFS2 系统使用结构 jffs2_sb_info 来管理所有的节点链表和内存块，这个结构相当于 Linux 中的超级块。struct jffs2_sb_info 是一个控制整个文件系统的数据结构，它存放文件系统对 Flash 设备的块利用信息（包括块使用情况、块队列指针等）和碎片收集状态信息等。

下面介绍 JFFS2 的主要设计思想，包括 JFFS2 的操作实现方法、垃圾收集机制和均衡磨损技术。

1）操作实现

当进行写入操作时，在块还未被填满之前，仍然按顺序进行写操作，系统从 free_list 取得一个新块，而且从新块的开始部分不断地进行写操作，一旦 free_list 大小不够时，系统将会触发“碎片收集”功能回收废弃节点。

在介质上的每个 inode 节点都有一个 jffs2_inode_cache 结构用于存储其 ino、inode 当前链接数和指向 inode 的物理节点链接列表开始的指针，该结构体的定义如下。

```
struct jffs2_inode_cache{
struct jffs2_scan_info * scan;           //在扫描链表时存放临时信息
struct jffs2_inode_cache * next;
struct jffs2_raw_node_ref * node;
_u32 ino;
int nlink;
};
```

这些结构体存储在一个哈希表上，每一个哈希表都包括一个链接列表。哈希表的操作十分简单，它的 ino 是以哈希表长度为模来获取它在哈希表中的位置。每个 Flash 数据实体在 Flash 分区上的位置、长度都由内核数据结构 jffs2_raw_node_ref 描述，它的定义如下。

```
struct jfffs2_raw_node_ref {
        struct jffs2_raw_node_ref * next_in_ino;
        struct jffs2_raw_node_ref next_phys;
        _u32 flash_offset;
        _u32 totlen;
        };
```

当进行 mount 操作时，系统会为节点建立映射表，但是这个映射表并不全部存放在内存中，存放在内存中的节点信息是一个缩小尺寸的 jffs2_raw_inode 结构体，即 struct jffs2_raw_node_ref 结构体。

上述结构体中的 flash_offset 表示相应数据实体在 Flash 分区上的物理地址，totlen 表示包括后继数据的总长度。同一个文件的多个 jffs2_raw_node_ref 由 next_in_ino 组成一个循环链表，链表首为文件的 jffs2_inode_cache 数据结构的 node 域，链表末尾元素的 next_in_ino 则指向 jffs2_inode_cache，这样任何一个 jffs2_raw_node_ref 元素就都知道自己所在的文件。

每个节点包含两个指向具有自身结构特点的指针变量，其中一个指向物理相邻的块，另一个指向 inode 链表的下一节点。用于存储这个链表最后节点的 jffs2_inode_cache 结构类型节点，其 scan 域设置为 NULL，而 nodes 域指针指向链表的第一个节点。

当某个 jffs2_raw_node_ref 型节点无用时，系统将通过 jffs2_mark_mode_obsolete() 函数对其 flash_offset 域标记为废弃标志，并修改相应的 jffs2_sb_info 结构与 jffs2_eraseblock 结构变量中的 used_size 和 dirty_size 大小。然后，把这个被废弃的节点从 clean_list 移到 dirty_list 中。

在正常运行期间，inode 号通过文件系统的 read_inode() 函数进行操作，用合适的信息填充 struct inode。JFFS2 利用 inode 号在哈希表上查找合适的 jffs2_inode_cache 结构，然后使用节点链表之间读取重要 inode 的每个节点，从而建立 inode 数据区域在物理位置上的一个完整映射。一旦用这种方式填充了所有的 inode 结构，它会保留在内存中直到内核内存不够的情况下裁剪 jffs2_inode_cache 为止，对应的额外信息也会被释放，剩下的只有 jffs2_raw_node_ref 节点和 JFFS2 中最小限度的 jffs2_node_cache 结构初始化形式。

2）垃圾收集

在 JFFS 中，文件系统与队列类似，每一个队列都存在唯一的头指针和尾指针。最先写入日志的节点作为头指针，而每次写入一个新节点时，这个节点作为日志的尾指针。每个节点存在一个与节点写入的顺序有关的 version 节点，它专门用来存放节点的版本号。该节点每写入一个节点其版本号加 1。

节点写入总是从日志的尾部进行，而读取节点则没有任何限制。擦除和碎片收集操作总是在头部进行。当用户请求写操作时发现存储介质上没有足够的空余空间，也就表明空余空间已经符合垃圾收集的启动条件。如果有垃圾空间能够被回收，碎片收集进程启动，将收集垃圾空间中的垃圾块，否则，碎片收集进程处于睡眠状态。

JFFS2 的碎片收集技术与 JFFS 有很多类似的地方，但 JFFS2 对 JFFS 的碎片收集技术做了一些改进。如在 JFFS2 中，所有的存储节点都不可以跨越 Flash 的块界限，这样就可以在回收空间时按照 Flash 的各个块为单位进行选择，将最应擦除的块擦除之后作为新的空闲块，这样可以提高效率与利用率。

JFFS2 使用了多个级别的待收回块队列。在垃圾收集时先检查 bad_used_list 链表中是否有节点，如果有，则先回收该链表的节点。当完成了 bad_used_list 链表的回收后，然后进行回收 dirty_list 链表的工作。垃圾收集操作的主要工作是将数据块里面的有效数据移动到空间块中，然后清除脏数据块，最后将数据块从 dirty_list 链表中摘除并且放入空间块链表。此外可以回收的队列还包括 erasable_list、very_dirty_list 等。

垃圾收集由专门相应的碎片收集内核线程负责处理，一般情况下的碎片收集进程处于睡眠状态，一旦 thread_should_wake()操作发现 jffs2_sb_info 结构变量中的 nr_free_blocks 与 nr_erasing_blocks 总和小于触发碎片收集功能特定值 6，且 dirty_size 大于 sector_size 时，系统将调用 thread_should_wake() 来发送 SIGHUP 信号给碎片收集进程并且被唤醒。每次碎片收集进程只回收一个空闲块，如果空闲块队列的空闲块数仍小于 6，那么碎片收集进程再次被唤醒，一直到空闲数等于或大于 6。

由于 JFFS2 中使用了多种节点，所以在进行垃圾收集时必须对不同的节点进行不同的操作。JFFS2 进行垃圾收集时也对内存文件系统中的不连续数据块进行整理。

3）数据压缩

JFFS2 提供了数据压缩技术。数据存入 Flash 之前，JFFS2 会自动对其进行压缩。目前，内嵌 JFFS2 的压缩算法很多，最常见的是 zlib 算法，这种算法仅对 ASCII 和二进制数据文件进行压缩。在嵌入式文件系统中引入数据压缩技术，其数据能够得到最大限度的压缩，可以提高资源的利用率，有利于提高性能和节省开发成本。

4）均衡磨损

由前文可知，Flash 有 NOR 和 NAND 两种类型，它们在使用寿命方面存在很大的差异。从擦除循环周期度量来看，NOR 的寿命限定每块大约可擦除 10 万次，而 NAND 的每块擦除次数约为 100 万。为了提高 Flash 芯片的使用寿命，用户希望擦除循环周期在 Flash 上均衡分布，这种处理技术被称为“平均磨损”。

在 JFFS 中，碎片收集总是对文件系统队列头所指节点的块进行回收。如果该块填满了数据就将该数据后移，这样该块就成为空闲块。通过这种处理方式可以保证 Flash 中每块的擦除次数相同，从而提高了整个 Flash 芯片的使用寿命。

在 JFFS2 中进行碎片收集时，随机将干净块的内容移到空闲块，随后擦除干净块内容再写入新的数据。JFFS2 单独处理每个擦除块，由于每次回收的是一块，碎片收集程序能够提高回收的工作效率，并且能够自动地决定接下来该回收哪一块。每个擦除块可能是多种状态中的一种状态，基本上是由块的内容决定的。JFFS2 保留了结构列表的链接数，它用来描述单个擦除块。

碎片收集过程中，一旦从 clean_list 中取得一个干净块，那么该块中的所有数据要被全部移到其他的空闲块，然后对该块进行擦除操作，最后将其挂接到 free_list。这样，它保证了 Flash 的平均磨损而提高了 Flash 的利用率。

5）断电保护技术

JFFS2 是一个稳定性高、一致性强的文件系统，不论电源以何种方式在哪个时刻停止供电，JFFS2 都能保持其完整性，即不需要为 JFFS2 配备像 Ext2 拥有的那些文件系统。断电保护技术的实现依赖于 JFFS2 的日志式存储结构，当系统遭受不正常断电后重新启动时，

JFFS2 自动将系统恢复到断电前最后一个稳定状态，由于省去了启动时的检查工作，所以 JFFS2 的启动速度相当快。

3. JFFS2 的不足之处

(1) 挂载时间过长。JFFS2 的挂载过程需要对闪存 Flash 从头到尾地扫描，这个过程比较花费时间。

(2) 磨损平衡具有较大随意性。JFFS2 对磨损平衡是用概率的方法来解决的，这很难保证磨损平衡的确定性。在某些情况下，可能造成对擦写块不必要的擦写操作，在某些情况下，又会引起对磨损平衡调整的不及时。

(3) 扩展性很差。首先，闪存越大，闪存上节点数目越多，挂载时间就越长；其次，虽然 JFFS2 尽可能地减少内存的占用，但实际上对内存的占用量是同 i 节点数和闪存上的节点数成正比的。

6.4 ramfs 和 ramdisk 文件系统

6.4.1 ramfs

ramfs 是一个非常巧妙，利用 VFS 自身结构而形成的内存文件系统。ramfs 没有自己的文件存储结构，它的文件存储于页缓存中，目录结构由 dentry 链表本身描述，文件则由 VFS 的 inode 结构本身描述。从 ramfs 的描述可以看出，VFS 本质上可看成一种内存文件系统，它统一了文件在内核中的表示方式并对磁盘文件系统进行缓冲。

ramfs 是一种非常简单的文件系统，它直接利用 Linux 内核已有的高速缓存机制，使用系统的物理内存，生成一个大小可以动态变化的基于内存的文件系统。ramfs 工作于虚拟文件系统层，不能被格式化。只有 root 用户才能进行 ramfs 写操作。通过查看 Makefile 文件可以检查 ramfs 依赖的模块。

```
obj-y += ramfs.o
file-mmu-y := file-nommu.o
file-mmu-$(CONFIG_MMU) := file-mmu.o
ramfs-objs += inode.o $(file-mmu-y)
```

可见 ramfs-objs 与 inode.c 和 CONFIG_MMU 的配置有关，如果 CONFIG_MMU 配置为 y 选项，则该模块还包括 file-mmu.c 文件，否则包含 file-nommu.c 文件。

下面给出 ramfs 的几个内核相关代码段。

```
/* ramfs类型 */
static struct file_system_type ramfs_fs_type = {
    .name             = "ramfs",
    .init_fs_context  = ramfs_init_fs_context,
    .parameters       = ramfs_fs_parameters,
    .kill_sb          = ramfs_kill_sb,
    .fs_flags         = FS_USERNS_MOUNT,
};
```

```
/*注册 ramfs*/
static int __init init_ramfs_fs(void)// 调用 register_filesystem()注册 ramfs
{
    return register_filesystem(&ramfs_fs_type);
}
/* ramfs 的文件操作接口 */
static const struct inode_operations ramfs_dir_inode_operations = {
    .create         = ramfs_create,
    .lookup         = simple_lookup,
    .link           = simple_link,
    .unlink         = simple_unlink,
    .symlink        = ramfs_symlink,
    .mkdir          = ramfs_mkdir,
    .rmdir          = simple_rmdir,
    .mknod          = ramfs_mknod,
    .rename         = simple_rename,
    .tmpfile        = ramfs_tmpfile,
};
```

6.4.2 ramdisk 文件系统

ramdisk 是一种将内存中的一块区域作为物理磁盘进行使用的技术，也就是说，ramdisk 是在内存区域中创建块设备用于存放文件系统的技术。对于用户而言，可以把 ramdisk 与通常的硬盘分区同等对待并使用。由于掉电后，ramdisk 的内容会消失，因而 ramdisk 不适合作为长期保存文件的介质。

为了让内核能够在内核加载阶段就能装入 ramdisk 并运行存储的内容，必须要选中 Initial RAM filesystem and RAM disk(initramfs/initrd) support 选项，如图 6-4 所示。该选项会在配置文件中定义 CONFIG_BLK_DEV_INITRD。

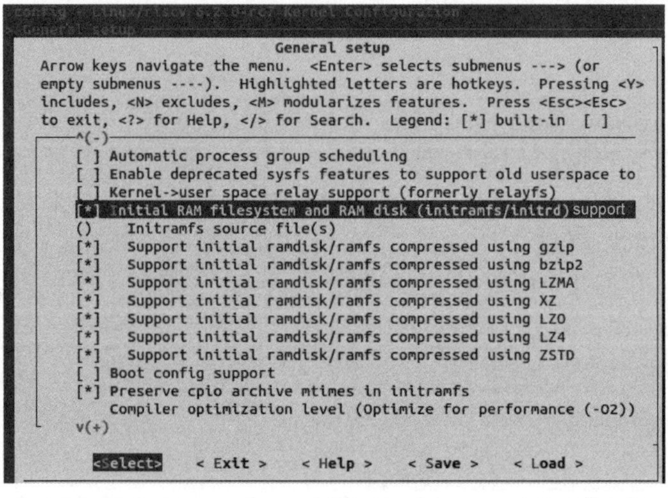

```
                         General setup
 Arrow keys navigate the menu.  <Enter> selects submenus ---> (or
 empty submenus ----).  Highlighted letters are hotkeys.  Pressing <Y>
 includes, <N> excludes, <M> modularizes features.  Press <Esc><Esc>
 to exit, <?> for Help, </> for Search.  Legend: [*] built-in  [ ]
 ----^(-)--------------------------------------------------------------
     [ ] Automatic process group scheduling
     [ ] Enable deprecated sysfs features to support old userspace to
     [ ] Kernel->user space relay support (formerly relayfs)
     [*] Initial RAM filesystem and RAM disk (initramfs/initrd) support
     ()    Initramfs source file(s)
     [*]   Support initial ramdisk/ramfs compressed using gzip
     [*]   Support initial ramdisk/ramfs compressed using bzip2
     [*]   Support initial ramdisk/ramfs compressed using LZMA
     [*]   Support initial ramdisk/ramfs compressed using XZ
     [*]   Support initial ramdisk/ramfs compressed using LZO
     [*]   Support initial ramdisk/ramfs compressed using LZ4
     [*]   Support initial ramdisk/ramfs compressed using ZSTD
     [ ] Boot config support
     [*] Preserve cpio archive mtimes in initramfs
         Compiler optimization level (Optimize for performance (-O2))
     v(+)

       <Select>    < Exit >    < Help >    < Save >    < Load >
```

图 6-4 内核配置

为更好实现内核模块自动加载机制，基于 ramdisk 的 initrd（ BootLoader initialized RAM disk ）得以诞生。initrd 是一个被压缩过的小型根目录，这个目录包含启动阶段中必需的驱动模块、可执行文件和启动脚本等重要组成部分。当系统启动时，引导加载程序 BootLoader 会把 initrd 文件读到内存中，然后把 initrd 文件在内存中的起始地址和大小传递给内核。内核在启动初始化过程中会解压 initrd 文件，然后将解压后的 initrd 挂载为根目录，然后执行根目录中的/init 脚本（cpio 格式的 initrd 为/init，而 image 格式的 initrd 为/initrc），接下来可以在这个脚本中运行 initrd 文件系统中的 udevd 功能块，让它来自动加载驱动程序以及建立必要的设备节点。在 udevd 功能块自动加载磁盘驱动程序之后，就可以挂载（mount）真正的根目录，并切换到这个根目录中。

常见的 initrd 具有两种格式：image 格式（image-initrd）和 cpio 格式（cpio-initrd）。image 格式也称文件系统镜像文件，主要在 linux 2.4 内核中使用流行。在 Linux 2.5 内核中开始引入 initramfs 技术，initramfs 本质上是 cpio 格式的 initrd，只不过是和内核编译到了一个 image 文件中。从 Linux 2.6 内核版本开始支持两种格式的 initrd，即 image-initrd 和 cpio-initrd。此时的 cpio-initrd 文件已不再编译进内核而是单独成为一个独立的文件，该文件使用 cpio 工具生成。

6.5 根文件系统

6.5.1 根文件系统概述

根文件系统是一种特殊的文件系统，该文件系统不仅具有普通文件系统的存储数据文件的功能，它还是内核启动时所挂载的第一个文件系统，内核代码的映像文件保存在根文件系统中，系统引导启动程序会在根文件系统挂载之后从中把一些初始化脚本和服务加载到内存中去运行。

Linux 启动时，第一个必须挂载的是根文件系统，若系统不能从指定设备上挂载根文件系统，则系统会出错而退出启动。成功之后可以自动或手动挂载其他的文件系统。因此，一个系统中可以同时存在不同的文件系统。

在 Linux 中，将一个文件系统与一个存储设备关联起来的过程称为挂载。使用 mount 命令将一个文件系统附着到当前文件系统层次结构中。在执行挂载时，要提供文件系统类型、文件系统和一个挂装点。根文件系统被挂载到根目录下“/”上后，在根目录下就有根文件系统的各个目录和文件（/bin、/sbin、/mnt 等），再将其他分区挂接到/mnt 目录上，/mnt 目录下就有这个分区的各个目录和文件。

Linux 根文件系统中一般有如下几个目录。

1）/bin 目录

该目录下的命令可以被 root 与一般账号所使用，由于这些命令在挂载其他文件系统之前就可以使用，所以/bin 目录必须和根文件系统在同一个分区中。

/bin 目录下常用的命令有 cat、chgrp、chmod、cp、ls、sh、kill、mount、umount、mkdir、[、 test 等。其中“[”命令就是 test 命令，在利用 Busybox 制作根文件系统时，在生成的 bin 目录下，可以看到一些可执行的文件，也就是可用的一些命令。

2）/sbin 目录

该目录下存放系统命令，即只有系统管理员能够使用的命令，系统命令还可以存放在/usr/sbin,/usr/local/sbin 目录下。/sbin 目录中存放的是基本的系统命令，它们用于启动系统和修复系统等，与/bin 目录相似，在挂载其他文件系统之前就可以使用/sbin，所以/sbin 目录必须和根文件系统在同一个分区中。

/sbin 目录下常用的命令有：shutdown、reboot、fdisk、fsck、init 等，本地用户自己安装的系统命令放在/usr/local/sbin 目录下。

3）/dev 目录

该目录下存放的是设备与设备接口的文件，设备文件是 Linux 中特有的文件类型，在 Linux 系统下，以文件的方式访问各种设备，即通过读/写某个设备文件操作某个具体硬件。比如通过"dev/ttySAC0"文件可以操作串口 0，通过"/dev/mtdblock1"可以访问 MTD 设备的第 2 个分区。比较重要的文件有/dev/null、/dev/zero、/dev/tty、/dev/lp * 等。

4）/etc 目录

该目录下存放系统主要的配置文件，如人员的账号密码文件、各种服务的起始文件等。一般来说，此目录的各文件属性是可以让一般用户查阅的，但是只有 root 有权限修改。对于 PC 上的 Linux 系统，/etc 目录下的文件和目录非常多，这些目录文件是可选的，它们依赖于系统中所拥有的应用程序，依赖于这些程序是否需要配置文件。在嵌入式系统中，这些内容可以大为精简。

5）/lib 目录

该目录下存放共享库和可加载驱动程序，共享库用于启动系统。

6）/home 目录

系统默认的用户目录，它是可选的，对于每个普通用户，在/home 目录下都有一个以用户名命名的子目录，里面存放与用户相关的配置文件。

7）/root 目录

系统管理员(root)的主目录，即根用户的目录，与此对应，普通用户的目录是/home 下的某个子目录。

8）/usr 目录

/usr 目录的内容可以存在另一个分区中，在系统启动后再挂接到根文件系统中的/usr 目录下。里面存放的是共享、只读的程序和数据，这表明/usr 目录下的内容可以在多个主机间共享，这些设置符合文件系统层次标准(Filesystem Hierarchy Standard，FHS)。FHS 规范了在根目录“/”下面各个主要的目录应该放置什么样的文件。/usr 目录在嵌入式中可以精简。

9）/var 目录

与/usr 目录相反，/var 目录中存放可变的数据，如 spool 目录(mail，news)、log 文件、临时文件。

10）/proc 目录

这是一个空目录，常作为 proc 文件系统的挂载点，proc 文件系统是个虚拟的文件系统，它没有实际的存储设备，里面的目录与文件都是由内核临时生成的，用来表示系统的运行状态，也可以操作其中的文件控制系统。

11）/mnt 目录

用于临时挂载某个文件系统的挂载点，通常是空目录，也可以在里面创建一个空的子目录，如/mnt/cdram/mnt/hda1。用来临时挂载光盘、移动存储设备等。

12）/tmp 目录

用于存放临时文件，通常是空目录，由于一些需要生成临时文件的程序用到/tmp 目录，所以/tmp 目录必须存在并可以访问。

对于嵌入式 Linux 系统的根文件系统来说，一般可能没有上面所列出的那么复杂，如嵌入式系统通常都不是针对多用户的，所以/home 这个目录在一般嵌入式 Linux 中可能就很少用到。一般说来，只需要/bin、/dev、/etc、/lib、/proc、/var、/usr，而其他都是可选的。

根文件系统一直以来都是所有类 UNIX 操作系统的一个重要组成部分，也可以认为是嵌入式 Linux 系统区别于其他一些传统嵌入式操作系统的重要特征，它给 Linux 带来了许多强大和灵活的功能，同时也带来了一些复杂性。

6.5.2 根文件系统的制作工具——Busybox

根文件系统的制作就是生成包含上述各种目录和文件的文件系统的过程，可以通过直接复制宿主机上交叉编译器处的文件来制作根文件系统，但是这种方法制作的根文件系统一般过于庞大；也可以通过一些工具如 Busybox 来制作根文件系统，用 Busybox 制作的根文件系统可以做到短小精悍并且运行效率较高。

Busybox 被形象地称为“嵌入式 Linux 的瑞士军刀”，它是一个 UNIX 工具集。它可提供一百多种 GNU 常用工具、Shell 脚本工具等。虽然 Busybox 中的这些工具相对于 GNU 提供的完全工具有所简化，但是它们都很实用。Busybox 的特色是所有命令都编译成一个文件——Busybox，其他命令工具(如 sh、cp、ls 等)都是指向 Busybox 文件的链接。在使用 Busybox 生成的工具时，会根据工具的文件名跳转到特定的处理程序。这样，所有这些程序只需被加载一次，而所有的 Busybox 工具组件都可以共享相同的代码段，这在很大程度上节省了系统的内存资源，提高了应用程序的执行速度。Busybox 仅需用几百 KB 的空间就可以运行，这使得 Busybox 适用于嵌入式系统。同时，Busybox 的安装脚本使得它很容易建立基于 Busybox 的根文件系统。通常只需要添加/dev、/etc 等目录以及相关的配置脚本，就可以实现一个简单的根文件系统。Busybox 源码开放，遵守通用公共许可证(General Public License，GPL)协议。它提供了类似 Linux 内核的配置脚本菜单，很容易实现配置和裁剪，通常只需要指定编译器即可。

嵌入式系统用到的一些库函数和内核模块在嵌入式 Linux 的根目录结构中的/lib 目录

中，如嵌入式系统中常用到的 Qt 库文件。在嵌入式 Linux 中，应用程序与外部函数的链接方式共两种：第一种是在构建时与静态库进行静态链接，此时在应用程序的可执行文件中包含所用到的库代码；第二种是在运行时与共享库进行动态链接，与第一种方式不同在于动态库是通过动态链接映射进应用程序的可执行内存中的。

当在开发或者构建文件系统时，需要注意嵌入式 Linux 系统对动态链接库在命令和链接时的规则。一个动态库文件既包含实际动态库文件，又包含指向该库文件的符号链接，复制时必须一起复制才会依然保持链接关系。

6.5.3 制作根文件系统

本节使用 Busybox 执行以下步骤，制作根文件系统。

（1）创建目录结构。

```
mkdir rootfs
cd rootfs
mkdir dev usr bin sbin lib etc proc tmp sys var root mnt
```

（2）下载 Busybox 源代码，保存至 rootfs 目录以外的路径。

```
git clone https://git.busybox.net/busybox
```

（3）找到解压后文件所在位置，并进入 Busybox 配置界面。

```
cd busybox
make CROSS_COMPILE = riscv64 - linux - gnu -  ARCH = riscv menuconfig
```

（4）选择 Settings→Build Options，单击 Y 键检查 Build static binary (no shared libs) 选项。

（5）指定编译器。在 Build Options 下，选择（riscv64-linux-gnu-）Cross compiler prefix。执行以下命令指定编译器。

```
riscv64 - linux - gnu -
```

（6）选择 Installation Options→Destination path for ‘make install’下，将路径更改为 rootfs。

（7）确定文件目录的路径(即编译后的 Busybox 的安装路径)。

```
/home/user/rootfs
```

保存设置内容，退出 Busybox 设置窗口。

（8）编译 Busybox。

```
make ARCH = riscv
```

（9）安装 Busybox。

```
make install
```

（10）进入此前创建的 rootfs/etc 目录，创建一个名为 inittab 的文件，并使用 vim 文本编辑器打开。

```
cd rootfs/etc
vim inittab
```

(11) 复制以下内容,并粘贴到 inittab 文件内。

```
::sysinit:/etc/init.d/rcS
::respawn:-/bin/login
::restart:/sbin/init
::ctrlaltdel:/sbin/reboot
::shutdown:/bin/umount -a -r
::shutdown:/sbin/swapoff -a
```

(12) 在 rootfs/etc 目录下,新建名为 profile 的文件,并使用 vim 文本编辑器打开。

```
vim profile
```

(13) 复制以下内容,并粘贴到 profile 文件内。

```
# /etc/profile: system-wide .profile file for the Bourne shells
echo
# echo -n "Processing /etc/profile..."
# no-op
# Set search library path
# echo "Set search library path in /etc/profile"
export LD_LIBRARY_PATH=/lib:/usr/lib
# Set user path
# echo "Set user path in /etc/profile"
PATH=/bin:/sbin:/usr/bin:/usr/sbin
export PATH
# Set PS1
# Note: In addition to the SHELL variable, ash supports \u, \h, \W, \$,
\!, \n, \w, \nnn (octal numbers corresponding to ASCII characters)
# And \e[xx;xxm (color effects), etc.
# Also add an extra '\' in front of it!
# echo "Set PS1 in /etc/profile"
export PS1="\\e[00;32m[$USER@\\w\\a]\\$\\e[00;34m"
# echo "Done"
```

(14) 在 rootfs/etc 目录下,新建名为 fstab 的文件,并使用 vim 文本编辑器打开。

```
vim fstab
```

(15) 复制以下内容,并粘贴到 fstab 文件内。

```
proc /proc proc defaults 0 0
none /tmp tmpfs defaults 0 0
mdev /dev tmpfs defaults 0 0
sysfs /sys sysfs defaults 0 0
```

(16) 在 rootfs/etc 目录下,新建名为 passwd 的文件,并使用 vim 文本编辑器打开。

```
vim passwd
```

(17) 复制以下内容,并粘贴到 passwd 文件内。

```
root:x:0:0:root:/root:/bin/sh
```

(18) 在 rootfs/etc 目录下，新建名为 group 的文件，并使用 vim 文本编辑器打开。

```
vim group
```

(19) 复制以下内容，并粘贴到 group 文件内。

```
root:x:0:root
```

(20) 在 rootfs/etc 目录下，新建名为 shadow 的文件，并使用 vim 文本编辑器打开。

```
vim shadow
```

(21) 复制以下内容，并粘贴到 shadow 文件内。

```
root:BAy5qvelNWKns:1:0:99999:7:::
```

(22) 在 rootfs/etc 目录下，新建名为 init.d 的目录，并跳转到该目录下。

```
mkdir init.d
cd init.d
```

(23) 在 rootfs/etc 目录下，新建名为 rcS 的文件，并使用 vim 文本编辑器打开。

```
vim rcS
```

(24) 复制以下内容，并粘贴到 rcS 文件内。

```
#! /bin/sh
#echo "---------- mount all"
/bin/mount -a
#echo "---------- Starting mdev......"
#/bin/echo /sbin/mdev > /proc/sys/kernel/hotplug
mdev -s
echo "************************************************************"
echo " starfive mini RISC-V Rootfs"
echo "************************************************************"
```

(25) 进入此前创建的 rootfs/dev 目录，并执行以下操作。

```
cd rootfs/dev
sudo mknod -m 666 console c 5 1
sudo mknod -m 666 null c 1 3
```

(26) 在 rootfs 的根目录下新建软链接。

```
cd rootfs/
ln -s bin/busybox init
```

(27) 修改 rootfs 目录中所有文件的权限。

```
sudo chmod 777 -R *
```

(28) 在 rootfs 目录下，执行以下命令在指定目录下生成 rootfs.cpio.gz(cpio 文件系统包)。

```
cd rootfs
find .| cpio -o -H newc | gzip > /home/user/Desktop/rootfs.cpio.gz
```

系统成功执行命令后，将在桌面上生成名为 rootfs.cpio.gz 的文件。也可以根据需要，将命令中的目录修改为其他路径。如果 CPU 中有 8 个内核，将其更改为-j8。

6.6 本章小结

文件系统是操作系统的重要组成部分，Linux 采用 VFS 技术支持多种类型的文件系统。Linux 虚拟文件系统采用了面向对象设计思想，VFS 相当于面向对象系统中的抽象基类，从它出发可以派生出不同的子类，以支持多种具体文件系统。嵌入式操作系统由于自身系统的特点，对文件系统提出了不同的要求。

第7章

嵌入式Linux系统移植

本章完整地分析了嵌入式 Linux 系统的构成情况。一个嵌入式 Linux 系统通常由引导程序及参数、Linux 内核、文件系统和用户应用程序组成。嵌入式系统与开发主机运行的环境不同，这为开发嵌入式系统提出了开发环境特殊化的要求。交叉开发环境正是在这种背景下应运而生的。

7.1 BootLoader 基础

7.1.1 BootLoader 基本概念

在嵌入式操作系统中，BootLoader 是在操作系统内核运行之前运行的一小段程序，用于初始化硬件设备、建立内存空间映射图，从而将系统的软硬件环境带到一个适合的状态，以便为最终调用操作系统内核准备好正确的环境。在嵌入式系统中，通常并没有像通用计算机中基本输入输出系统(Basic Input Output System，BIOS)那样的固件程序，因此整个系统的加载启动任务就完全由 BootLoader 来完成。

BootLoader 是嵌入式系统在加电后执行的第一段代码，在它完成 CPU 和相关硬件的初始化之后，再将操作系统映像或固化的嵌入式应用程序装载到内存中，然后跳转到操作系统所在的空间，启动操作系统运行。

对于嵌入式系统而言，BootLoader 是基于特定硬件平台来实现的。因此，几乎不可能为所有的嵌入式系统建立一个通用的 BootLoader，不同的处理器架构有不同的 BootLoader。BootLoader 不仅依赖于 CPU 的体系结构，而且依赖于嵌入式系统板级设备的相关配置。对于两块不同的嵌入式开发板而言，即使它们使用同一种处理器，要想让运行在一块开发板上的 BootLoader 程序也能运行在另一块开发板上，一般需要修改部分 BootLoader 的源程序。

但是从另一个角度来说，大部分 BootLoader 仍然具有很多共性，某些 BootLoader 能够支持多种体系结构的嵌入式系统。例如，U-Boot 就同时支持 PowerPC、ARM、MIPS、RISC-V 和 x86 等体系结构，支持的具体嵌入式开发板有上百种之多。一般来说，这些 BootLoader 都能够自动从存储介质上启动，引导操作系统启动，并且大部分支持串口和以太网接口。

在专用的嵌入式开发板运行 Linux 系统已经变得越来越流行。如图 7-1 所示，一个嵌入式 Linux 系统通常可以分为以下几个部分。

（1）引导加载程序及其环境参数。这里通常是指 BootLoader 以及相关环境参数。

（2）Linux 内核。基于特定嵌入式开发板的定制内核以及内核的相关启动参数。

（3）文件系统。主要包括根文件系统和一般建立于内存设备之上的文件系统。

（4）用户应用程序。有时在用户应用程序和内核层之间可能还会包括一个嵌入式图形用户界面(Graphical User Interface，GUI)程序。常见的嵌入式 GUI 有 QT 和 MiniGUI 等。

图 7-1 嵌入式 Linux 系统构成

BootLoader 的核心功能就是引导并加载操作系统，主要工作包括：初始化部分硬件，包括时钟、内存等，加载操作系统内核到内存中，加载文件系统和设备树信息（如有必要）到内存中，根据操作系统启动要求正确配置需要的硬件，正确启动操作系统等。

7.1.2 BootLoader 的操作模式

大多数传统的 BootLoader 包含两种不同的操作模式：自启动模式和交互模式。这种划分仅仅对于开发人员才有意义。但从最终用户使用嵌入式系统的角度来看，BootLoader 的作用就是加载操作系统，而并不存在这两种模式的区别。

1）自启动模式

自启动模式也称启动加载模式。在这种模式下，BootLoader 自动从目标机上的某个固态存储设备上将操作系统加载到 RAM 中运行，整个过程并没有用户的介入。这种模式是 BootLoader 的正常工作模式，在嵌入式产品发布时，BootLoader 显然是必须工作在这种模式下的。

2）交互模式

交互模式也称下载模式。在这种模式下，目标机上的 BootLoader 将通过串口或网络等通信手段从开发主机上下载内核映像、根文件系统到 RAM 中。然后再被 BootLoader 写到目标机上的固态存储媒质（如 Flash）中，或者直接进入系统的引导。交互模式也可以通过接口（如串口）接收用户的命令。这种模式在初次固化内核、根文件系统时或者更新内核及根文件系统时都会用到。

7.1.3 BootLoader 的典型结构

BootLoader 启动大多数分为两个阶段。

第一阶段主要包含依赖于 CPU 的体系结构硬件初始化的代码，通常都用汇编语言来实现。这个阶段主要有以下任务。

➢ 基本的硬件设备初始化（屏蔽所有的中断、关闭处理器内部指令/数据 Cache 等）。

➢ 为第二阶段准备 RAM 空间。

➢ 如果从某个固态存储媒质中,则复制 BootLoader 的第二阶段代码到 RAM。
➢ 设置堆栈。
➢ 跳转到第二阶段的 C 程序入口点。

第二阶段通常用 C 语言完成,以便实现更复杂的功能,使程序有更好的可读性和可移植性。这个阶段主要有以下任务。

➢ 初始化本阶段要使用到的硬件设备。
➢ 检测系统内存映射。
➢ 将内核映像、根文件系统和设备树信息(如有必要)从外存(如 Flash)读到 RAM。
➢ 为内核设置启动参数。
➢ 调用内核。

7.1.4 常见的 BootLoader

嵌入式系统领域已经有各种各样的 BootLoader,有多种种类划分方式,如按照处理器体系结构不同、按照功能复杂程度的不同等。表 7-1 列举了常见的开源 BootLoader 及其支持的体系结构。

表 7-1 常见的开源 BootLoader 及其支持的体系结构

BootLoader	描述	x86	ARM	RISC-V
LILO	Linux 磁盘引导程序	是	否	否
GRUB	GNU 的 LILO 替代程序	是	否	是
BLOB	LART 等硬件平台的引导程序	否	是	否
U-Boot	通用引导程序	是	是	是
Redboot	基于 eCos 的引导程序	是	是	否

1) Redboot

Redboot (Red Hat Embedded Debug and Bootstrap)是 Red Hat 公司开发的一个独立运行在嵌入式系统上的 BootLoader 程序,是目前比较流行的一个功能、可移植性好的 BootLoader。Redboot 是一个采用 eCos 开发环境开发的应用程序,并采用了 eCos 的硬件抽象层作为基础,但它完全可以摆脱 eCos 环境运行,可以用来引导任何其他的嵌入式操作系统,如 Linux、Windows CE 等。

Redboot 支持的处理器构架有 ARM、MIPS、MN10300、PowerPC、Renesas SHx、v850、x86 等,是一个完善的嵌入式系统 BootLoader。

2) U-Boot

U-Boot(Universal BootLoader)于 2002 年 12 月 17 日发布第一个版本 U-Boot-0.2.0。U-Boot 自发布以后已更新多次,其支持具有持续性。U-Boot 是在 GPL 下资源代码最完整的一个通用 BootLoader。

3）BLOB

BLOB(BootLoader Object)是由 Jan-Derk Bakker 和 Erik Mouw 发布的，是专门为 StrongARM 架构设计的 BootLoader。BLOB 的最后版本是 blob-2.0.5。

4）GRUB

GRUB(GRand Unified Bootloader)是一个多重启动管理器，它可以在多个操作系统共存时选择引导哪个系统。它能够引导几乎所有的 UNIX、Linux、Windows 操作系统。

7.1.5 U-Boot 概述

U-Boot(Universal BootLoader)是遵循 GPL 条款的开放源码项目。从 FADSROM、8xxROM、PPCBOOT 逐步发展演化而来。其源码目录、编译形式与 Linux 内核很相似，事实上，不少 U-Boot 源码就是根据相应的 Linux 内核源程序进行简化而形成的，尤其是一些设备的驱动程序。

U-Boot 支持多种嵌入式操作系统，主要有 OpenBSD、NetBSD、FreeBSD、4.4BSD、Linux、SVR4、Esix、Solaris、Irix、SCO、Dell、NCR、VxWorks、LynxOS、pSOS、QNX、RTEMS、ARTOS、Android 等。同时，U-Boot 除了支持 PowerPC 系列的处理器外，还能支持 MIPS、x86、ARM、NIOS、XScale、RISC-V 等诸多常用系列的处理器。这种广泛的支持度正是 U-Boot 项目的开发目标，即支持尽可能多的嵌入式处理器和嵌入式操作系统。

U-Boot 有以下几个主要特点。

➢ 源码开放，目前有些版本未开源。

➢ 支持多种嵌入式操作系统内核和处理器架构。

➢ 可靠性和稳定性均较好。

➢ 功能设置高度灵活，适合调试、产品发布等。

➢ 设备驱动源码十分丰富，支持绝大多数常见硬件外设，并将对于与硬件平台相关的代码定义成宏并保留在配置文件中，开发者往往只需要修改这些宏的值就能成功使用这些硬件资源，简化了移植工作。

U-Boot 的源码包含上千个文件，它们主要分布在下列目录中，表 7-2 描述了 u-boot-JH-7110_VisionFive 2_devel 的目录结构。

表 7-2 U-Boot 主要目录

目录	说明
api	存放 U-Boot 提供的接口函数
board	目标机相关文件
common	独立于处理器体系结构的通用代码，如内存大小探测与故障检测
arch	与体系结构相关的文件。如 riscv 子目录下含 cpu、dts、include 等目录和文件
cmd	U-Boot 命令函数
disk	磁盘分区相关代码

续表

目　录	说　明
driver	通用设备驱动，每个类型的设备驱动占用一个子目录
dts	用于构建内部 U-Boot　fdt 的 Makefile
doc	U-Boot 的说明文档
examples	可在 U-Boot 下运行的示例程序，如 hello_world.c 等
fs	文件系统，支持嵌入式开发板常见的文件系统
include	U-Boot 头文件，尤其 configs 子目录下与目标机相关的配置头文件是移植过程中经常要修改的文件
lib	存放通用库文件
net	与网络功能相关的文件目录，如 bootp、nfs、tftp
post	上电自检文件目录
tools	辅助程序，用于编译和检查 U-Boot 标文件

7.1.6　RISC-V 架构的 U-Boot 引导过程

本小节概述了 RISC-V 架构的 U-Boot 引导过程。U-Boot 可以在 M 模式（Machine-Mode）或 S 模式（Supervisor-Mode）下运行，具体模式取决于它是否在提供监督程序二进制接口（Supervisor Binary Interface，SBI）的固件初始化之前运行。固件在 RISC-V 启动过程中是必需的，因为它用作监督程序执行环境（Supervisor Execution Environment，SEE）来处理 S 模式 U-Boot 或者操作系统的异常。作为参考，OpenSBI 是一个 SBI 实现，可以在不同模式下与 U-Boot 一起使用。

1. M 模式 U-Boot

当在 M 模式 U-Boot 中运行时，它会加载包含固件和 S 模式操作系统的 payload 镜像（如 fw_payload ），在这种情况下，开发者可以使用 mkimage 将 payload 镜像打包成 uImage 格式，并使用 bootm 命令启动它。

M 模式 U-Boot 引导过程如图 7-2 所示。

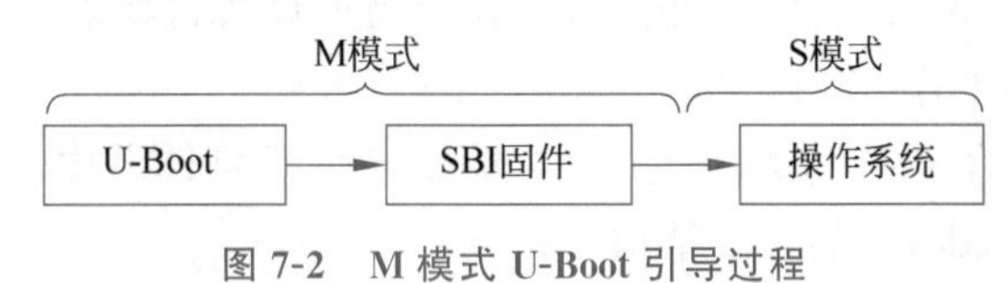

图 7-2　M 模式 U-Boot 引导过程

也可以使用 QEMU 虚拟机检查引导过程，具体情况这里不再赘述。

2. S 模式 U-Boot

RISC-V 生成启动映像可能包含用于特定平台初始化的 U-Boot 第二阶段程序加载器（Secondary Program Loader，SPL）。U-Boot SPL 然后加载一个 FIT 映像（u-boot.itb），该镜像包含提供 SBI 的固件（如 fw_dynamic），以及在 S 模式下运行的常规 U-Boot（或 U-Boot 本身）。最后，加载 S 模式操作系统。S 模式 U-Boot 引导过程如图 7-3 所示。

这里进一步分析 U-Boot SPL。对于一些 SoC 来说，它的内部 SRAM 可能会比较小，小

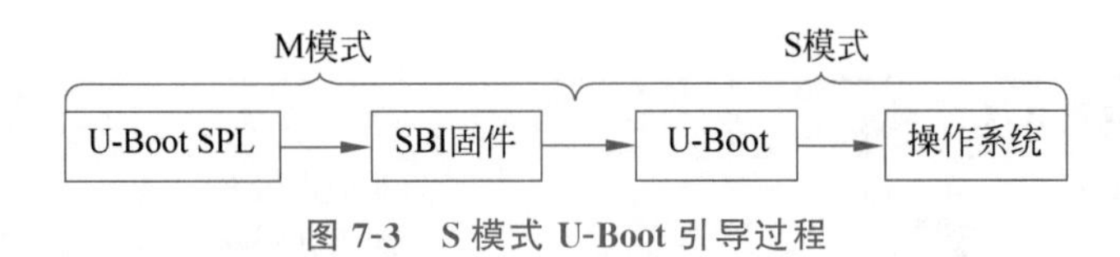

图 7-3　S 模式 U-Boot 引导过程

到无法装载下一个完整的 U-Boot 镜像，因此就需要 U-Boot SPL，其主要负责初始化外部 RAM 和环境，并加载固件程序和真正的 U-Boot 镜像到 RAM 中执行。为了统一 U-Boot SPL 的所有实现方式并允许简单地添加新的实现方法，U-Boot 创建了通用的 SPL 框架。有了这个框架，几乎所有的电路板源文件都可以重复使用，不再需要代码重复或符号链接。

SPL 的目标文件是单独构建的，并放置在"spl"目录中。最终生成的二进制文件是 u-boot-spl、u-boot-spl.bin 和 u-boot-spl.map。Kconfig 为 SPL 启用了名为 CONFIG_SPL_BUILD 的配置选项。因此可以使用不同的设置为 SPL 编译源文件，示例如下。

```
ifeq ($(CONFIG_SPL_BUILD),y)
obj-y += board_spl.o
else
obj-y += board.o
endif
obj-$(CONFIG_SPL_BUILD) += foo.o
#ifdef CONFIG_SPL_BUILD
        foo();
#endif
```

可以通过 Kconfig 中的 CONFIG_SPL 选项启用 SPL 映像的构建。

7.1.7　U-Boot 环境变量

U-Boot 的环境变量是使用 U-Boot 的关键，它可以由用户定义并遵守约定俗成的一些用法，也有部分是 U-Boot 定义并不得更改。传统上，默认环境是在 include/env_default.h 中创建的，并且可以通过各种 CONFIG 定义进行扩充。表 7-3 列举了一些 U-Boot 常用的环境变量。

表 7-3　U-Boot 常用的环境变量

环境变量名称	相关描述
bootdelay	执行自动启动的等候秒数
baudrate	串口控制台的波特率
netmask	以太网接口的掩码
ethaddr	以太网卡的网卡物理地址
bootfile	默认的下载文件
bootargs	传递给内核的启动参数
bootcmd	自动启动时执行的命令
serverip	服务器端的 IP 地址
ipaddr	本地 IP 地址
stdin	标准输入设备

续表

环境变量名称	相关描述
stdout	标准输出设备
stderr	标准出错设备

值得注意的是，在未初始化的开发板中并不存在环境变量。U-Boot 在默认的情况下会存在一些基本的环境变量，当用户执行了 saveenv 命令之后，环境变量会第一次保存到 Flash 中，之后用户对环境变量的修改和保存都是基于保存在 Flash 中的环境变量的操作。在 U-Boot 最新版本中，可以使用"env 命令"处理环境变量相关问题，如使用"env set"（别名"setenv"）设置环境变量，使用"env print"（别名"printenv"）打印，并使用"env save"（别名"saveenv"）保存到持久存储。使用不带任何值的"env set"可用于从环境中删除变量。

U-Boot 的环境变量中最重要的两个变量是：bootcmd 和 bootargs。bootcmd 是自动启动时默认执行的一些命令，因此用户可以在当前环境中定义各种不同配置，设置不同环境的参数，然后通过 bootcmd 配置好参数。

config_distro_bootcmd. h 文件定义了 bootcmd 和许多辅助命令变量，这些变量自动搜索连接的磁盘以查找引导配置文件并执行它们。开发板必须提供配置< config_distro_bootcmd. h >，以便它支持正确的引导设备类型集。要提供此配置，只需在包含< config_distro_bootcmd. h >之前定义宏 BOOT_TARGET_DEVICES，示例如下。

```
#ifndef CONFIG_SPL_BUILD
#define BOOT_TARGET_DEVICES(func) \
        func(MMC, mmc, 1) \
        func(MMC, mmc, 0) \
        func(USB, usb, 0) \
        func(PXE, pxe, na) \
        func(DHCP, dhcp, na)
#include <config_distro_bootcmd.h>
#endif
```

该宏中的每个条目都定义了一个单一的启动设备（如特定的 eMMC 设备或 SD 卡）或启动设备的类型（如 USB、磁盘）。

bootargs 是环境变量中的重中之重，甚至可以说整个环境变量都是围绕着 bootargs 来设置的。bootargs 的种类非常多，普通用户平常只使用了几种而已。bootargs 非常灵活，内核和文件系统的搭配不同，设置方法也就不同，甚至也可以不设置 bootargs，而直接将其写到内核中去（在配置内核的选项中可以进行这样的设置），从而导致了 bootargs 使用上的困难。

7.1.8 U-Boot 命令

U-Boot 上电启动后，按任意键退出自启动状态，进入命令行状态。在提示符下，可以输入 U-Boot 特有的命令完成相应的功能。U-Boot 提供了更加周详的命令，通过 help 命令不仅可以得到当前 U-Boot 的所有命令列表，还能够查看每个命令的参数说明。接下来，通过表 7-4 简要说明 U-Boot 的常用命令功能、格式及其参数说明。

表 7-4　U-Boot 的常用命令功能、格式及其参数说明

命　令	使用格式	用　途	说　明
bootm	bootm [addr [arg…]]	bootm 命令能够引导启动存储在内存中的程序映像。这些内存包括 RAM 和能够永久保存的 Flash	第 1 个参数 addr 是程序映像的地址，这个程序映像必须转换成 U-Boot 的格式。 第 2 个参数对引导 Linux 内核有用，通常作为 U-Boot 格式的 RAMDISK 映像存储地址，也是传递给 Linux 内核的参数(默认情况下传递 bootargs 环境变量给内核)
bootp	bootp [loadAddress] [bootfilename]	bootp 命令通过 bootp 请求文档，需要动态主机配置协议(Dynamic Host Configuration Protocol，DHCP)服务器分配 IP 地址，然后通过 TFTP 下载指定的文档到内存	第 1 个参数是下载文档存放的内存地址 第 2 个参数是要下载的文档名称，这个文档应该在研发主机上准备好
cp	cp [.b,.w,.l] source target count	cp 命令能够在内存中复制数据块，包括对 Flash 的读/写操作	第 1 个参数 source 是要复制的数据块起始地址 第 2 个参数 target 是数据块要复制到的地址。这个地址假如在 Flash 中，那么会直接调用写 Flash 的函数操作。所以 U-Boot 写 Flash 就使用这个命令，当然需要先把对应 Flash 区域擦干净 第 3 个参数 count 是要复制的数目，根据 cp.b cp.w cp.l 分别以字节、字、长字为单位
crc32	crc32 address count [addr]	crc32 命令能够计算存储数据的校验和	第 1 个参数 address 是需要校验的数据起始地址 第 2 个参数 count 是要校验的数据字节数 第 3 个参数 addr 用来指定保存结果的地址
go	go addr [arg…]	go 命令能够执行应用程序	第 1 个参数是要执行程序的入口地址 第 2 个可选参数是传递给程序的参数，可以不用
loadb	loadb [off][baud]	loadb 命令能够通过串口线下载二进制格式文档	
loads	loads [off]	loads 命令能够通过串口线下载 S-Record 格式文档	
mw	mw [.b,.w,.l] address value [count]	mw 命令能够按照字节、字、长字写内存，.b .w .l 的用法，与 cp 命令相同	第 1 个参数 address 是要写的内存地址 第 2 个参数 value 是要写的值 第 3 个可选参数 count 是要写单位值的数目

续表

命　令	使用格式	用　途	说　明
nfs	nfs [loadAddress] [host ip addr: bootfilename]	nfs命令能够使用NFS网络协议通过网络启动映像	
nm	nm [.b,.w,.l] address	nm命令能够修改内存,能够按照字节、字、长字操作	参数address是要读出并且修改的内存地址
printenv	printenv/printenv name …	printenv命令打印环境变量	能够打印全部环境变量,也能够只打印参数中列出的环境变量
rarpboot	rarpboot [loadAddress] [bootfilename]	rarboot命令能够使用TFTP协议通过网络启动映像,也就是把指定的文档下载到指定地址,然后执行	第1个参数是映像文档下载到的内存地址 第2个参数是要下载执行的映像文档
run	run var […]	run命令能够执行环境变量中的命令,后面参数能够跟几个环境变量名	
setenv	setenv name value/ setenv name	setenv命令能够配置环境变量	第1个参数是环境变量的名称 第2个参数是要配置的值,假如没有第2个参数,表示删除这个环境变量
tftpboot	tftpboot [loadAddress] [bootfilename]	tftpboot命令能够使用TFTP协议通过网络下载文档。按照二进制文档格式下载。另外使用这个命令,必须配置好相关的环境变量,如serverip和ipaddr	第1个参数loadAddress是下载到的内存地址 第2个参数是要下载的文档名称,必须放在TFTP服务器相应的目录下

这些U-Boot命令为嵌入式系统提供了丰富的研发和调试功能。在Linux内核启动和调试过程中,都能够用到U-Boot的命令。但是一般情况下,无须使用全部命令。

7.1.9 U-Boot对设备树的支持

U-Boot源码的arch/< arch >/dts目录包含一个Makefile文件,用于构建设备树blob(device tree blob,dtb)文件并将其嵌入U-Boot映像中。设备树是一个十分有用的规则文件。如果开发者需要针对许多具有不同外设的类似开发板展开工作,开发者可以在设备树文件中描述每个板的特性,并且具有一个通用的源代码库。此功能的开启,只需要将CONFIG_OF_CONTROL添加到的开发板配置文件中。

除了描述板上的硬件之外,U-Boot还将设备树用于各种配置目的。例如,用于验证启动的公钥以特定格式嵌入/signature节点中。实际上U-Boot使用设备树进行配置的内容众多,这包括开发板使用的设备、使用binman创建的图像格式、用于控制台的UART、用于安全启动的公钥以及许多其他内容。

传统 BootLoader 提供两种工作模式：启动加载模式与下载模式。在启动加载模式时，BootLoader 会自动执行 bootcmd 命令，如下面这行代码。

```
bootcmd = "nand read 0x100000 0x80000000 0x300000; bootm 0x80000000"
```

U-Boot 首先把内核镜像复制到内存地址为 0x80000000 的位置，然后执行 bootm 0x80000000 命令。

bootm 命令实际上调用的是 do_bootm_linux 函数。

```
int do_bootm_linux(int flag, int argc, char * const argv[],
        bootm_headers_t * images)
{
    /* No need for those on RISC-V */
    if (flag & BOOTM_STATE_OS_BD_T || flag & BOOTM_STATE_OS_CMDLINE)
        return -1;
    if (flag & BOOTM_STATE_OS_PREP) {
        boot_prep_linux(images);
        return 0;
    }
    if (flag & (BOOTM_STATE_OS_GO | BOOTM_STATE_OS_FAKE_GO)) {
        boot_jump_linux(images, flag);
        return 0;
    }
    boot_prep_linux(images);
    boot_jump_linux(images, flag);
    return 0;
}
```

在 do_bootm_linux 函数中，会定义一个函数指针 kernel，它指向内核的入口地址。在启动阶段之间，函数指针 kernel 中 hartid 通过 a0 寄存器传递，设备树的起始地址通过 a1 寄存器传递。

```
static void boot_jump_linux(bootm_headers_t * images, int flag)
{
    void (*kernel)(ulong hart, void *dtb);
    int fake = (flag & BOOTM_STATE_OS_FAKE_GO);
#ifdef CONFIG_SMP
    int ret;
#endif
    kernel = (void (*)(ulong, void *))images->ep; //ep是入口点地址
    bootstage_mark(BOOTSTAGE_ID_RUN_OS);
    debug("## Transferring control to kernel (at address %08lx) ...\n",
        (ulong)kernel);
    announce_and_cleanup(fake);
    if (!fake) {
        if (IMAGE_ENABLE_OF_LIBFDT && images->ft_len) {
#ifdef CONFIG_SMP
            ret = smp_call_function(images->ep,
                        (ulong)images->ft_addr, 0, 0);
            if (ret)
```

```
                hang();
#endif
            kernel(gd->arch.boot_hart, images->ft_addr);
        }
    }
}
```

7.2 JH-7110的启动流程分析

本章介绍了JH-7110 SoC的一般启动过程。典型的JH-7110 SoC启动流程按顺序可以分为以下几个步骤：BootROM→SPL→U-Boot→Linux。图7-4显示了这种启动流程。

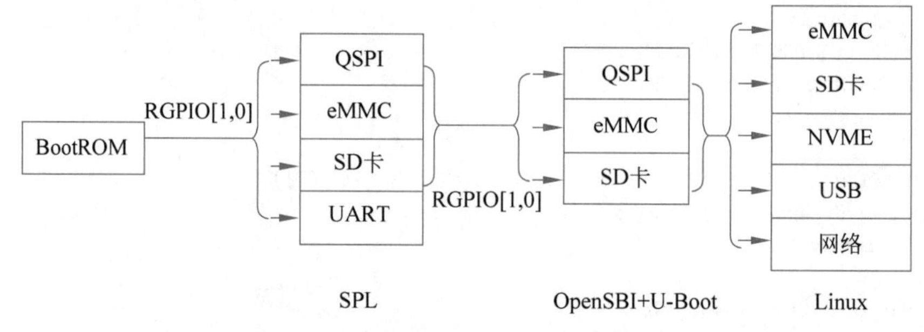

图7-4 JH-7110 SoC启动流程

接下来针对图7-4显示的启动流程的各个环节展开介绍。

7.2.1 启动模式设置

VisionFive 2提供专门的引脚(pin)，帮助用户在上电前配置启动模式。表7-5显示了可选的启动模式及其详细信息。

表7-5 可选的启动模式及其详细信息

启动模式	RGPIO_0	RGPIO_1
1 bit QSPI NOR Flash	0	0
SDIO 3.0	1	0
eMMC	0	1
UART	1	1

图7-5显示了启动模式专用引脚的位置及其定义。

7.2.2 启动资源

本小节介绍启动阶段使用的资源。电源域AON_GPIO用于选择启动向量和BootLoader源，并为获取BootLoader镜像提供多种方法。JH-7110 SoC可以从表7-6中列出的任一源代码启动，并由AON_GPIO[1,0](0x1702002c)进行选择。

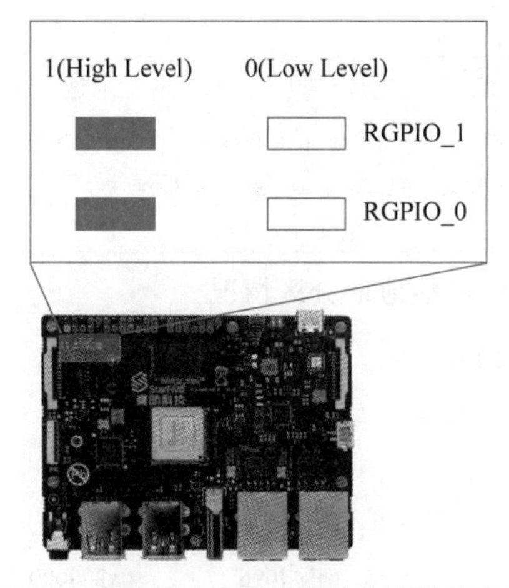

图 7-5　启动模式专用引脚的位置及其定义

表 7-6　启动源选择的 AON_GPIO 值

处　理　器	BootROM	启 动 向 量	源　列　表
U74	0x00_2A00_0000	0x00_1301_0000	Quad SPI、NOR Flash
		0x00_1601_0000	SDIO0（eMMC）
		0x00_1602_0000	SDIO1（SD 卡）
		0x00_1000_0000	UART0

从表 7-6 可以发现启动阶段使用的资源可选项。其中 QSPI(Quad SPI)表示 6 线 SPI，是 Motorola 公司推出的 SPI 的扩展，比 SPI 应用更加广泛。使用该接口，用户可以一次性传输包含多达 16 个 8 位或 16 位数据的传输队列。从传输启动到传输结束，都不需要 CPU 干预，极大地提高了传输效率。

表 7-7 显示了 JH-7110 平台上 Flash 的启动地址分配情况。

表 7-7　JH-7110 平台上 Flash 的启动地址分配情况

位　　移	长　　度	描　　述
0x0	0x80000	SPL
0xF0000	0x10000	U-Boot 环境变量
0x100000	0x400000	fw_payload. img（OpenSBI + U-Boot）
0x600000	0x1000000	预留

表 7-8 显示了 SD 卡或 eMMC 的启动地址分配情况。

表 7-8　SD 卡或 eMMC 的启动地址分配情况

位　　移	长　　度	描　　述	注　　释
0x0	0x200	GPT PMBR	0x4：备份地址
0x200	0x200	GPT	表头
0x400	0x1F_FC00	预留	—
0x20_0000	0x20_0000	SPL	分区 1

续表

位　移	长　度	描　述	注　释
0x40_0000	0x40_0000	Fw_payload.img (OpenSBI+ U-Boot)	分区 2
0x80_0000	0x1240_0000	Initramfs + UEnv.txt	分区 3
0x12C0_0000	磁盘结束	系统 rootfs	分区 4

图 7-6 显示了 SD/eMMC 启动地址分区情况。

GPT GMBR	扇区0	0x0
GPT头	扇区1	0x200
	扇区2	0x400
	⋮	
	扇区4096	0x200000
	⋮	
	扇区8192	0x400000
	⋮	
	扇区16384	0x800000
	⋮	
	扇区614400	0x12C00000
	⋮	

图 7-6　SD/eMMC 启动地址分区情况

7.2.3　BootROM

图 7-4 中的 BootROM 是一个硬编码的启动程序，在 JH-7110 平台中以 0x2A00_0000 的地址偏移量写入。该程序主要用于加载和执行 SPL。

BootROM 使开发人员能够通过将 SPL 读取到 SRAM(0x8000000 起始地址处)，来插入来自不同介质访问的程序，包括 Flash、eMMC、SD 卡和 UART。通过对 AON_GPIO[1, 0](0x1702002c)进行置位，开发人员可以确认启动模式。

BootROM 加载源如表 7-9 所示。

表 7-9　BootROM 加载源

GPIO1	GPIO0	启　动　源	注　释
0x0	0x0	Quad SPI，NOR Flash	从扇区 0 读取 SPL
0x1	0x0	SDIO0 (eMMC)	从扇区 0 读取 SPL，如果 CRC 验证失败，系统将重新定向到备份地址。为了确保兼容性，该指针通常设置为扇区 1 的起始位置

续表

GPIO1	GPIO0	启 动 源	注　释
0x0	0x1	SDIO1（SD card）	以下代码为一个示例： second boot " -- typecode = 1: 2E54B353 - 1271 - 4842 - 80 6F - E436D6AF6985" second boot bak" -- typecode = 2: 2E54B353 - 1271 - 4842 - 806 F - E436D6AF6984"
0x1	0x1	UART0	当系统检测到 UART 的启动模式时，将进入 Xmode 接收模式。然后，用户可以使用串行电缆连接在 Xmode 模式下导入 ELF 文件。一旦文件确认传输完成，BootROM 将自动运行 ELF 文件

除了在 BootROM 中之外，还可以在 spl_tool 中更改备份地址。

7.2.4　SPL

SPL 是一个基于 U-boot 的启动程序。SPL 的主要用途是促进 DDR 初始化并加载映像文件 fw_payload.img(U-Boot＋OpenSBI)。SPL 从 eMMC 或 SD 卡的第 2 分区读取 fw_payload.img，然后将其加载到 DDR 的 0x40000000 地址处以进行操作。

7.2.5　OpenSBI

最终的 fw_payload.bin 文件是由开源 Supervisor 二进制接口(Open-source Supervisor Binary Interface，OpenSBI)的二进制文件与 U-Boot 编译的二进制文件打包生成的。OpenSBI 是一套 RISC-V 架构的开源实现方法。OpenSBI 提供了 RISC-V runtime 服务，通常应用于 ROM 和 LOADER 后的启动阶段。典型启动流程中的 OpenSBI 如图 7-7 所示。

图 7-7　典型启动流程中的 OpenSBI

OpenSBI 的主要功能如下所示。

➢ 为 Linux 提供基本的系统调用。
➢ 将模式从 M 模式切换到 S 模式。
➢ 跳转到 0x4020_0000(位于 DDR 中)以执行 U-Boot。

OpenSBI 的正常输出信息如图 7-8 所示。

7.2.6　U-Boot

U-Boot 在 DDR 中的 0x4020_0000 地址处开始运行，并在 S 模式下工作。它包含基本的文件系统和常用的外设驱动程序(如 GMAC、UART、QSPI、USB、SDIO 等)。U-Boot 可以通过 ETH、UART、QSPI、SDIO、USB 等方式加载操作系统内核镜像。而随着 U-Boot 启动,Linux 系统也开始启动。综合来看,图 7-9 显示了 JH-7110 的启动流程内存映射情况。

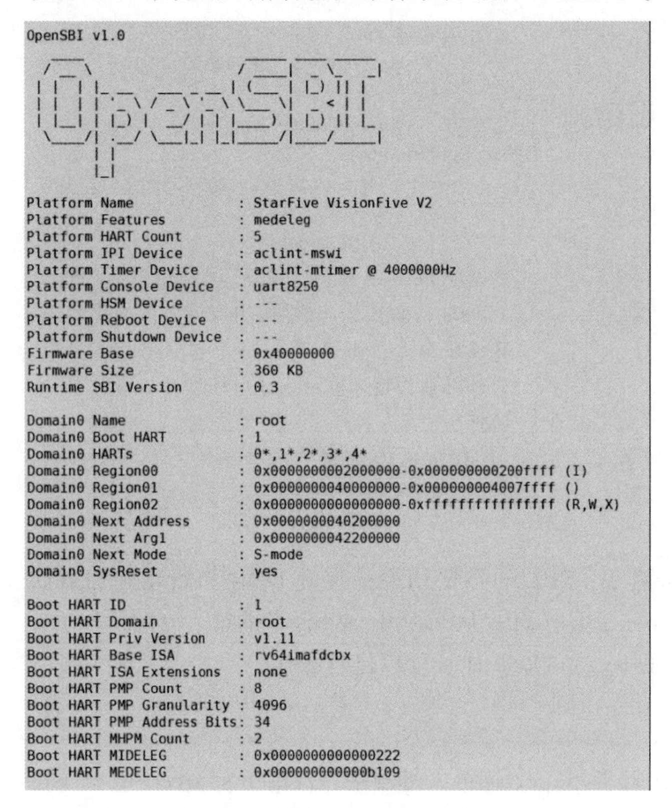

图 7-8 OpenSBI 的正常输出信息

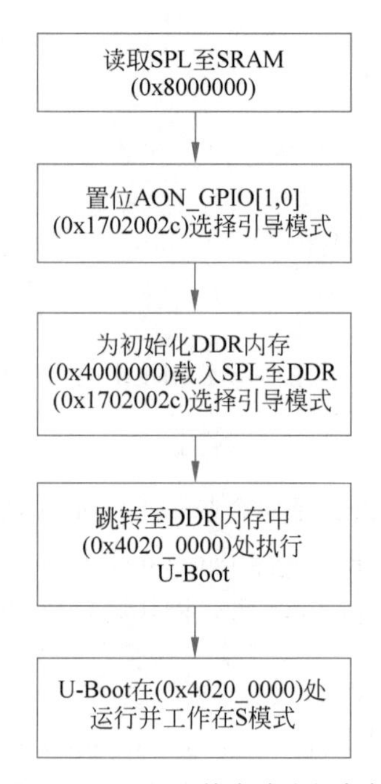

图 7-9 JH-7110 的启动流程内存映射情况

7.3 JH-7110 的 U-Boot 编程基础知识

在嵌入式系统中,U-Boot 在 Linux 内核之前运行。U-Boot 通过初始化硬件设备和建立映射内存空间之间的关系,为构建操作系统创建了一个合适的硬件和软件环境。对于 JH-7110 SoC 平台来说,U-Boot 不仅用于操作系统的引导加载,还进行烧录和升级的工作。

7.3.1 配置

1. 内核菜单默认配置

按照以下步骤为 U-Boot 启用内核菜单默认配置。

(1) 对于 VisionFive 2,使用以下命令打开配置文件(带有“. configuration”扩展)。

```
vim free light - u - SDK/u - boot/configs/star five _ vision five _ def config
```

（2）找到目标宏定义项目，并根据需要使用以下方法禁用该功能。

要禁用某个功能，只需在相应的宏定义前添加一个“#”，或者将带有宏定义的“y”内联更改为“n”。

内核菜单默认配置项如下所示。

```
CONFIG_RISCV = y
CONFIG_SYS_MALLOC_F_LEN = 0x10000
CONFIG_NR_DRAM_BANKS = 1
CONFIG_ENV_SIZE = 0x10000
CONFIG_ENV_OFFSET = 0xF0000
CONFIG_SPL_DM_SPI = y
CONFIG_DEFAULT_DEVICE_TREE = "starfive_VisionFive 2"
CONFIG_SPL_MMC_SUPPORT = y
CONFIG_SPL_DRIVERS_MISC = y
CONFIG_SPL = y
CONFIG_SPL_SPI_FLASH_SUPPORT = y
CONFIG_SPL_SPI_SUPPORT = y
CONFIG_BUILD_TARGET = ""
CONFIG_TARGET_STARFIVE_VISIONFIVE 2 = y
CONFIG_NR_CPUS = 5
CONFIG_FPGA_GMAC_SPEED_AUTO = y
CONFIG_ARCH_RV64I = y
CONFIG_CMODEL_MEDANY = y
CONFIG_RISCV_SMODE = y
CONFIG_SHOW_REGS = y
CONFIG_FIT = y
CONFIG_SPL_FIT_SOURCE = "JH - 7110 - uboot - fit - image.its"
```

这里对内核菜单默认配置项的典型宏定义进行说明。

- CONFIG_RISCV：是否支持 RISC-V ISA。
- CONFIG_SYS_MALLOC_F_LEN：MALLOC 函数的字段长度。
- CONFIG_NR_DRAM_BANKS：DRAM 存储体的总数。
- CONFIG_SPL_DM_SPI：是否通过 SPI 使能器件管理。
- CONFIG_DEFAULT_DEVICE_TREE：DT 控制的默认设备树文件的名称。
- CONFIG_SPL_MMC_SUPPORT：是否为二级程序加载器启用 MMC 命令支持。
- CONFIG_SPL：是否启用 SPL。
- CONFIG_SPL_SPI_FLASH_SUPPORT：是否启用 SPL 的 SPI Flash 支持。
- CONFIG_SPL_SPI_SUPPORT：是否启用 SPL 的 SPI 支持。
- CONFIG_BUILD_TARGET：构建目标文件的名称。
- CONFIG_TARGET_STARFIVE_VISIONFIVE 2：是否支持 VisionFive 2。
- CONFIG_SPL_FIT_SOURCE：“.its”的 U-Boot FIT 映像源文件”。

2. 内核菜单配置

按照以下步骤为 U-Boot 启用内核菜单配置。

（1）进入 SDK 的根目录 freelight-u-sdk。

（2）运行以下命令来构建内核菜单配置对话框。

```
Make uboot - menuconfig
```

执行完成后生成图 7-10 所示的菜单配置对话框。

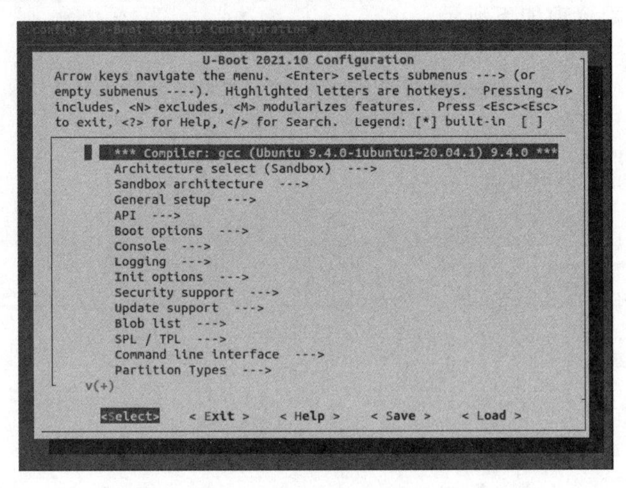

图 7-10 菜单配置对话框

（3）如果需要启用某项功能，只需要导航菜单并选择与该功能对应的目标选项。

（4）在退出内核配置对话框之前，保存更改。

（5）运行 make 命令生成 bin 文件。

3. U-Boot DTS

从 Linux 5.4 版本开始，U-Boot 不再使用 sysconfig 和内核 DTS 作为配置文件，而是使用独立的 DTS 包含配置参数的文件。表 7-10 列出了配置选项示例。

表 7-10 配置选项示例

配 置 项	选 项
CONFIG_DEFAULT_DEVICE_TREE	JH-7110.dtsi
CONFTG_TARGET_STARFIVE_EVB	JH-7110-evb.dts
CONFTG_TARGET_STARFIVE_VISIONFIVE	JH-7110-visionfive-v2.dts

下面是 JH-7110.dtsi 的部分代码段，读者可以将其与第 3 章介绍的 JH-7110 的相关硬件信息进行对比，加深对设备树的了解。

```
/ {
    compatible = "starfive,JH - 7110";
    #address - cells = < 2 >;
    #size - cells = < 2 >;
    cpus {
        #address - cells = < 1 >;
        #size - cells = < 0 >;
        cpu0: cpu@0 {
            compatible = "sifive,u74 - mc", "riscv";
```

```
            reg = <0>;
            d-cache-block-size = <64>;
            d-cache-sets = <64>;
            d-cache-size = <8192>;
            d-tlb-sets = <1>;
            d-tlb-size = <40>;
            device_type = "cpu";
            i-cache-block-size = <64>;
            i-cache-sets = <64>;
            i-cache-size = <16384>;
            i-tlb-sets = <1>;
            i-tlb-size = <40>;
            mmu-type = "riscv,sv39";
            next-level-cache = <&cachectrl>;
            riscv,isa = "rv64imacu";
            tlb-split;
            status = "disabled";
            cpu0intctrl: interrupt-controller {
                #interrupt-cells = <1>;
                compatible = "riscv,cpu-intc";
                interrupt-controller;
            };
        };
    ......
    }
```

7.3.2 接口描述

1. FDT 接口

在设备树文件中,扁平设备树(Flattened Device Tree,FDT)接口用于包含部分设备信息结构。表 7-11 和表 7-12 显示了 FDT 接口描述。

表 7-11　FDT 接口描述(1)

函数名称	原　型	描　述	参　数
fdt_getprop	const void * FDT_get prop (const void * FDT, int nodeoffset, const char * name,int * lenp)	该接口用于检索给定属性的值	fdt 为指向 DTB 文件的指针 nodeoffset 为从中获取属性的节点的偏移量 name 为属性的名称 lenp 为指向整数变量的指针(将被覆盖)或 NULL
fdt_set_node_status	int fdt_set_node_status(void * fdt, int nodeoffset, enum fdt_status status, unsigned int error_code)	该接口用于设置节点的状态	fdt 为指向 DTB 文件的指针 status 表示以下状态可用 • FDT_STATUS_OKAY- • FDT_STATUS_DISABLED- • FDT_STATUS_FAIL- • FDT_STATUS_FAIL_ERROR_CODE - error_code: 可选,仅在状态为 FDT 状态失败错误代码时使用

续表

函数名称	原　型	描　述	参　数
fdt_path_offset	int FDT_path_offset(const void * FDT,const char * path)	该接口用于根据树节点的完整路径来查找树节点	fdt 为指向 DTB 文件的指针 path 为节点的完整路径 error_code：可选，仅在状态为 FDT 状态失败错误代码时使用

表 7-12　FDT 接口描述(2)

函数名称	返　回　值
fdt_getprop	成功：属性值的指针。如果 lenp 不为 NULL，* lenp 将包含属性值的长度(大于或等于 0) 失败：NULL。如果 lenp 不为 NULL，* lenp 将包含一个错误代码(< 0) FDT_ERR_NOTFOUND：未找到目标属性 FDT_ERR_BADOFFSET：节点偏移量无效。节点偏移量不指向 FDT 开始节点标签 FDT_ERR_BADMAGIC：magic 域无效 FDT_ERR_BADVERSION：版本无效 FDT_ERR_BADSTATE：状态无效 FDT_ERR_BADSTRUCTURE：文件结构无效 FDT_ERR_TRUNCATED：标准含义
fdt_set_node_status	成功：0 失败：0 以外的任何值
fdt_path_offset	成功：具有所请求路径的节点的结构块偏移量(大于或等于 0) 失败：任何小于 0 的值

2. ENV 接口

ENV 接口用于为 U-Boot 提供编程期间的动态配置能力操作。U-Boot 在文件 include/env_default.h 中定义了一组默认环境变量。表 7-13 显示了 ENV 接口的描述情况。

表 7-13　ENV 接口的描述情况

函数名称	原　型	描　述	参　数	返　回　值
int env_set	int env_set(const char * varname,const char * varvalue)	该接口用于设置环境变量	varname：要更改的环境变量 varvalue：环境变量的新值	成功：0 失败：1
env_get	char * env_get(const char * varname)	该接口用于获取环境变量的值	varname：要从中获取值的环境变量	成功：目标环境变量的值，如果找不到该环境变量，则为"NULL" 失败：任何其他值
env_save	int env_save(void)	该接口用于将环境变量保存到存储器中	无	成功：0 失败：除 0 之外的任何值

3. U-Boot 命令

U-Boot 命令行接口用于创建最小化的有效命令行界面。表 7-14 显示了 JH-7110 SoC 平台上常用的 U-Boot 命令。

表 7-14 JH-7110 SoC 平台上常用的 U-Boot 命令

函数名称	原型	描述	参数	返回值
run_command_list	int run_command_list(常量 char * cmd,int len, int flag)	该界面用于执行 U-Boot 命令行	cmd：指向命令的指针 len：命令行的长度。要自动加载长度，请将该值设置为−1 flag：未使用	成功：0 失败：0 以外的任何值
do_bootm	int do_bootm(struct cmd_TBL * cmdtp,int flag,int argc,char * const argv[])	该接口用于运行 bootm 命令，并从内存中的映像启动应用程序	cmdtp：bootm 命令的命令信息 flag：命令标志 argc：参数的数量 agrv：参数列表	成功：0 失败：0 以外的任何值
do_booti	int do_booti(struct cmd_TBL * cmdtp,int flag,int argc,char * const argv[])	该接口用于运行 booti 命令，并从内存引导 Linux 内核"映像"格式	cmdtp：booti 命令的命令信息 flag：命令标志 argc：参数的数量 agrv：参数列表	成功：0 失败：0 以外的任何值
do_tftpb	int do_tftpb(struct cmd_TBL * cmd tp,int flag, int argc, char * const argv[])	该接口用于运行 tftpboot 命令，并使用 TFTP 通过网络启动映像	cmdtp：tftpboot 命令的命令信息 flag：命令标志 argc：参数的数量 agrv：参数列表	成功：0 失败：1
do_mmcinfo	static int do_mmc info (struct cmd_TBL * cmdtp, int flag, int argc, char * const argv[])	该界面用于运行 mmcinfo 命令，并显示当前 MMC 设备的信息	cmdtp：MMC info 命令的命令信息 flag：命令标志 argc：参数的数量 agrv：参数列表	成功：0 失败：1

4. 闪存读写

闪存读写接口用于从 SPI Flash 上读取数据和向其中写入数据，这可用于在 U-Boot 模式下通过串行接口将映像刷写到 SPI 闪存中。表 7-15 显示了闪存读写接口的情况。

表 7-15 闪存读写接口的情况

函数名称	原型	描述	参数	返回值
spi_flash_read	static inline int spi_flash_read(struct spi_flash * flash, u32 offset,size_t len,void * buf)	该接口用于从 SPI 闪存读取数据	flash：SPI Flash 器件 offset：上述设备的地址偏移量，以字节为单位 len：要读取的字节长度 buf：存储读取数据的缓冲器	成功：0 失败：0 以外的任何值

续表

函数名称	原　型	描　述	参　数	返回值
spi_flash_write	static inline int spi_flash_write(struct spi_flash *flash,u32 offset, size_t len, const void *buf)	该接口用于将数据写入SPI闪存	flash：SPI flash器件 offset：上述设备的地址偏移量，以字节为单位 len：要写入的字节长度 buf：包含要写入的数据的缓冲区	成功：0 失败：0以外的任何值

5. 分区信息

分区信息接口用于在所有注册的分区中通过分区名找到一个分区，并得到它的分区信息。表7-16显示了分区信息接口的情况。

表7-16　分区信息接口的情况

函数名称	原　型	描　述	参　数	返回值
part_get_info_by_name	int part_get_info_by_name(struct blk_desc *dev_desc, const char *name, struct disk_partition *info)	该接口用于在所有已注册的分区中根据分区名称查找分区，并获取其分区信息	dev_desc：设备描述符 name：特定分区表条目的名称 info：要查询的分区信息	成功：目标GPIO接口的电平，0为低电平，1为高电平 失败：−1

6. GPIO操作

GPIO操作接口用于获取和设置GPIO电平，以读取输入状态和输出信息。表7-17显示了GPIO操作接口的情况。

表7-17　GPIO操作接口的情况

函数名称	原　型	描　述	参　数	返回值
gpio_get_value	int gpio_get_value(unsigned gpio)	该接口用于从目标GPIO接口获取电平。该电平用于定义GPIO输入或输出的方向	gpio：GPIO索引号	成功：目标GPIO接口的电平：0为低电平，1为高电平 失败：−1
gpio_set_value	void gpio_set_value(unsigned gpio, int value)	该函数用于设置目标GPIO接口的电平。该电平可用于将GPIO从出入改为输出。 注意：GPIO必须是输出，否则，该功能可能无效	gpio：GPIO索引号 value：预期电平：0为低电平，1为高电平	无

7.3.3 调试方法

U-Boot将其调试方法存储在free light-u-SDK/u-Boot/driver/core/Kconfig文件中。

在该文件中，可以找到以下调试方法的设置。

1. 驱动模型调试

驱动模型(Driver Model，DM)是一套统一的驱动定义和消息接口方法。DM 提供了一套标准。驱动模型与 Linux 内核的驱动设备模型非常相似。用户可以配置 DM_DEBUG 选项，以便在驱动程序模型核心中启用调试消息。

2. DEBUG_DEVRES

用户可以配置 DEBUG_DEVRES 选项来管理设备资源的调试功能。如果启用了该选项，系统将打印所有的设备调试信息。此外可以使用 dm devres 命令转存每个设备的设备资源列表。如果使用 DEVRES 时遇到问题，或者想要调试受管设备的资源管理，必须确保选择此选项。

3. TOOLS_DEBUG

用户可以配置 TOOLS_DEBUG 选项来启用工具上的调试信息。例如，可以启用生成包括 mkimage 在内的工具的调试信息。生成的调试信息仅用于调试目的。借助这些调试信息，可以在特定行上设置断点，通过源代码执行单步调试等。

7.4 交叉开发环境与交叉编译工具链

嵌入式系统是一种专用计算机系统，从普遍定义上来讲，以应用为中心、以计算机技术为基础、软硬件可裁剪、适应应用系统，对功能、可靠性、成本、体积、功耗严格要求的专用计算机系统都叫嵌入式系统。与通用计算机相比，嵌入式系统具有明显的硬件局限性，很难将通用计算机(如 PC)的集成开发环境完全直接移植到嵌入式平台上，这就使得设计者开发了一种新的模式(主机-目标机交叉开发环境模式(Host/Target))，如图 7-11 所示。

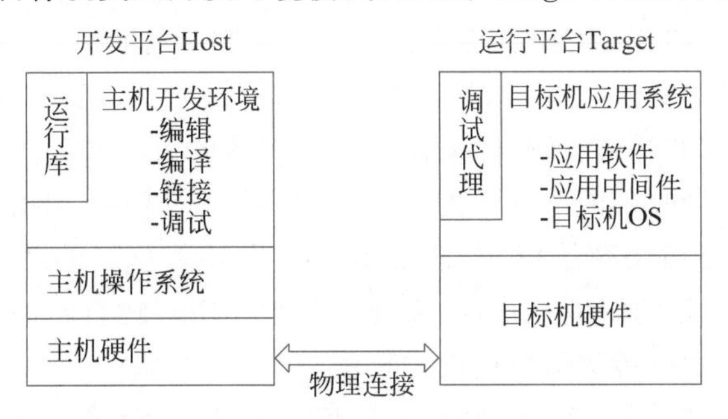

图 7-11　主机-目标机交叉开发环境模式

主机-目标机交叉开发环境模式是由开发主机和目标机两套计算机系统组成的。开发主机一般指通用计算机，如 PC 等，目标机指嵌入式开发板(系统)。通过交叉开发环境，在主机上使用开发工具(如各种 SDK)，针对目标机设计应用系统进行设计，然后下载程序到目标机上运行。在此之后的嵌入式系统应用程序的设计，都可以在主机上编辑，通过设置好的交叉编译工具链生成针对目标机运行的嵌入式应用程序，然后下载程序到目标机上测试执行，并可对该程序进行调试。

交叉开发环境模式一般采用以下 3 个步骤。

(1) 在主机上编译 BootLoader，然后通过 JTAG 接口或者其他接口烧写到目标板。这种方式速度较慢，一般在目标板上还未运行可用的 BootLoader 时采用。如果开发板上已经运行可用 BootLoader，并且支持烧写 Flash 功能，则可利用 BootLoader 通过网络或者 USB 等其他方式下载映像文件并烧写，速度较快。

(2) 在主机上编译 Linux 内核，然后通过 BootLoader 下载到目标板以启动或烧写到 Flash 或者其他存储介质。为了方便调试，内核一般应该支持网络文件系统（Network File System，NFS），这样，目标板启动 Linux 内核后，可以通过 NFS 方式挂载根文件系统。

(3) 在主机上编译各类应用程序，通过 NFS 或者其他可靠方式运行、调试这些程序，验证无误后再将制作好的文件系统映像烧写到目标板。

下面简要介绍主机-目标机交叉开发环境中的几个概念。

7.4.1 主机与目标机的连接方式和文件传输方式

主机与目标机的连接方式主要有串口、以太网接口、USB 接口、JTAG 接口等。主机可以使用 minicom、kermit 或者 Windows 超级终端等工具，通过串口发送文件。目标机也可以把程序运行结果通过串口返回并显示。以太网接口方式使用简单、配置灵活、支持广泛、传输速率快，缺点是网络驱动的实现比较复杂。

联合测试行动小组（Joint Test Action Group，JTAG）是一种国际标准测试协议（IEEE1149.1 标准），主要用于对目标机系统中的各芯片的简单调试和对 BootLoader 的下载。JTAG 连接器中，其芯片内部封装了专门的电路测试访问口（Test Access Port，TAP），通过专用的 JTAG 测试工具对内部节点进行测试。因而该方式是开发调试嵌入式系统的一种简洁高效的手段。JTAG 有两种标准：14 针接口和 20 针接口。

JTAG 接口一端与 PC 并口相连，另一端面向用户的 JTAG 测试接口，通过本身具有的边界扫描功能便可以对芯片进行测试，从而达到处理器的启动和停止、软件断点、单步执行和修改寄存器等调试目的，其内部主要由 JTAG 状态机和 JTAG 扫描链组成。

虽然 JTAG 调试不占用系统资源，能够调试没有外部总线的芯片，代价非常小，但是 JTAG 只能提供一种静态的调试方式，不能提供处理器实时运行时的信息。它是通过串行方式依次传递数据的，所以传送信息速度比较慢。

主机-目标机的文件传输方式主要有串口传输方式、USB 接口传输方式、网络传输方式、JTAG 接口传输方式、移动存储设备方式。

串口传输协议常见的有 kermit、Xmodem、Ymoderm、Zmoderm 等。串口驱动程序的实现相对简单，但是速度慢，不适合较大文件的传输。

USB 接口传输方式通常将主机设为主设备端，目标机设为从设备端。与其他通信接口相比，USB 接口传输方式速度快、配置灵活、易于使用。如果目标机上有移动存储介质，如 U 盘等，可以制作启动盘或者复制到目标机上，从而引导启动。

网络传输方式一般采用 TFTP。TFTP 是一个传输文件的简单协议，是 TCP/IP 协议族中的一个用来在客户机与服务器之间进行简单文件传输的协议，提供不复杂、开销不大的文件传输服务，端口号为 69。此协议只能从文件服务器上获得或写入文件，不能列出目录，不进行认证，它传输 8 位数据。传输中有 3 种模式：netascii，这是 8 位的 ASCII 码形式；octet，这是 8 位源数据类型；mail 已经不再支持，它将返回的数据直接返回给用户而不是保存为文件。

7.4.2　交叉编译环境的建立

开发 PC 上的软件时，可以直接在 PC 上进行编辑、编译、调试、运行等操作。对于嵌入式开发，最初的嵌入式设备是一个空白的系统，需要通过主机为它构建基本的软件系统，并烧写到设备中，另外，嵌入式设备的资源并不足以用来开发软件，所以需要用到交叉开发模式(主机编辑)，编译软件然后到目标机上运行。

在宿主机上对即将运行在目标机上的应用程序进行编译，生成可在目标机上运行的代码格式。交叉编译环境是一个由编译器、连接器和解释器组成的综合开发环境。交叉编译工具主要包括针对目标系统的编译器、目标系统的二进制工具、目标系统的标准库和目标系统的内核头文件。

7.4.3　交叉编译工具链概述

在一种计算机环境中运行的编译程序，能编译出在另外一种环境下运行的代码，就称这种编译器支持交叉编译，这个编译过程就叫交叉编译。简单地说，就是在一个平台上生成另一个平台上的可执行代码。这里需要注意的是所谓平台实际上包含两个概念：体系结构和操作系统。同一个体系结构可以运行不同的操作系统，同样，同一个操作系统可以在不同的体系结构上运行。

交叉编译这个概念的出现和流行是和嵌入式系统的广泛发展同步的。常用的计算机软件都需要通过编译的方式，把使用高级计算机语言编写的代码编译成计算机可以识别和执行的二进制代码。以常见的 Windows 平台为例，使用 Visual C++开发环境，编写程序并编译成可执行程序。这种方式下使用 PC 平台上的 Windows 工具开发针对 Windows 本身的可执行程序，这种编译过程被称为本地编译。然而，在进行嵌入式系统的开发时，运行程序的目标平台通常具有有限的存储空间和运算能力，如 RISC-V 平台。这种情况下，在 RISC-V 平台上进行本机编译就不太适合，因为一般的编译工具链需要足够大的存储空间和很强的 CPU 运算能力。为了解决这个问题，交叉编译工具应运而生。通过交叉编译工具，可以在 CPU 能力很强、存储空间足够的主机平台(如 PC)上编译出针对其他平台的可执行程序。

要进行交叉编译，需要在主机平台上安装对应的交叉编译工具链，然后用这个交叉编译工具链编译链接源代码，最终生成可在目标平台上运行的程序。

图 7-12 演示了交叉编译过程：源代码程序的编写、编译成各个目标模块、链接成可供下载调试或固化的目标程序。从中可以看到交叉编译工具链的各种作用。

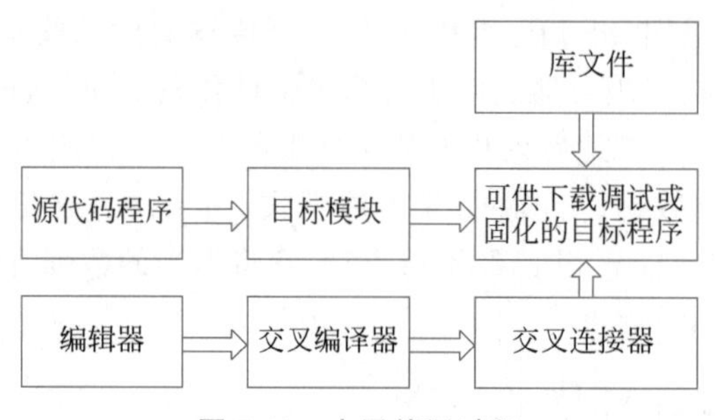

图 7-12 交叉编译过程

从图 7-12 可以看出,交叉开发工具链就是为了编译、链接、处理和调试跨平台体系结构的程序代码。每次执行工具链软件时,通过带有不同的参数,可以实现编译、链接、处理和调试等不同的功能。从工具链的组成上来说,它一般由多个程序构成,分别对应着各个功能。

通常构建交叉编译工具链有如下 3 种方法。

方法一：分步编译和安装交叉编译工具链所需要的库和源代码,最终生成交叉编译工具链。该方法相对比较困难,适合想深入学习构建交叉编译工具链的读者及用户。如果只是想使用交叉工具链,建议使用下列方法二构建交叉编译工具链。

方法二：通过类似 Crosstool 的脚本工具来实现一次编译,生成交叉编译工具链,该方法相对于方法一要简单许多,并且出错的机会非常少,建议大多数情况下使用该方法构建交叉编译工具链。

方法三：直接通过网上下载已经制作好的交叉编译工具链。该方法的优点是简单可靠,缺点比较明显：扩展性不足,对特定目标没有针对性,而且存在许多未知错误的可能。建议读者慎用此方法。

7.4.4 交叉编译工具链的主要工具

交叉编译工具主要包括针对目标系统的编译器、目标系统的二进制工具、调试器、目标系统的标准库和目标系统的内核头文件。Linux 环境下最常见的交叉编译工具主要由 gcc、binutils、glibc 等软件提供。

1. gcc

通常所说的 gcc 是 GNU Compiler Collection 的简称,除了编译程序之外,它还包含其他相关工具,所以它能把高级语言编写的源代码构建成计算机能够直接执行的二进制代码。gcc 是 Linux 平台下最常用的编译程序,它是 Linux 平台编译器实际上的事实标准。同时,在 Linux 平台下的嵌入式开发领域,gcc 是用得最普遍的一种编译器。gcc 之所以被广泛采用,是因为它能支持各种不同的目标体系结构。例如,它既支持基于主机的开发,又支持交叉编译。目前,gcc 支持的体系结构有 40 余种,常见的有 x86 系列、ARM、PowerPC、RISC-V 等。同时,gcc 还能运行在多种操作系统(如 Linux、Solaris、Windows 等)上。

在开发语言方面,gcc 除了支持 C 语言外,还支持多种其他语言,如 C++、Ada、Java、Objective-C、Fortran、Pascal 等。

对于 GNU 编译器来说，gcc 的编译要经历 4 个相互关联的步骤：预处理(也称预编译(preprocessing)、编译(compilation)、汇编(assembly)和链接(linking)。

gcc 首先调用命令 cpp 进行预处理，在预处理过程中，对源代码文件中的文件包含(include)、预编译语句进行分析。然后调用命令 cc 进行编译，这个阶段根据输入文件生成以.o 为后缀的目标文件。汇编过程是针对汇编语言的步骤，调用 as 进行工作，一般来讲，.s 为后缀的汇编语言源代码文件和.s 为后缀的汇编语言文件经过预编译和汇编之后都生成以.o 为后缀的目标文件。当所有的目标文件都生成之后，gcc 就调用命令 ld 来完成最后的关键性工作，这个阶段就是链接。在链接阶段，所有的目标文件都被安排在可执行程序中的合理位置，同时该程序所调用到的库函数从各自所在的库中连到合适的地方。

源代码(这里以 file.c 为例)经过 4 个步骤后从而产生一个可执行文件，各部分对应不同的文件类型，具体如下。

```
file.c          c 程序源文件
file.i          c 程序预处理后文件
file.cxx        c++程序源文件，也可以是 file.cc / file.cpp / file.c++
file.ii         c++程序预处理后文件
file.h          c/c++头文件
file.s          汇编程序文件
file.o          目标代码文件
```

下面以 hello 程序为例具体介绍 gcc 是如何完成这 4 个步骤的。

```
#include <stdio.h>
int main()
{
printf("Hello World!\n");
return 0;
}
```

1) 预处理阶段

在该阶段，编译器将上述代码中的 stdio.h 编译进来，并且用户可以使用 gcc 的选项“-E”进行查看，该选项的作用是让 gcc 在预处理结束后停止编译过程。

预处理器(cpp)根据以字符 # 开头的命令(directives)，修改原始的 C 程序。如 hello.c 中“#include <stdio.h>”指令通知预处理器读系统头文件 stdio.h 的内容，并把它直接插入程序文本中。这样就得到一个通常是以.i 作为文件扩展名的程序。gcc 指令的一般格式如下所示。

```
gcc [选项] 要编译的文件 [选项] [目标文件]
```

其中，目标文件可默认，gcc 默认生成可执行的文件名为“编译文件.out”。

```
[king@localhost gcc]# gcc - E hello.c - o hello.i
```

选项“.o”是指目标文件，“.i”文件为经过预处理的 C 原始程序。以下列出了 hello.i 文件的部分内容。

```
typedef int ( * __gconv_trans_fct) (struct __gconv_step * ,
struct __gconv_step_data * , void * ,
__const unsigned char * ,
__const unsigned char ** ,
__const unsigned char * , unsigned char ** ,
size_t * );
…
# 2 "hello.c" 2
int main()
{
printf("Hello World!\n");
return 0;
}
```

由此可见,gcc 确实进行了预处理,它把“stdio. h”的内容插入 hello. i 文件中。

2）编译阶段

接下来进行的是编译阶段,在这个阶段中,gcc 首先要检查代码的规范性及语法是否有错误等,在检查无误后,gcc 把代码翻译成汇编语言。用户可以使用“-S”选项来进行查看,该选项只进行编译而不进行汇编生成汇编代码。汇编语言是非常有用的,它为不同高级语言不同编译器提供了通用的语言,如 C 编译器和 Fortran 编译器产生的输出文件用的都是一样的汇编语言。

```
[king@localhost gcc]# gcc - S hello.i - o hello.s
```

以下列出了 hello. c 的内容,可见 gcc 已经将其转化为汇编代码,感兴趣的读者可以分析一下这一行简单的 C 语言程序是如何用汇编代码实现的。

```
.file "hello.c"
.section .rodata
.align 4
.LC0:
.string "Hello World!"
.text
.globl main
.type main, @function
main:
pushl %ebp
movl %esp, %ebp
subl $8, %esp
andl $ -16, %esp
movl $0, %eax
addl $15, %eax
addl $15, %eax
shrl $4, %eax
sall $4, %eax
subl %eax, %esp
subl $12, %esp
pushl $.LC0
call puts
```

```
addl $16, %esp
movl $0, %eax
leave
ret
.size main, .-main
.section .note.GNU-stack,"",@progbits
```

3）汇编阶段

汇编阶段是把编译阶段生成的“.s”文件转成目标文件，读者在此可使用选项“-c”就可看到汇编代码已转化为“.o”的二进制目标代码，如下所示。

```
[king@localhost gcc]# gcc -c hello.s -o hello.o
```

4）链接阶段

在成功编译之后，就进入了链接阶段。在这里涉及一个重要的概念：函数库。

在源程序 hello.s 中并没有定义“printf”的函数实现，且在预编译中包含的“stdio.h”中只有该函数的声明，而没有定义该函数的实现，那么是在哪里实现“printf”函数的呢？其实系统把这些函数实现都放到名为 libc.so.6 的库文件中，在没有特别指定时，gcc 会到系统默认的搜索路径如“/usr/lib”下进行查找，也就是链接到 libc.so.6 库函数中，这样就能实现“printf”函数，而这也就是链接的作用。

函数库一般分为静态库和动态库两种。静态库是指编译链接时，把库文件的代码全部加入到可执行文件中，因此生成的文件比较大，但在运行时也就不再需要库文件，其后缀名一般是“.a”。而动态库与之相反，在编译链接时并没有把库文件的代码加入可执行文件中，而是在程序执行时由运行时链接文件加载库，这样能够节省系统的开销。动态库的后缀名一般是“.so”，如前面所述的 libc.so.6 就是动态库。gcc 在编译时默认使用动态库。Linux 下动态库文件的扩展名为“.so”(Shared Object)。按照约定，动态库文件名的形式一般是 libname.so，如线程函数库被称作 libthread.so，某些动态库文件可能在名字中加入版本号。静态库的文件名形式是 libname.a，如共享 archive 的文件名形式是 libname.sa。

完成链接工作之后，gcc 就可以生成可执行文件，如下所示。

```
[king@localhost gcc]# gcc hello.o -o hello
```

运行该可执行文件，结果如下。

```
[root@localhost Gcc]# ./hello
Hello World!
```

gcc 功能十分强大，具有多项命令选项。表 7-18 列出 gcc 常见的编译选项。

表 7-18 gcc 常见的编译选项

参 数	说 明
-c	仅编译或汇编，生成目标代码文件，将.c、.i、.s 等文件生成.o 文件，其余文件被忽略
-S	仅编译，不进行汇编和链接，将.c、.i 等文件生成.s 文件，其余文件被忽略
-E	仅预处理，并发送预处理后的.i 文件到标准输出，其余文件被忽略
-o file	创建可执行文件并保存在 file 中，而不是默认文件 a.out

续表

参　数	说　明
-g	产生用于调试和排错的扩展符号表，用于 GNU 调试器（GNU Debugger，GDB）调试，注意-g 和-O 通常不能一起使用
-w	取消所有警告
-O [num]	优化，可以指定 0～3 作为优化级别，级别 0 表示没有优化
-Ldir	将 dir 目录加到搜索-lname 选项指定的函数库文件的目录列表中，并优先于 gcc 默认的搜索目录，有多个-L 选项时，按照出现顺序搜索
-I dir	将 dir 目录加到搜寻头文件的目录中，并优先于 gcc 中默认的搜索目录，有多个-I 选项时，按照出现顺序搜索
-U macro	类似于源程序开头定义＃undef macro，也就是取消源程序中的某个宏定义
-lname	在链接时使用函数库 libname. a，链接程序在-L dir 指定的目录和/lib、/usr/lib 目录下寻找该库文件，在没有使用-static 选项时，如果发现共享函数库 libname. so，则使用 libname. so 进行动态链接
-fPIC	产生位置无关的目标代码，可用于构造共享函数库
-static	禁止与共享函数库链接
-shared	尽量与共享函数库链接（默认）

2. binutils

binutils 提供了一系列用来创建、管理和维护二进制目标文件的工具程序，如汇编（as）、链接（ld）、静态库归档（ar）、反汇编（objdump）、elf 结构分析工具（readelf）、无效调试信息和符号的工具（strip）等。通常 binutils 与 gcc 是紧密相集成的，没有 binutils 的话，gcc 是不能正常工作的。

binutils 常见工具如表 7-19 所示。

表 7-19　binutils 常见工具

工具名称	说　明
addr2line	将程序地址翻译成文件名和行号，给定地址和可执行文件名称，它使用其中的调试信息判断与此地址有关联的源文件和行号
ar	创建、修改和提取归档
as	一个汇编器，将 gcc 的输出汇编为对象文件 into object files
c＋＋filt	被链接器用于修复 C++和 Java 符号，防止重载的函数相互冲突
elfedit	更新 ELF 文件的 ELF 头
gprof	显示分析数据的调用图表
ld	一个链接器，将几个对象和归档文件组合成一个文件，重新定位它们的数据并且捆绑符号索引
ld. bfd	到 ld 的硬链接
nm	列出给定对象文件中出现的符号
objcopy	将一种对象文件翻译成另一种对象文件
objdump	显示有关给定对象文件的信息，包含指定显示信息的选项，显示的信息对编译工具开发者很有用

续表

工具名称	说　明
ranlib	创建一个归档的内容索引并存储在归档内，索引列出其成员中可重定位的对象文件定义的所有符号
readelf	显示有关 ELF 二进制文件的信息
size	列出给定对象文件每个部分的尺寸和总尺寸
strings	对每个给定的文件输出不短于指定长度（默认为 4）的所有可打印字符序列，对于对象文件默认只打印初始化和加载部分的字符串，否则扫描整个文件
strip	移除对象文件中的符号
libiberty	包含多个 GNU 程序会使用的途径，包括 getopt、obstack、strerror、strtol 和 strtoul
libbfd	二进制文件描述器库

3. glibc

glibc 是 GNU 发布的 libc 库，即 C 运行库。glibc 是 Linux 系统中最底层的应用程序开发接口，几乎其他所有的运行库都依赖于 glibc。glibc 除了封装 Linux 操作系统所提供的系统服务外，它本身提供了许多其他一些必要功能服务的实现，如 open、malloc、printf 等。glibc 是 GNU 工具链的关键组件，其与二进制工具及编译器一起使用，为目标架构生成用户空间应用程序。

7.4.5 RISC-V gcc 工具链

RISC-V gcc 工具链与普通的 gcc 工具链基本相同，用户可以遵照开源的 riscv-gnu-toolchain 项目中的说明自行生成全套的 gcc 工具链。

由于 gcc 工具链支持各种不同的处理器架构，因此不同处理器架构的 gcc 工具链会有不同的命名。遵循 gcc 工具链的命名规则，当前常见 RISC-V gcc 工具链有如下几个版本。

（1）以“riscv64-unknown-linux-gnu-”为前缀的版本，如 riscv64-unknown-linux-gnu-gcc、riscv64-unknown-linux-gnu-gdb、riscv64-unknown-linux-gnu-ar 等。

“riscv64-unknown-linux-gnu-”前缀表示该版本的工具链是 64 位架构的 Linux 版本工具链。此 Linux 版本工具链不是指当前版本工具链一定要运行在 Linux 操作系统的计算机上，而是指该 gcc 工具链会使用 Linux 的 glibc 作为 C 运行库。同理，“riscv32-unknown-linux-gnu-”前缀的版本则是 32 位架构。

另外，“riscv64-unknown-linux-gnu-”前缀中的 riscv64(riscv32 的版本亦是同理)与运行在 64 位或者 32 位计算机上毫无关系，此处的 64 和 32 是指如果没有通过-march 和-mabi 选项指定 RISC-V 架构的位宽，则默认按照 64 位或者 32 位的 RISC-V 架构来编译程序。由于 RISC-V 的指令集是模块化的指令集，因此在对目标 RISC-V 平台进行交叉编译时，需要通过选项指定目标 RISC-V 平台所支持的模块化指令集组合，该选项为(-march=)，有效的选项值为：rv32i[m][a][f[d]][c]、rv32g[c]、rv64i[m][a][f[d]][c]、rv64g[c]。其中 rv32 表示目标平台是 32 位架构，rv64 表示目标平台是 64 位架构，其他 i/m/a/f/d/c/g 分别代表了 RISC-V 模块化指令子集的字母简称。

RISC-V 定义了两种整数的 ABI 调用规则和 3 种浮点 ABI 调用规则，通过选项(-mabi=)指明，有效的选项值为：ilp32、ilp32f、ilp32d、lp64、lp64f、lp64d。其中两种前缀(ilp32 和 lp64)表示的含义如下：前缀 ilp32 表示目标平台是 32 位架构，在此架构下，C 语言的“int”和“long”变量长度为 32 位，“long long”变量为 64 位；前缀 lp64 表示目标平台是 64 位架构，C 语言的“int”变量长度为 32 位，而“long”变量长度为 64 位。

(2) 以“riscv64-unknown-elf-”为前缀的版本，表示该版本为非 Linux(Non-Linux)版本的工具链。此 Non-Linux 不是指当前版本工具链一定不能运行在 Linux 操作系统的计算机上，而是指该 gcc 工具链会使用 newlib 作为 C 运行库。

此处的前缀 riscv64(以及 riscv32 的版本)与运行在 64 位或者 32 位计算机上毫无关系，此处的 64 和 32 是指如果没有通过-march 和-mabi 选项指定 RISC-V 架构的位宽，则默认按照 64 位或者 32 位的 RISC-V 架构来编译程序。

(3) 以“riscv-none-embed-”为前缀的版本，则表示是最新为裸机嵌入式系统而生成的交叉编译工具链，裸机是嵌入式领域的一个常见形态，表示不运行操作系统的系统。该版本使用新版本的 newlib 作为 C 运行库，并且支持 newlib-nano，能够为嵌入式系统生成更加优化的代码体积。开源的蜂鸟 E203 MCU 系统是典型的嵌入式系统，因此使用“riscv-none-embed-”为前缀的版本作为 RISC-V gcc 交叉工具链。此版本编译器由于使用 newlib 和 newlib-nano 作为 C 运行库，所以必须对 newlib 底层的桩函数进行移植，否则无法正常使用调用底层桩函数的 C 函数(如 printf 会调用 write 桩函数)。

另外，也有其他第三方公司专门针对该公司产品设计的 RISC-V gcc 交叉编译工具，如本书使用 Ubuntu 软件包中的 riscv64-linux-gnu-gcc 编译器。

7.4.6 Makefile 基础

随着应用程序的规模变大，对源文件的处理越来越复杂，不能单纯靠手工管理源文件的方法。比如采用 gcc 对数量较多的源文件依次编译。为了提高开发效率，Linux 为软件编译提供了一个自动化管理工具 GNU make。GNU make 是一种常用的编译工具，开发人员通过它可以很方便地管理软件编译的内容、方式和时机，从而能够把主要精力集中在代码的编写上。GNU make 的主要工作是读取一个文本文件 Makefile。这个文件里主要记录了有关目的文件是从哪些依赖文件中产生的，以及用什么命令来进行这个产生过程。有了这些信息，make 会检查磁盘上的文件，如果目的文件的时间戳(该文件生成或被改动时的时间)比至少一个依赖文件更旧，make 就执行相应的命令，以便更新目的文件。这里的目的文件不一定是最后的可执行档，它可以是任何一个文件。

Makefile 也被叫作 makefile。当然也可以在 make 的命令行指定别的文件名，如果不特别指定，它会寻找 makefile 或 Makefile，因此使用这两个名字是最简单的。

一个 Makefile 主要含有一系列的规则，如下。

```
: ...
(tab)< command >
```

```
(tab)< command >
…
```

例如，考虑以下的 Makefile。

```
=== Makefile 开始 ===
Myprog :foo.o bar.o
Gcc foo.o bar.o - o myprog
foo.o :foo.c foo.h bar.h
gcc - c foo.c - o foo.o
bar.o bar.c bar.h
gcc - c bar.c - o bar.o
=== Makefile 结束 ===
```

这是一个非常基本的 Makefile——make 从最上面开始，把上面第一个目的 myprog 作为它的主要目标（一个它需要保证其总是最新的最终目标）。给出的规则说明只要文件 myprog 比文件 foo.o 或 bar.o 中的任何一个旧，下一行的命令将会被执行。

但是，在检查文件 foo.o 和 bar.o 的时间戳之前，它会往下查找那些把 foo.o 或 bar.o 作为目标文件的规则。当找到一个关于 foo.o 的规则，如该文件的依赖文件是 foo.c，foo.h 和 bar.h。如果这些文件中任何一个的时间戳比 foo.o 的新，命令 gcc -o　foo.o　foo.c 将会执行，从而更新文件 foo.o。

接下来对文件 bar.o 做类似的检查，这里 bar.c 和 bar.h 是依赖文件。现在 make 回到 myprog 的规则。如果刚才两个规则中的任何一个被执行，myprog 就需要重建（因为其中一个.o 就会比 myprog 新），因而链接命令将被执行。

由此可以看出使用 make 工具来建立程序的好处，所有烦琐的检查步骤都由 make 完成时间戳检查。源码文件里的一个简单改变都会造成该文件被重新编译（因为.o 文件依赖.c 文件），进而可执行文件被重新链接（因为.o 文件被改变），这在管理大的工程项目时将非常高效。

如前文所述，Makefile 里主要包含一系列规则，综合来看，主要包含 5 方面内容：显式规则、隐含规则、变量定义、文件指示和注释。

(1) 显式规则。显式规则说明如何生成一个或多个目标文件，这是由 Makefile 的书写者明确指出的要生成的文件、文件的依赖文件以及生成的命令。

(2) 隐含规则。由于 make 有自动推导的功能，所以隐含的规则可以简略地书写 Makefile，这是由 make 所支持的。

(3) 变量定义。在 Makefile 中要定义一系列的变量，变量一般都是字符串，这有点像 C 语言中的宏，当 Makefile 被执行时，其中的变量都会被扩展到相应的引用位置上。

(4) 文件指示。其包括三部分：一是在一个 Makefile 中引用另一个 Makefile，就像 C 语言中的 include 一样；二是根据某些情况指定 Makefile 中的有效部分，就像 C 语言中的预编译 #if 一样；三是定义一个多行的命令。

(5) 注释。Makefile 中只有行注释，与 UNIX 的 Shell 脚本一样，其注释是用“#”字符，这个就像 C/C++、Java 中的“//”一样。

值得注意的是，在 Makefile 中的命令，必须要以 Tab 键开始。

下面着重说明定义变量和引用变量。

变量的定义和引用与 Linux 环境变量一样，变量名要大写，变量一旦定义后，就可以通过将变量名用圆括号括起来，并在前面加上"$"符号来进行引用。

变量的主要作用包括：保存文件名列表；保存可执行命令名，如编译器；保存编译器的参数。

变量一般都在 Makefile 的头部定义。按照惯例，所有的 Makefile 变量都应该是大写。GNU make 的主要预定义变量如下所示。

- $* 不包括扩展名的目标文件名称。
- $+ 所有的依赖文件，以空格分开，并以出现的先后为序，可能包含重复的依赖文件。
- $< 第一个依赖文件的名称。
- $? 所有的依赖文件，以空格分开，这些依赖文件的修改日期比目标的创建日期晚。
- $@ 目标的完整名称。
- $^ 所有的依赖文件，以空格分开，不包含重复的依赖文件。
- $% 如果目标是归档成员，则该变量表示目标的归档成员名称。

7.4.7 clang 与 LLVM

clang 是 C、C++、Objective C 高级语言的前端，提供前端所有的功能。除此之外，clang 还是编译器驱动程序，整合所有必要的库和工具，使用户从编译的各个阶段所涉及的繁杂工具中解放出来。通过指定参数，clang 会隐式地调用相关工具，在内部选择适当的模块生成可执行文件，这是 clang 可直接生成可执行文件或汇编文件的原因。gcc 和 clang 的对比如表 7-20 所示。

表 7-20 gcc 和 clang 的对比

名　称	gcc	clang
内存占用	较大	较小
速度	快	更快
诊断信息可读性	较强	强
兼容性	被构建成一个单一的静态编译器，难以被作为 API 并集成到其他工具中	被设计成一个 API，允许它被源代码分析工具和 IDE 集成
静态分析	无	有
许可证	GPL	BSD
语言支持	Java/Ada/Fortran/C/C++	C/C++/Objective C
平台支持	广泛	较少

底层虚拟机（Low Level Virtual Machine，LLVM）主要涉及编译器的中、后端，其代码以模块的形式进行划分和实现，包括中间表示、代码分析、优化和代码生成等。

LLVM 完整实现了三段式设计，在这个意义上，LLVM 不再是传统的编译器，而是一种通用的编译器基础架构。对比 gcc，LLVM 有以下 3 点优势。

(1) LLVM 编译器以其优越的框架为开发者提供了高效的开发环境，框架支持应用程序整个生命周期内的分析、转换和优化。对比 gcc，LLVM 由现代 C++代码编写，其代码组织良好、清晰规范。此外 LLVM 提供的机器描述更加直观易用，在新后端的配置上更为简单，学习成本较低，大幅地缩短了编译器的开发时长。

(2) 统一的中间表示(Intermediate Representation，IR)与模块化。受益于此，后端开发人员可以轻易地抽取 LLVM 组件用于其他领域，如抽取 LLVM 的即时编译(Just-in-Time Compilation，JIT)器用于 MapDt 这类的 GPU 数据库或者抽取整个代码生成模块 CodeGen 用于深度学习推理框架。LLVM 不再仅仅是为 clang 等编译器前端提供服务的编译器，还可以为需要 JIT、CodeGen 等功能的所有领域提供服务。

(3) 开源协议上的优势。gcc 使用 GPL 许可证，而 LLVM 使用 BSD 许可证。GPL 的出发点是代码的开源、免费使用和修改，但不允许修改后和衍生的代码作为闭源的商业软件发布和销售。BSD 允许使用者修改和重新发布代码，也允许发布和销售基于 BSD 代码开发的商业软件，是对商业集成友好的协议。因此很多企业在选用开源产品的时候都首选 BSD 协议。

LLVM 编译流程如图 7-13 所示，其可以分为三大部分：高级语言前端、中间代码优化器、后端代码生成器。高级语言前端将使用高级语言编写的代码转换到 LLVM 中间代码，该中间代码被 LLVM 中间代码优化器进行优化，值得注意的是 LLVM 中间代码优化器是独立于高级语言前端和后端代码生成器的，经过优化后的中间代码通过后端代码生成器生成针对目标处理器的机器代码。

图 7-13 LLVM 编译流程

LLVM 采用 gcc/clang 的高级语言前端来解析代码，现已支持 C、C++、Fortran、Ada、Java 等高级语言，并且可以通过前端的移植接口添加对新的高级语言的支持。又由于该高级语言前端完全独立于之后的中间代码生成器以及后端代码生成器，对以后两个两阶段的任何改进和优化可以使得所有的高级语言前端获益，这大大提高了模块的复用程度，减少不必要的重复工作。图 7-14 显示了 LLVM 的高级语言前端结构。

LLVM 的中间代码优化器是建立在 LLVM 虚拟指令集基础之上的，它同样独立于其他的两个步骤。在这个阶段，中间代码优化器将运用标准的标量和循环优化以及进程间优化(Interprocedural Optimizations，IPO)等。图 7-15 显示了 LLVM 的中间代码优化器结构。

后端代码生成器主要由以下部分组成：指令选择、遍前调度、寄存器分配、后期代码优化、代码输出。其中在指令选择前使用 LLVM 中间代码，之后均使用目标处理器的特定代码。图 7-16 显示了 LLVM 的后端代码生成器结构。

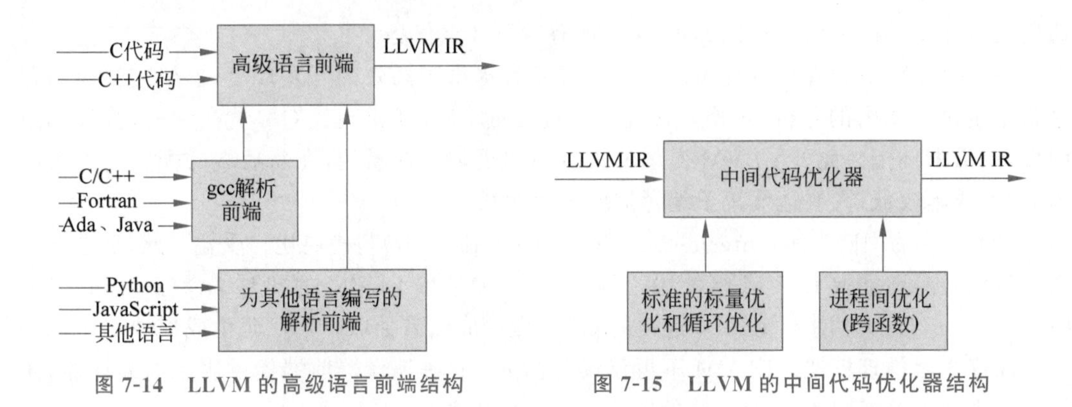

图 7-14　LLVM 的高级语言前端结构

图 7-15　LLVM 的中间代码优化器结构

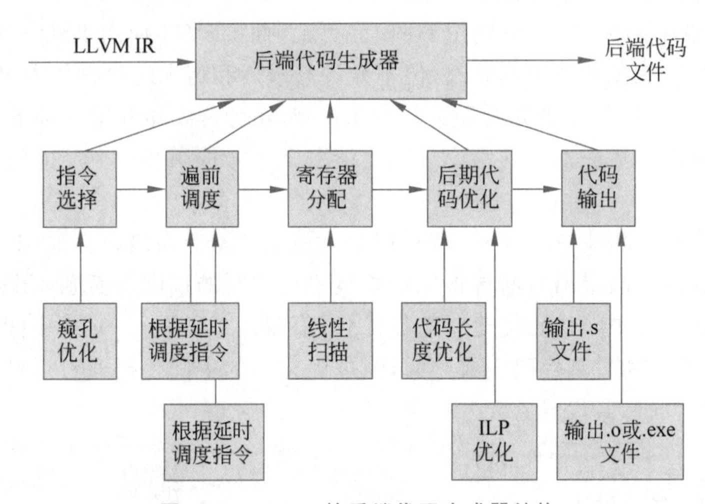

图 7-16　LLVM 的后端代码生成器结构

下面简要介绍后端代码生成器的各个组成部分。

(1) 指令选择，是将输入给后端代码生成器的 LLVM 中间代码翻译成目标处理器的特定机器指令的过程，过程中可进行窥孔优化等工作。

(2) 遍前调度，根据目标处理器指令在执行时占用处理器功能单元的资源使用情况对程序的指令序列进行重新安排，同时根据程序使用寄存器的情况对指令序列进行重新安排。

(3) 寄存器分配，将原来使用的没有个数限制的虚拟寄存器映射到真实的目标处理器寄存器，由于真实寄存器的个数限制，不能存储的源虚拟寄存器中的值将被迫放入内存中。在这个过程中，LLVM 采用线性扫描作为默认的寄存器分配算法。

(4) 后期代码优化，进行代码长度优化、指令级并行(Instruction-Level Parallelism, ILP)优化等一系列优化工作。

(5) 代码输出，根据要求输出目标处理器的汇编代码、目标文件或者可执行文件。

7.5 嵌入式 RISC-V Linux 系统移植过程

移植就是把程序从一个运行环境转移到另一个运行环境。在主机-开发机的交叉模式下，移植是把主机上的程序下载到目标机上运行。嵌入式 RISC-V Linux 系统的移植主要针对 BootLoader、Linux 内核、文件系统这 3 部分展开。BootLoader 在系统上电时开始执行，初始化硬件设备，准备好软件环境，然后才调用 Linux 操作系统内核及设备树资源。文件系统是 Linux 操作系统中用来管理用户文件的内核软件层。文件系统包括根文件系统和建立于其他内存设备之上的文件系统。根文件系统包括系统使用的软件和库，以及所有用来为用户提供支持架构和用户使用的应用软件，并作为存储数据读/写结果的区域。

嵌入式 RISC-V Linux 系统移植的一般流程是：首先，构建嵌入式 RISC-V Linux 开发环境，包括硬件环境和软件环境；其次，参照 7.2 节 JH-7110 SoC 启动流程，移植引导加载程序 BootLoader 及相关内容；再次，移植 Linux 内核、设备树资源和构建根文件系统，最后，一般还要移植或开发设备驱动程序。这几个步骤完成之后，嵌入式 RISC-V Linux 已经可以在目标板上运行起来，开发人员能够在串口控制台进行命令行操作。如果需要图形界面支持，可移植位于用户应用程序层次的 GUI(Graphical User Interface)等。本节介绍针对 RISC-V 处理器的嵌入式 Linux 移植过程。

7.5.1 BootLoader 移植

BootLoader 的移植工作包含设置编译环境、编译 U-Boot、编译 OpenSBI、创建 SPL 文件和创建 fw_payload 文件几个部分。开始移植 U-Boot 之前，要先熟悉处理器和开发板。确认 U-Boot 是否已经支持新开发板的处理器和 I/O 设备，如果 U-Boot 已经支持该开发板或者十分相似的开发板，那么移植过程将非常简单。U-Boot 的移植过程主要包括以下 5 个步骤。

1. 设置编译环境

按照以下步骤设置交叉编译器。

(1) 执行以下命令，安装 Ubuntu 软件包中的 riscv64-linux-gnu-gcc 编译器。

```
sudo apt update
sudo apt upgrade
sudo apt install gcc - riscv64 - linux - gnu
```

(2) 执行以下命令检查 riscv64-linux-gnu-gcc 编译器的版本。

```
riscv64 - linux - gnu - gcc  - v
```

2. 编译 U-Boot

执行以下步骤，为 VisionFive 2 编译 U-Boot。

(1) 将 U-Boot 文件保存到目标目录下，如主目录(home directory)下。

```
cd ~ # home directory
```

（2）下载源代码，以编译 U-Boot。

（3）执行以下命令，切换到代码分支。

```
cd u-boot git checkout -b JH-7110_VisionFive2_devel origin/JH-7110_VisionFive2_devel
```

（4）执行以下命令，在 U-Boot 目录下编译 U-Boot。

```
make <Configuration_File> ARCH=riscv CROSS_COMPILE=riscv64-linux-gnu
make ARCH=riscv CROSS_COMPILE=riscv64-linux-gnu
```

<Configuration_File>在 VisionFive 2 上为 starfive_VisionFive2_defconfig。编译完成后，在 U-Boot 目录下将生成 3 个文件：u-boot.bin、arch/riscv/dts/starfive_VisionFive2.dtb、spl/u-boot-spl.bin。其中 starfive_VisionFive2.dtb 和 u-boot.bin 都将用于编译 OpenSBI。u-boot-spl.bin 将用于创建 SPL 文件。

3. 编译 OpenSBI

执行以下步骤，为 VisionFive 2 编译 OpenSBI。

（1）将 OpenSBI 文件保存到目标目录下，如主目录(home directory)下。

```
cd ~ # home directory
```

（2）下载源代码，以编译 OpenSBI。

```
git clone https://github.com/starfive-tech/opensbi.git
```

（3）在 opensbi 目录下，执行以下命令编译 OpenSBI。

```
cd opensbi make ARCH=riscv CROSS_COMPILE=riscv64-linux-gnu- PLATFORM=generic FW_
PAYLOAD_PATH={U-BOOT_PATH}/u-boot.bin FW_FDT_PATH={U-BOOT_PATH}/arch/riscv/dts/
starfive_VisionFive2.dtb FW_TEXT_START=0x40000000
```

执行完毕将{U-BOOT_PATH}修改为此前存放 U-Boot 文件的路径。

编译完成后，在 opensbi/build/platform/generic/firmware 路径下，将生成大于 2 MB 的 fw_payload.bin 文件。

4. 创建 SPL 文件

执行以下步骤，为 VisionFive 2 创建 SPL 文件。

（1）将工具文件保存到目标目录下，如主目录(home directory)下。

```
cd ~ # home directory
```

（2）下载源代码，以编译 U-Boot。

（3）执行以下命令，切换到代码分支。

```
cd Tools git checkout master
```

（4）执行以下命令，在 spl_tool 目录下创建 SPL 文件。

```
cd spl_tool/ ./create_sbl {U-BOOT_PATH}/spl/u-boot-spl.bin 0x01010101
```

执行完毕将{U-BOOT_PATH}修改为此前存放 U-Boot 文件的路径。执行完将生成名为 u-boot-spl.bin.normal.out 的文件。

5. 创建 fw_payload 文件

执行以下步骤，为 VisionFive 2 创建 fw_payload。

(1) 进入工具目录。

```
cd Tools/uboot_its
```

(2) 复制编译 OpenSBI 的输出文件 fw_payload. bin 到目录路径下。在执行命令前，将{OPENSBI_PATH}修改到 OpenSBI 的路径。

```
cp {OPENSBI_PATH}/build/platform/generic/firmware/fw_payload.bin ./
```

(3) 执行以下命令，在 uboot_its 目录下创建 fw_payload 文件。

```
{U-BOOT_PATH}/tools/mkimage -f VisionFive 2-uboot-fit-image.its -A riscv -O u-boot
-T firmware VisionFive 2_fw_payload.img
```

执行完成将生成名为 VisionFive 2_fw_payload. img 的文件。

7.5.2 内核的配置、编译和移植

1. Makefile

Linux 内核移植最常接触到的子目录是 arch、drivers 目录。其中 arch 目录下存放所有与体系结构有关的代码，如 RISC-V 体系结构的代码就在 arch/riscv 目录下，而 drivers 是所有驱动程序所在的目录(声卡驱动单独位于根目录下的 sound 目录)，修改或者新增驱动程序都需要在 drivers 目录下进行。

Linux 内核中的哪些文件将被编译？怎样编译这些文件？连接这些文件的顺序如何？其实所有这些都是通过 Makefile 来管理的。内核源码的各级目录包含很多 Makefile 文件，有的还要包含其他的配置文件或规则文件。所有这些文件一起构成了 Linux 的 Makfile 体系，如表 7-21 所示。

表 7-21 Linux 内核源码 Makefile 体系的 5 个部分

名　称	描　述
顶层 Makefile	Makefile 体系的核心，从总体上控制内核的编译、链接
. config	配置文件，在配置内核时生成。所有的 Makefile 文件都根据. config 的内容来决定使用哪些文件
Arch/$(ARCH)/Makefile	与体系结构相关的 Makefile，用来决定由哪些体系结构相关的文件参与生成内核
Scripts/Makefile. *	所有 Makefile 共用的通用规则、脚本等
Kbuild Makefile	各级子目录下的 Makefile，它们被上一层 Makefile 调用以编译当前目录下的文件

Makefile 编译、链接的大致工作流程如下所示。

(1) 内核源码根目录下的. config 文件中定义了很多变量，Makefile 通过这些变量的值来决定源文件编译的方式(编译进内核、编译成模块、不编译)，以及涉及哪些子目录和源文件。

(2) 根目录下的顶层的 Makefile 决定根目录下有哪些子目录将被编译进内核，arch/$(ARCH)/Makefile 决定 arch/$(ARCH)目录下哪些文件和目录被编译进内核。

(3) 各级子目录下的 Makefile 决定所在目录下的源文件的编译方式，以及进入哪些子

目录继续调用它们的 Makefile。

(4) 在顶层 Makefile 和 arch/$(ARCH)/Makefile 中还设置了全局的编译、链接选项：CFLAGS(编译 C 文件的选项)、LDFLAGS(链接文件的选项)、AFLAGS(编译汇编文件的选项)、ARFLAGS(制作库文件的选项)。

(5) 各级子目录下的 Makefile 可设置局部的编译、链接选项：EXTRA_CFLAGS、EXTRA_LDFLAGS、EXTRA_AFLAGS、EXTRA_ARFLAGS。

(6) 顶层 Makefile 按照一定的顺序组织文件，根据链接脚本生成内核映像文件。

在(1)中介绍的.config 文件是通过配置内核生成的，.config 文件中定义了很多变量，这些变量的值是在配置内核的过程中设置的。而用来配置内核的工具则根据 Kconfig 文件来生成各个配置项。

2. 内核的 Kconfig 分析

为了理解 Kconfig 文件的作用，需要先了解内核配置界面。在内核源码的根目录下运行命令。

```
make CROSS_COMPILE = riscv64 - linux - gnu -  ARCH = riscv menuconfig
```

这样会出现一个菜单式的内核配置界面，通过它可以对支持的芯片类型和驱动程序进行选择，或者去除不需要的选项等，这个过程被称为“配置内核”。

这里需要说明的是，除了 make menuconfig 这样的内核配置命令之外，Linux 还提供了 make config 和 make xconfig 命令，分别实现字符接口和 X-Window 图形窗口的配置接口。字符接口配置方式需要回答每一个选项提示，逐个回答内核上千个选项几乎是行不通的。X-Window 图形窗口的配置接口很出色，方便使用。本小节主要介绍 make menuconfig 实现的光标菜单配置接口。

在内核源码的绝大多数子目录中，有一个 Makefile 文件和 Kconfig 文件。Kconfig 文件是内核配置界面的源文件，它的内容被内核配置程序读取用以生成配置界面，从而供开发人员配置内核，并根据具体的配置在内核源码根目录下生成相应的.config 配置文件。

内核的配置界面以树状的菜单形式组织，菜单名称末尾标有“→”的表明其下还有其他的子菜单或者选项。每个子菜单或选项可以有依赖关系，用来确定它们是否显示，只有被依赖的父项被选中，子项才会显示。

Kconfig 文件的基本要素是 config 条目(entry)，它用来配置一个选项，或者可以说，它用于生成一个变量，这个变量会连同它的值一起被写入.config 配置文件中。以 fs/jffs2/Kconfig 为例。

```
tristate "Journalling Flash File System v2 (JFFS2) support"
select CRC32
depends on MTD
help
    JFFS2 is the second generation of the Journalling Flash File System
    for use on diskless embedded devices. It provides improved wear
    levelling, compression and support for hard links. You cannot use
    this on normal block devices, only on 'MTD' devices.
```

config JFFS2_FS 用于配置 CONFIG_JFFS2_FS，根据用户的选择，在.config 配置文件中会出现下面 3 种结果之一。

```
CONFIG_JFFS2_FS = y
CONFIG_JFFS2_FS = m
# CONFIG_JFFS2_FS is not set
```

之所以会出现这 3 种结果是由于该选项的变量类型为 tristate(三态)，它的取值为 y、m 或空，分别对应使能配置并编译进内核、使能配置并编译成内核模块、不使能该配置。如果变量类型为 bool(布尔)，则取值只有 y 和空。除了三态和布尔型，还有 string(字符串)、hex(十六进制整数)、int(十进制整数)。变量类型后面所跟的字符串是配置界面上显示的对应该选项的提示信息。

fs/jffs2/Kconfig 示例的第 2 行的"select　CRC32"表示如果当前配置选项被选中，则 CRC32 选项会被自动选中。第 3 行的"depends on MTD"则表示当前配置选项依赖于 MTD 选项，只有 MTD 选项被选中时，才会显示当前配置选项的提示信息。"help"及之后的都是帮助信息。

菜单对应于 Kconfig 文件中的 menu 条目，它包含多个 config 条目。Choice 条目将多个类似的配置选项组合在一起，供用户单选或多选。Comment 条目用于定义一些帮助信息，这些信息出现在配置界面的第一行，并且还会出现在配置文件.config 中。并且，还有 source 条目用来读入另一个 Kconfig 文件。

3. 内核的配置选项

Linux 内核配置选项非常多，如果从头开始一个个地进行选择既耗费时间，对开发人员的要求又比较高(必须要了解每个配置选项的作用)。一般是在某个默认配置文件的基础上进行修改。

在运行命令配置内核和编译内核之前，必须要保证为 Makefile 中的变量 ARCH 和 CROSS_COMPILE 赋予正确的值，当然，也可以每次都通过命令行给它们赋值，但是一劳永逸的办法是直接在 Makefile 中修改这两个变量的值，如下所示。

```
ARCH ?= riscv
CROSS_COMPILE ?= riscv64-linux-gnu-
```

这样，以后命令行上运行命令配置或者编译时就不用再去操心 ARCH 和 CROSS_COMPILE 这两个变量的值。原生的内核源码根目录下没有配置文件.config，一般通过加载某个默认的配置文件(如 starfive_VisionFive 2_defconfig)来创建.config 文件，然后再通过命令"make menuconfig"来修改配置。

内核配置的基本原则是把不必要的功能都去掉，不仅可以减小内核大小，还可以节省编译内核和内核模块的时间。图 7-17 是内核配置的主界面。

菜单项 Device Drivers 是有关设备驱动的选项。设备驱动部分的配置最为繁杂，有多达 42 个一级子菜单，每个子菜单都有一个 drivers/目录下的子目录与其一一对应，如表 7-22 所示。在配置过程中可以参考这个表格找到对应的配置选项，查看选项的含义和功能。

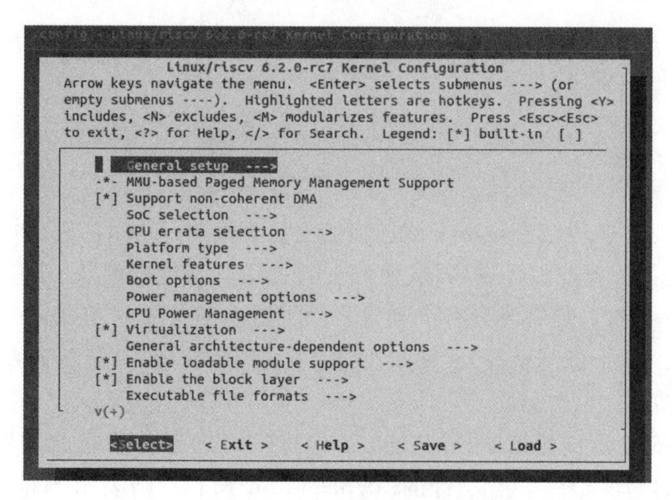

图 7-17　内核配置的主界面

表 7-22　Device Drivers 子菜单描述

Device Drivers 子菜单	描　　述
Generic Driver Options	对应 drivers/base 目录，这是设备驱动程序中的一些基本和通用的配置选项
Connector-unified userspace <-> kernelspace linker	对应 drivers/connector 目录，一般不需要此功能，清除选中
Memory Technology Device (MTD) support	对应 drivers/mtd 目录，它用于支持各种新型的存储技术设备，如 NOR Flash、NAND Flash 等
Parallel port support	对应 drivers/parport 目录，它用于支持各种并口设备
Block devices	对应 drivers/block 目录，块设备支持，包括回环设备、RAMDISK 等的驱动
Misc devices	对应 drivers/misc 目录，用来支持一些不好分类的设备，成为杂项设备。保持默认选择即可
SCSI device support	对应 driver/scsi 目录，支持各种 SCSI 接口的设备。保持默认选择即可
Serial ATA and Parallel ATA drivers	对应 drivers/ata 目录，支持 SATA 与 PATA 设备。默认不选中
Multiple devices driver support (RAID and LVM)	对应 drivers/md 目录，表示多设备支持(RAID 和 LVM)。RAID 和 LVM 的功能是使多个物理设备组建成一个单独的逻辑磁盘。默认不选中
Network device support	对应 drivers/net 目录，用来支持各种网络设备
Input device support	对应 drivers/input 目录，支持各类输入设备
Character devices	对应 drivers/char 目录，它包含各种字符设备的驱动程序
I2C support	对应 drivers/i2c 目录，支持各类 I2C 设备
SPI support	对应 drivers/spi 目录，支持各类 SPI 总线设备
PPS support	对应 drivers/pps 目录，每秒脉冲数支持，用户可以利用它获得高精度时间基准

续表

Device Drivers 子菜单	描　述
GPIO support	对应 drivers/gpio 目录，支持通用 GPIO 库
Dallas's 1-wire support	对应 drivers/w1 目录，支持一线总线，默认不选中
Power supply class support	对应 drivers/power 目录，电源供应类别支持，默认不选中
Hardware Monitoring support	对应 drivers/hwmon 目录。用于主板的监控硬件健康功能，嵌入式中一般清除选中
Thermal sysfs deriver	对应 drivers/thermal 目录，用于散热管理，嵌入式一般用不到，清除选中
Watchdog Timer support	对应 drivers/watchdog，看门狗定时器支持，保持默认选择即可
Sonics Silicon Backplane	对应 drivers/ssb 目录，SSB 总线支持，默认不选中
Multifunction device drivers	对应 drivers/mfd 目录，用来支持多功能的设备，如 SM501，它既可用于显示图像又可用作串口，默认不选中
Voltage and Current Regulator support	对应 drivers/regulator 目录，用来支持电压和电流调节，默认不选中
Multimedia support	对应 drivers/media 目录，包含多媒体驱动，如 V4L(Video for Linux)，用于向上提供统一的图像、声音接口。摄像头驱动会用到此功能
Graphics support	对应 drivers/video 目录，提供图形设备/显卡的支持
Sound card support	对应 sound/目录(不在 drivers/目录下)，用来支持各种声卡
HID Devices	对应 drivers/hid 目录，用来支持各种 USB-HID 目录，或者符合 USB-HID 规范的设备(如蓝牙设备)。HID(human interface device)包括各种 USB 接口的鼠标、键盘、游戏杆、手写板等输入设备
USB support	对应 drivers/usb 目录，包括各种 USB Host 和 USB Device 设备
MMC/SD/SDIO card support	对应 drivers/mmc 目录，用来支持各种 MMC/SD/SDIO 卡
LED Support	对应 drivers/leds 目录，包含各种 LED 驱动程序
Real Time Clock	对应 drivers/rtc 目录，用来支持各种实时时钟设备
Userspace I/O drivers	对应 drivers/uio 目录，用户空间 I/O 驱动，默认不选中

对于表 7-22 中比较复杂的几个子菜单项，需要根据实际情况进行配置，其原则是去掉不必要的选项以减小内核体积，如果不清楚是不是必要，保险起见就把它选中。另外，在配置完成后将配置文件.config 进行备份。

4. 内核移植

1）编译 Linux 内核

按照以下步骤为 VisionFive 2 编译 Linux 内核。

(1) 将 Linux 内核版本文件保存到的目标目录下，如主目录(home directory)下。

```
cd ~ # home directory
```

(2) 下载 Linux 内核源代码。

(3) 执行以下命令，切换到代码分支。

```
cd linux
git checkout -b JH-7110_VisionFive 2_devel origin/JH-7110_VisionFive 2_devel
```

（4）执行以下命令，编译 Linux 内核的默认设置。

```
make <Configuration_File> CROSS_COMPILE = riscv64 - linux - gnu -  ARCH = riscv
```

<Configuration_File>在 VisionFive 2 上为 starfive_VisionFive 2_defconfig。

（5）执行以下命令，编译 Linux 内核其他软件设置。

```
make CROSS_COMPILE = riscv64 - linux - gnu -  ARCH = riscv menuconfig
```

（6）编译 Linux 内核。

```
make CROSS_COMPILE = riscv64 - linux - gnu -  ARCH = riscv  - jx
```

命令中的-jx 的值与 CPU 中内核的数量有关。如果 CPU 中有 8 个内核，将其更改为-j8。执行完后系统将在 linux/arch/riscv/boot 目录下生成内核镜像文件 Image. gz 和相应 DTB 文件。

在移植根文件系统 rootfs、DTB 和内核到 VisionFive 2 上时，将使用到 Image. gz 和 . dtb 文件。不同的开发板使用不同的 DTB 文件。

- JH-7110-visionfive-v2. dtb：用于 1. 2A/1. 3B 版的开发板。
- JH-7110-visionfive-v2-ac108. dtb：用于带有 ac108 编解码器的 1. 2A/1. 3B 版的开发板。
- JH-7110-visionfive-v2-wm8960. dtb：用于带有 wm8960 编解码器的 1. 2A/1. 3B 版的开发板。可查看开发板上的丝印获取版本信息。

2）移植 Rootfs、内核和 DTB 到 VisionFive 2

首先，需要将此前编译的 rootfs 系统软件包、内核和 DTB 镜像文件移动到同一目录下，如图 7-18 所示。

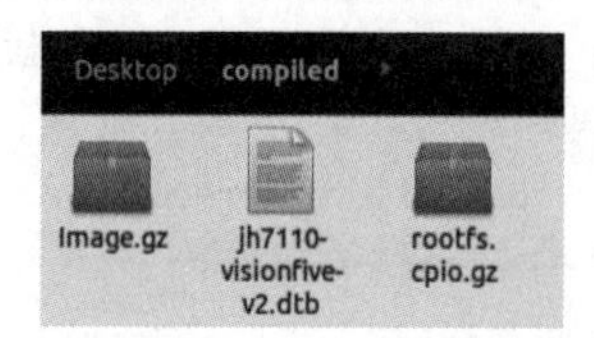

图 7-18　rootfs 系统软件包、内核和 DTB 镜像文件

接下来将 rootfs 系统软件包、内核和 DTB 镜像文件移植到 VisionFive 2 单板计算机上，可以通过使用 Micro-SD 卡或者使用网线这两种方法开展移植工作。

方法 1：使用 Micro-SD 卡。

（1）将 Micro-SD 卡插入计算机。

（2）输入以下命令，查看连接中的 Micro-SD 卡地址。

```
lsblk
```

执行完命令后，Micro-SD 卡地址为/dev/sdb。

```
sda                         8:0    0   150G  0 disk
└─sda1                      8:1    0   150G  0 part
  ├─ubuntu--vg-root       253:0    0   149G  0 lvm  /
  └─ubuntu--vg-swap_1     253:1    0   980M  0 lvm  [SWAP]
sdb                         8:16   1  28.9G  0 disk
├─sdb1                      8:17   1     2M  0 part
├─sdb2                      8:18   1     4M  0 part
├─sdb3                      8:19   1   292M  0 part /media/atlas/6CF3-3AD5
└─sdb4                      8:20   1   500M  0 part /media/atlas/rootfs
sr0                        11:0    1    61M  0 rom
```

图 7-19　Micro-SD 卡地址

（3）输入以下命令，进入分区配置。图 7-20 显示了分区配置情况。

```
sudo gdisk /dev/sdb
```

```
atlas@atlas-VirtualBox:~$ sudo gdisk /dev/sdb
GPT fdisk (gdisk) version 1.0.3

Partition table scan:
  MBR: protective
  BSD: not present
  APM: not present
  GPT: present

Found valid GPT with protective MBR; using GPT.

Command (? for help):
```

图 7-20 分区配置情况

（4）输入以下命令，删除原来的分区并创建新的分区。图 7-21 显示了执行完命令后的分区情况。

```
d--->o--->n--->w--->y
```

```
Command (? for help): d
Using 1

Command (? for help): o
This option deletes all partitions and creates a new protective MBR.
Proceed? (Y/N): y

Command (? for help): n
Partition number (1-128, default 1):
First sector (34-60526558, default = 2048) or {+-}size{KMGTP}:
Last sector (2048-60526558, default = 60526558) or {+-}size{KMGTP}:
Current type is 'Linux filesystem'
Hex code or GUID (L to show codes, Enter = 8300):
Changed type of partition to 'Linux filesystem'

Command (? for help): w

Final checks complete. About to write GPT data. THIS WILL OVERWRITE EXISTING
PARTITIONS!!

Do you want to proceed? (Y/N): y
OK; writing new GUID partition table (GPT) to /dev/sdb.
Warning: The kernel is still using the old partition table.
The new table will be used at the next reboot or after you
run partprobe(8) or kpartx(8)
The operation has completed successfully.
```

图 7-21 执行完命令后的分区情况

（5）格式化 Micro-SD 卡，并创建文件系统。

```
sudo mkfs.vfat /dev/sdb1
```

（6）从计算机中移除 Micro-SD 卡，并重新插入以挂载系统镜像。

（7）输入以下命令查看是否挂载成功。

```
df -h
```

系统输出如图 7-22 所示。

```
/dev/loop3                  55M   55M     0  100% /snap/core18/1668
/dev/loop4                  90M   90M     0  100% /snap/core/8268
/dev/loop5                  45M   45M     0  100% /snap/gtk-common-themes/1440
/dev/loop6                 1.0M  1.0M     0  100% /snap/gnome-logs/81
/dev/loop7                 161M  161M     0  100% /snap/gnome-3-28-1804/116
tmpfs                      394M   40K  394M    1% /run/user/1000
/dev/sdb1                   29G   64K   29G    1% /media/atlas/644C-1D2D
atlas@atlas-VirtualBox:~/Desktop/compiled$
```

图 7-22 系统输出

（8）进入 rootfs 系统软件包、内核和 DTB 这 3 个镜像文件所在路径。

```
cd Desktop/compiled
```

（9）输入以下命令复制镜像文件到 Micro-SD 卡。

```
sudo cp Image.gz <Mount_Location>
sudo cp rootfs.cpio.gz <Mount_Location>
sudo cp <dtb_File_Name> <Mount_Location>
sync
```

<Mount_Location>表明此前记录的挂载路径。<dtb_File_Name>表明 VisionFive 2 的 DTB 文件。不同的开发板使用不同的 DTB 文件，可查看开发板上的丝印获取版本信息。

- JH-7110-visionfive-v2.dtb：用于 1.2A/1.3B 版的开发板。
- JH-7110-visionfive-v2-ac108.dtb：用于带有 ac108 编解码器的 1.2A/1.3B 版的开发板。
- JH-7110-visionfive-v2-wm8960.dtb：用于带有 wm8960 编解码器的 1.2A/1.3B 版的开发板。

执行步骤(9)中的命令示例如下。

```
sudo cp Image.gz /media/user/644C-1D2D/
sudo cp rootfs.cpio.gz /media/user/644C-1D2D/
sudo cp JH-7110-visionfive-v2.dtb /media/user/644C-1D2D/
sync
```

（10）从计算机中移除 Micro-SD 卡，并将该卡插入 VisionFive 2，然后启动。

（11）使用 USB 转串口转换器，将 VisionFive 2 连接至计算机，然后打开 minicom，等待 VisionFive 2 进入 U-Boot 模式。图 7-23 显示 VisionFive 2 已进入 U-Boot 模式。

```
U-Boot 2021.10-00044-g135126c47b-dirty (Oct 28 2022 - 16:36:03 +0800)

CPU:   rv64imacu
Model: StarFive VisionFive V2
DRAM:  8 GiB
MMC:   sdio0@16010000: 0, sdio1@16020000: 1
```

图 7-23 VisionFive 2 已进入 U-Boot 模式

（12）输入以下命令。

```
setenv kernel_comp_addr_r 0xb0000000;setenv kernel_comp_size 0x10000000;
setenv kernel_addr_r 0x44000000;setenv fdt_addr_r 0x48000000;
setenv ramdisk_addr_r 0x48300000 fatls mmc 1:1
fatload mmc 1:1 ${kernel_addr_r} Image.gz
fatload mmc 1:1 ${fdt_addr_r} JH-7110-visionfive-v2.dtb
fatload mmc 1:1 ${ramdisk_addr_r} rootfs.cpio.gz
booti ${kernel_addr_r} ${ramdisk_addr_r}:${filesize} ${fdt_addr_r}
```

（13）输入以下用户名和密码登录。

- Username：root。
- Password：starfive。

方法 2：使用网线。

(1) 使用网线通过 VisionFive 2 上的 RJ45 接口和路由器连接,连接串口转换器,然后启动开发板。在此之前确保主机 PC 通过网络或 Wi-Fi 与路由器连接。

(2) 打开 minicom,等待开发板进入 U-Boot 模式。

(3) 执行以下命令,设置 U-Boot 的环境变量。

```
setenv serverip 192.168.125.142;
setenv ipaddr 192.168.125.200;
setenv hostname starfive;
setenv netdev eth0;
setenv kernel_comp_addr_r 0xb0000000;setenv kernel_comp_size 0x10000000;
setenv kernel_addr_r 0x44000000;
setenv fdt_addr_r 0x48000000;setenv ramdisk_addr_r 0x48300000;
setenv bootargs console = ttyS0,115200 earlycon = sbi root = /dev/ram0 stmmaceth = chain_mode:1
loglevel = 8
```

确保服务器 IP 和 VisionFive 2 属于同一 IP 段中。

(4) 通过 ping 命令,检查主机 PC 与 VisionFive 2 的连接情况。

```
ping 192.168.120.12
```

(5) 在主机 PC 上安装 TFTP 服务器。

```
sudo apt - get update sudo apt install tftpd - hpa
```

(6) 检查服务器状态。

```
sudo systemctl status tftpd - hpa
```

(7) 输入以下命令进入 TFTP 服务器配置。

```
sudo nano /etc/default/tftpd - hpa
```

(8) 执行以下命令设置 TFTP 服务器。

```
TFTP_USERNAME = "tftp"
TFTP_DIRECTORY = "/home/user/Desktop/compiled"
TFTP_ADDRESS = ":69"
TFTP_OPTIONS = " -- secure"
```

该命令中 TFTP_DIRECTORY 是之前创建的目录,包含三个镜像文件(Image. gz、JH-7110-visionfive-v2. dtb 和 rootfs. cpio. gz)。

(9) 重启 TFTP 服务器。

```
sudo systemctl restart tftpd - hpa
```

(10) 在 VisionFive 2 的 U-Boot 模式下输入以下命令,从主机 PC 的 TFTP 服务器下载文件,并启动内核。

```
tftpboot ${fdt_addr_r} ;tftpboot ${kernel_addr_r} Image.gz;
tftpboot ${ramdisk_addr_r} rootfs.cpio.gz;booti ${kernel_addr_r} ${ramdisk_addr_r}:
${filesize} ${fdt_addr_r}
```

以下命令是 VisionFive 2 的一个示例。

```
tftpboot ${fdt_addr_r} JH-7110-visionfive-v2.dtb;
tftpboot ${kernel_addr_r} Image.gz;
tftpboot ${ramdisk_addr_r}
rootfs.cpio.gz;
run chipa_set_linux;
booti ${kernel_addr_r} ${ramdisk_addr_r}:${filesize} ${fdt_addr_r}
结果: starfive mini RISC-V Rootfs
```

(11) 输入以下用户名和密码登录。

```
Username: root
Password: starfive
```

7.6 本章小结

本章知识点众多,涉及面很广,需要读者结合教材、文档和相关工具,多阅读多实践。本章并没有列出应用程序的设计阶段和调试部分,只是给出一种经典的设计流程,其他的设计方法与本流程有众多相似之处。

第 8 章

设备驱动程序设计

管理外部设备是操作系统的重要功能之一。Linux 管理设备的目标是为设备的使用提供简单方便的统一接口，支持连接的扩充及优化 I/O 操作，并实现最优化并发控制。Linux 的一个重要特性是将所有的设备都视为文件进行处理，这类文件被定义为设备文件。自从 Linux 2.4 版本在内核中加入设备文件系统以后，所有设备文件均可作为一个能挂接的文件而存在。设备文件可以挂接到任何需要的地方，用户可以像操作普通文件一样操作设备文件。为了方便 Linux 内核对设备的管理，根据设备控制的复杂性和数据传输大小等特性一般将 Linux 系统设备分为 3 种类型：字符设备、块设备和网络设备。

设备驱动程序是应用程序和硬件设备之间的一个软件层，它向下负责与硬件设备的交互，向上通过一个通用的接口挂接到文件系统上，从而使用户或应用程序访问硬件时无须考虑具体的硬件实现环节。由于设备驱动程序为应用程序屏蔽了硬件细节，在用户或者应用程序看来，硬件设备只是一个透明的设备文件，应用程序对该硬件进行操作就像是对普通的文件进行访问(如打开、关闭、读和写等)。作为 Linux 内核的重要组成部分，设备驱动程序主要完成以下功能：对设备初始化和释放；把数据从内核传送到硬件和从硬件读取数据；读取应用程序传送给设备文件的数据和回送应用程序请求的数据；检测错误和处理中断。

8.1 设备驱动程序开发概述

设备驱动程序是内核的一部分，在软件上的层次结构如图 8-1 所示。除了用户空间的用户进程在运行时处于进程的用户空间，其他层次均位于内核空间。用户空间的用户进程可以实现 I/O 调用及 I/O 格式化，它以系统调用的方式使用下层相关功能，并实现对于硬件设备的访问控制。设备无关软件是指与设备硬件操作无关的 I/O 管理软件，也叫逻辑 I/O 层，其功能大部分由文件系统完成，其基本功能就是执行适用于所有设备的常用的输入输出功能：向用户软件提供一个一致的接口。设备驱动程序也叫设备 I/O 层，通常包括设备服务子程序和中断处理程序两部分。设备服务子程序包含设备操作相关代码；中断处理程序负责处理设备通过中断方式向设备驱动程序发出的 I/O 请求，实现了硬件与软件的接口功能。这种层次结构很好地体现了设计的一个关键的概念-设备无关性，就是说使程序员写的

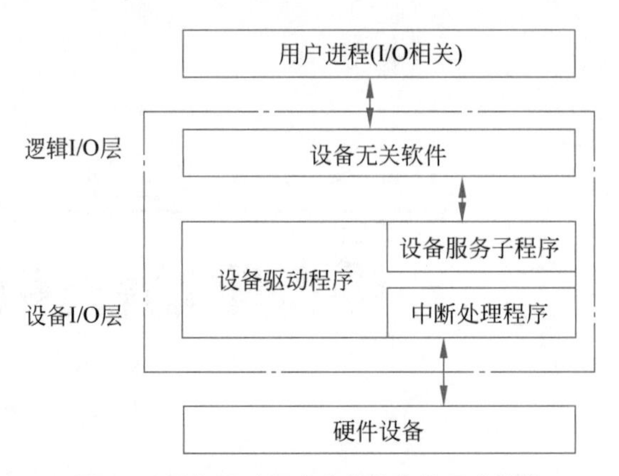

图 8-1 设备驱动程序在软件上的层次结构

软件无须修改就能读出不同外设上的文件。

Linux 设备驱动程序可以分为两个主要组成部分。

(1) 对子程序进行自动配置和初始化,检测驱动的硬件设备是否正常,能否正常工作。如果该设备正常,则进一步初始化该设备及相关设备驱动程序需要的软件状态。这部分驱动程序仅在初始化的时候被调用一次,因此在图 8-1 中并未显示。

(2) 设备服务子程序和中断处理程序,这两者分别是驱动程序的上下两部分。驱动程序的上半部分即设备服务子程序的执行是系统调用的结果,并且随着用户态向核心态的演变,在此过程中还可以调用与进程运行环境有关的函数,如 sleep()函数。驱动程序的下半部分即中断处理程序。在 Linux 环境下,系统并不是直接从中断向量表中调用设备驱动程序的中断处理程序,而是接受硬件中断,然后再调用中断处理程序。中断可以产生于任何一个进程运行的过程中。

设备驱动程序和设备间不是一对一的关系,一个设备驱动程序一般支持属于同一类型的若干个设备,为了能在系统调用中断处理程序时,正确地区分属于同一类型的不同若干设备,需要通过多个参数标识服务的设备。

Linux 设备驱动程序可以静态加载内核二进制代码,统一编译后执行,但是为了节省内存空间,一般会根据设备的具体要求通过动态加载模块的方式动态加载设备驱动程序。

8.1.1 Linux 设备驱动程序分类

1. 字符设备

字符设备是指在 I/O 传输过程中以字符为单位进行传输的设备,字符设备驱动程序通常实现 open、close、read 和 write 等系统调用函数,常见的字符设备有键盘、串口、控制台等。通过文件系统节点可以访问字符设备,如/dev/tty1 和/dev/lp1。字符设备和普通文件系统之间唯一的区别是普通文件允许往复读/写,而大多数字符设备驱动仅是数据通道,只能顺序读/写。此外,字符设备驱动程序不需要缓冲且不以固定大小进行操作,它与用户进程之间直接相互传输数据。

2. 块设备

所谓块设备是指对其信息的存取以"块"为单位，如常见的光盘、硬磁盘、软磁盘、磁带等，块长大小通常取 512 B、1024 B 或 4096 B 等。块设备和字符设备一样可以通过文件系统节点来访问。在大多数 Linux 系统中，只能将块设备看作多个块进行访问，一个块设备通常包含 1024 B 数据。块设备的特点是对设备的读/写是以块为单位的，并且对设备的访问是随机的。为了使高速的 CPU 与低速块设备能够匹配速度工作，提高读/写效率，操作系统设计了缓冲机制。当进行读/写时，首先对缓冲区读/写，只有当缓冲区中不需要读数据或数据没有空间写时，才真正启动设备控制器去控制设备本身进行数据交换，而对于设备本身的数据交换同样运用缓冲区机制。

Linux 允许像字符设备那样读取块设备，即允许一次传输任意数目的字节。块设备和字符设备的区别主要在于内核内部的管理上，其中应用程序对于字符设备的每个 I/O 操作都会直接传递给系统内核对应的驱动程序，而应用程序对于块设备的操作要经过系统的缓冲区管理间接地传递给驱动程序处理。

3. 网络设备

网络设备驱动在 Linux 系统中是比较特殊的一类设备，它不像字符设备和块设备通常实现读/写等操作，而是通过套接字(Socket)等接口来实现操作。任何网络事务处理都可以通过接口来完成与其他宿主机数据的交换。通常，接口是一个硬件设备，但也可以像回路(Loopback)接口一样是软件工具。网络接口是由内核网络子系统驱动的，它负责发送和接收数据包，而且无须了解每次事务是如何映射到实际被发送的数据包的。尽管 Telnet 和 FTP 连接都是面向流的，它们使用同样的设备进行传输，但设备无视任何流，仅发现数据包。由于不是面向流的设备，所以网络接口不能像/dev/tty1 那样简单地映射到文件系统的节点上。Linux 调用这些接口的方式是给它们分配一个独立的名字(如 eth0)，这样的名字在文件系统中并没有对应项。内核与网络设备驱动程序之间的通信和字符设备驱动程序、块设备驱动程序与内核的通信是完全不同的。

8.1.2　驱动程序的处理过程

这里以块设备为例说明驱动程序的处理过程。

如果逻辑 I/O 层请求读取块设备的第 j 块，假设请求到来时，驱动程序处于空闲状态，那么驱动程序立刻执行该请求，由于外设速度比 CPU 要慢很多，因此进程会在该数据块缓存上阻塞，并调度新的进程运行；但是如果驱动程序正在同时处理另一个请求，那么就将该请求挂在一个请求队列中，对应的请求进程也阻塞于所请求的数据块。

当完成一个请求的处理时，设备控制器向系统发出一个中断信号。结束中断的处理方法是将设备控制器和通道的控制块均置为空闲状态，然后查看请求队列是否为空。如果为空则驱动程序返回，反之则继续处理下一个请求。如果传输错误，则向系统报告错误或者进行相应进程重复执行处理。对于故障中断，则向系统报告故障，由系统进一步处理。

该工作过程涉及驱动程序工作中的几个重要的概念，下面分别介绍。

1. 内存与 I/O 端口

内存与 I/O 端口是 Linux 设备驱动开发经常用到的两个概念，在大多数情况下，编写驱动程序的本质都是对内存和 I/O 端口的操作。

1）内存

运行 32 位的 Linux 内核平台需要提供对 MMU 的支持，并且 Linux 内核提供了复杂的存储管理系统，使得进程能够访问的内存达到 4 GB。这 4 GB 空间分为用户空间和内核空间两个部分。用户空间的地址分布从 0 到 3 GB，3 GB 到 4 GB 空间为内核空间。编写 Linux 驱动程序必须知道如何在内核中申请内存，内核中常用的内存分配和释放函数是 kmalloc()和 kfree()，这两个函数非常类似于标准 C 库中的 malloc()和 free()。这两个函数原型如下。

```
void    *kmalloc(size_t size,int flags)
void   kfree(void *obj)
```

上述两个函数被声明在内核源代码 include/linux/slab.h 文件中，设备驱动程序作为内核的一部分，不能使用虚拟内存，必须利用内核提供的 kmalloc()与 kfree()来申请和释放内核存储空间。kmalloc()有两个参数，第一个参数 size 表示要申请的内存大小，第二个参数 flags 表示内存的类型。

以上内存分配函数都是针对实际的物理内存而言的，但在 Linux 系统中经常会使用虚拟内存的技术，虚拟内存可被视为系统在硬盘上建立的缓冲区，它并不是真正的实际内存，是计算机使用的临时存储器，用来运行所需内存大于计算机具有的内存的程序。虚拟内存必然涉及 Linux 的各种类型的地址，Linux 通常有以下几种地址类型。

➢ 用户虚拟地址

这类地址是用户空间编程的常规地址，该地址通常是 32 位或 64 位的，它依赖于使用的硬件体系结构，并且每个进程有其自己的用户空间。

➢ 物理地址

这类地址是用在处理器和系统内存之间的地址，该地址通常是 32 位或 64 位的，在有些情况下，32 位系统可以使用更大的物理地址。

➢ 总线地址

这类地址用在外围总线和内存之间，通常它们与被 CPU 使用的物理地址一样。一些系统结构可以提供一个 I/O 内存管理单元，它可以在总线和主存之间重新映射地址。总线地址与体系结构是密不可分的。

➢ 内核逻辑地址

该类地址是由普通的内核地址空间组成的，这些地址映射一部分或全部主存，并且经常被如同物理地址一样对待。在许多体系结构下，逻辑地址和物理地址之间只差一个恒定的偏移量。逻辑地址通常存储一些变量类型，如 long、int、void 等。利用 kmalloc()可以申请返回一个内核逻辑地址。

➢ 内核虚拟地址

从内核空间地址映射到物理地址时，内核虚拟地址与内核逻辑地址类似。内核虚拟地址并不一定是线性的、一对一地映射到物理地址。所有的逻辑地址都是内核虚拟地址，但是许多内核虚拟地址却不是逻辑地址。内核虚拟地址通常存储在指针变量中。

虚拟内存分配函数通常是 vmalloc()（也有 vmalloc_32 和__vmalloc），它分配虚拟地址空间的连续区域。尽管这段区域在物理上可能是不连续的，内核却认为它们在地址上是连续的。分配的内存空间被映射进入内核数据段中，对用户空间是不可见的，这一点与其他分配技术不同。

2）I/O 端口

在 Linux 下，操作系统没有对 I/O 端口屏蔽，任何驱动程序都可以对任意的 I/O 端口操作，这样很容易引起混乱。每个驱动程序都应该避免误用端口。I/O 端口有点类似内存位置，可以用访问内存芯片相同的电信号对它进行读/写，但这两者实际上并不一样，端口操作是直接对外设进行的，与内存相比灵活性更差，而且有不同的端口（如 8 位、16 位、32 位端口）存在，不能相互混淆使用。

根据 CPU 系统结构的不同，CPU 对 I/O 端口的编址方式通常有两种：第一种是 I/O 映射方式，如 x86 处理器为外设专门实现了一个单独的地址空间，称之为 I/O 地址空间，CPU 通过专门的 I/O 指令来访问这一空间的地址单元；第二种是内存映射方式，RSIC 指令系统的 CPU（如 ARM、Power PC、RISC-V 等）通常只实现一个物理地址空间，外设 I/O 端口和内存统一编址，此时 CPU 访问 I/O 端口就像访问一个内存单元，不需要单独的 I/O 指令。这两种方式在硬件实现上的差异对软件来说是完全可见的。

I/O 端口的主要作用是控制硬件，也就是对 I/O 端口进行具体操作。内核中对 I/O 端口进行操作的函数定义在与体系结构相关的 asm/io.h 文件中。Linux 将 I/O 映射方式和内存映射方式统称为"I/O 区域"，当位于 I/O 空间时，一般被称为 I/O 端口（对应于资源 IORESOURCE_IO）；当位于内存空间时，被定义为 I/O 内存（对应于资源 IORESOURCE_MEM）。

2. 并发控制

在驱动程序中，多个进程同时访问相同的资源时可能会出现竞态（Race Condition），即竞争资源状态，因此必须对共享资料进行并发控制。Linux 内核中解决并发控制最常用的方法是自旋锁（Spinlocks）和信号量（Semaphores）。

1）自旋锁

自旋锁是保护数据并发访问的一种重要方法，在 Linux 内核及驱动编写中经常被使用。自旋锁的名字来自它的特性，在试图加锁的时候，如果当前锁已经处于"锁定"状态，加锁进程就进行"自旋"，用一个死循环测试锁的状态，直到成功地取得锁。自旋锁的这种特性避免了调用进程的挂起，用"自旋"来取代进程切换。而由于上下文切换需要一定时间，并且会使高速缓冲失效，对系统的性能影响很大，所以自旋锁在多处理器环境中非常方便。值得注意的是，自旋锁保护的"临界代码"一般都比较短，这是为了避免浪费过多的 CPU 资源。自旋锁是一个互斥现象的设备，它只能是 locked（锁定）或 unlocked（解锁）这两个值，它通常作为一个整型值的单位来实现。在任何时刻，自旋锁只能有一个保持者，也就是说在同一时刻只能有一个进程获得锁。

自旋锁主要有以下几个实现函数。

- spin_lock(spinlock_t * lock)函数用于获得自旋锁，如果能够立即获得锁就马上返回，否则将自旋直到该自旋锁的保持者释放，这时它获得锁并返回。
- spin_lock_irqsave(spinlock_t * lock, unsigned long flags)函数获得自旋锁的同时，把本地中断状态保存到变量 flags 中并关闭本地中断。
- spin_lock_irq(spinlock_t * lock)函数类似于 spin_lock_irqsave 函数，差别是该函数不保存本地中断状态，禁止本地中断并获取指定的锁。

自旋锁主要有以下几个释放函数。

- spin_unlock(spinlock_t * lock)函数释放自旋锁，它与 spin_lock 函数配对使用。
- spin_unlock_irqrestore(spinlock_t * lock, unsigned long flags)函数释放自旋锁的同时恢复本地中断状态为变量 flags 保存的值，它与 spin_lock_irqsave 函数配对使用。
- spin_unlock_irq(spinlock_t * lock)函数释放自旋锁，同时激活本地中断，它与 spin_lock_irq 函数配对使用。

2) 信号量

信号量是一个结合一对函数的整型值，这对函数通常称为 P 操作和 V 操作。一个进程希望进入一个临界区域将在相应的信号量上调用 P 操作，如果这个信号量的值大于 0，这个值将被减 1，同时该进程继续进行；相反，如果这个信号量的值小于或等于 0，则该进程将等待别的进程释放该信号量，然后才能执行。解锁一个信号量通过调用 V 操作来完成，这个函数的作用正好与 P 操作相反，调用 V 操作时，信号量的值将加 1，如果需要，同时唤醒那些等待的进程。当信号量用于互斥现象(多个进程同时运行一个相同的临界区域)时，此信号量的值被初始化为 1。信号量只能在同一个时刻被一个进程或线程拥有，信号量使用在这种模式下通常被称为互斥体(Mutex)。几乎所有的信号量在 Linux 内核中都是用于互斥现象的。实现信号量和互斥体的相关函数如下所示。

- sema_init(struct semaphore * sem, int val)函数用来初始化一个信号量。其中第一个参数 sem 为指向信号量的指针，val 为赋给该信号量的初始值。
- DECLARE_MUTEX(name)宏声明一个信号量 name 并初始化它的值为 1，即声明一个互斥锁。
- DECLARE_MUTEX_LOCKED(name)宏声明一个互斥锁 name，但把它的初始值设置为 0，即锁在创建时就处在已锁状态。因此对于这种锁，一般是先释放后获得。
- init_MUTEX(struct semaphore * sem)函数被用在运行时初始化(如在动态分配互斥体的情况下)，其作用类似 DECLARE_MUTEX。
- init_MUTEX_LOCKED(struct semaphore * sem)用于初始化一个互斥锁，但它把信号量 sem 的值设置为 0，即一开始就处于已锁状态。

- down(struct semaphore * sem)函数用于获得信号量 sem，它会导致睡眠，因此不能在中断上下文(包括 IRQ 上下文和软中断上下文)使用该函数。该函数把 sem 的值减 1。如果信号量非负，就直接返回；否则调用者将被挂起，直到别的任务释放该信号量才能继续运行。
- up(struct semaphore * sem)函数释放信号量 sem，也就是把 sem 的值加 1。如果 sem 的值为非正数，表明有任务等待该信号量，因此唤醒这些等待任务。

自旋锁和信号量有很多相似之处但又有些本质的不同。其相似之处主要有：首先，它们对互斥来说都是非常有用的工具；其次，在任何时刻最多只能有一个线程获得自旋锁或信号量。不同之处主要有：首先，自旋锁可在不能睡眠的代码中使用，如在中断服务程序(Interrupt Service Routines，ISR)中使用，而信号量不可以；其次，自旋锁和信号量的实现机制不一样；最后，通常自旋锁被用在多处理器系统。总体而言，自旋锁通常适合保持时间非常短的情况，它可以在任何上下文中使用；而信号量用于保持时间较长的情况，只能在进程上下文中使用。

3. 阻塞与非阻塞

在驱动程序的处理过程中提到了阻塞的概念，这里进行说明。阻塞(Blocking)和非阻塞(Nonblocking)是设备访问的两种不同模式，前者在 I/O 操作暂时不可进行时让进程睡眠，而后者在 I/O 操作暂时不可进行时并不挂起进程，它放弃或者不停地查询，处于忙等状态，直到可以进行操作为止。

1) 阻塞与非阻塞操作

阻塞操作是指在执行设备操作时，若不能获得资源则挂起进程，直到满足可操作的条件再进行操作。挂起的进程进入睡眠被状态，从调度器的运行队列中被移走，直到等待条件被满足。非阻塞操作是在不能进行设备操作时并不挂起，它会立即返回，使得应用程序可以快速查询状态。在处理非阻塞型文件时，应用程序在调用 stdio()函数时必须小心，因为很容易把一个非阻塞操作返回值误认为是文件结束符(EOF)，所以必须始终检查错误类型。在内核中定义了一个非阻塞标志的宏，即 O_NONBLOCK，通常只有读、写和打开文件操作受非阻塞标志影响。在 Linux 驱动程序中，可以使用等待队列来实现阻塞操作。等待队列以队列为基础数据结构，与进程调度机制紧密结合，能够实现重要的异步通知。

2) 异步通知

异步通知是指一旦设备准备就绪，则该设备会主动通知应用程序，这样应用程序就不需要不断地查询设备状态，通常把异步通知称为信号驱动的异步 I/O(SIGIO)，这有点类似于硬件上的中断。

使用非阻塞 I/O 的应用程序也经常使用 poll()、select()和 epoll()系统调用，这 3 个函数的功能是一样的，即都允许进程决定是否可以对一个或多个打开的文件做非阻塞的读取和写入。这些调用会阻塞进程，直到给定的文件描述符集合中的任何一个可读取或写入。poll()、select()和 epoll()用于查询设备的状态，以便用户程序能对设备进行非阻塞的访问，它们都需要设备驱动程序中的 poll()函数支持。驱动程序中的 poll()函数中最主要的一个

API 是 poll_wait(),其原型如下所示。

```
poll_wait(struct file * filp,wait_queue_head_t * wait_address,poll_table * p)
```

参数说明如下：filp 是文件指针，wait_address 是睡眠队列的头指针地址，p 是指定的等待队列。该函数并不阻塞，而是把当前任务添加到指定的一个等待列表中。真正的阻塞动作是在 select/poll 函数中完成的。该函数的作用是把当前进程添加到 p 参数指定的等待列表(poll_table)中。

4. 中断处理程序

在驱动程序设计中最重要的概念就是中断。I/O 设备为低速设备，处理器为高速设备，为了提高处理器的利用率，实现处理器与 I/O 设备并行执行，必须有中断的支持。所谓中断是指处理器对 I/O 设备发来的中断信号的一种响应。Linux 处理中断的方式在很大程度上与它在用户空间处理信号时一样，通常一个驱动程序只需要为它自己设备的中断注册一个处理例程，并且在中断到达时进行正确的处理。

Linux 将中断分为两个部分：上半部分(Top Half)和下半部分(Bottom Half)。上半部分的功能是注册中断，当一个中断发生时，它进行相应的硬件读/写后就把中断处理函数的下半部分挂到该设备的下半部分执行队列中。因此上半部分的执行速度很快，可以服务更多的中断请求。但仅有中断注册是不够的，因为中断事件可能很复杂，因此引出了中断下半部分，用来完成中断事件的绝大多数任务。上半部分和下半部分最大的不同是下半部分是可中断的，而上半部分是不可中断的，会被内核立即执行，下半部分完成了中断处理程序的大部分工作，所以通常比较耗时，因此下半部分由系统自行安排运行，不在中断服务上下文执行。在响应中断时，并不存在严格明确的规定要求任务应该在哪个部分完成，驱动程序设计者应该根据经验尽可能减少上半部分执行时间以达到设计性能的最优化。

从 Linux 2.3 版本开始，为实现下半部分的机制主要引入了 tasklet()和软中断。软中断是一组静态定义的下半部分接口，可在所有处理器上同时执行——这就要求软中断执行的函数必须可重复或重新载入。当软中断在访问临界区时需要用到同步机制，如自旋锁。软中断主要针对时间严格要求的下半部分使用，如网络和小型计算机系统接口(Small Computer System Interface，SCSI)。tasklet 是基于软中断实现的，比软中断接口简单，同步要求较低，大多数情况下都可以使用 tasklet。tasklet 是一种在软件中断上下文的环境下被调用运行的特殊机制，这种机制是在系统决定的安全时刻发生的。tasklet 可以被多次调用运行，但是 tasklet 的函数调用并不会积累，也就是说只会运行一次。下面是 tasklet 的定义。

```
struct tasklet_struct
{
    struct tasklet_struct * next;                    //指向下一个 tasklet
    unsigned long state;                             //tasklet 的状态
    atomic_t count;                                  //计数,1 表示禁止
    bool use_callback;
    union {
```

```
        void ( * func)(unsigned long data);                    //处理函数指针
        void ( * callback)(struct tasklet_struct * t);
    };
    unsigned long data;                                        //处理函数参数
};
```

在 interrupt.h 中可以看到 tasklet 的数据结构,其状态定义了两个位的含义。

```
enum
{
    TASKLET_STATE_SCHED,                    /* 已被调度,准备运行 */
    TASKLET_STATE_RUN                       /*  正在运行 */
};
```

一些设备可以在很短时间内产生多次中断,所以在下半部分被执行前会有多次中断发生,驱动程序必须正确处理这种情况,通常可以利用 tasklet()记录从上次被调用产生多少次中断,从而让系统知道还有多少工作需要完成。

在 Linux 2.5 版本中引入工作队列(Work Queue)接口,其取代了任务队列接口。工作队列与 tasklet 的主要区别在于 tasklet 在软中断上下文中运行,代码必须具有原子性,工作队列函数在一个内核线程上下文中运行,并且可以在延迟一段时间后才执行,因而具有更多的灵活性,并且工作队列可以使用信号量等函数。另外,工作队列的中断服务程序和 tasklet 非常类似,唯一不同就是它调用 schedule_work()来调度下半部分处理,而 tasklet 使用 tasklet_schedule()函数来调度下半部分处理。

驱动程序在使用工作队列时的主要步骤如下:

(1) 当驱动程序不使用默认的工作队列时,驱动程序可以创建一个新的工作队列;

(2) 当驱动程序需要延迟时,根据需要静态或者动态创建工作队列;

(3) 将创建的工作队列任务插入原有的工作队列。

在 Linux 2.6.36 版本后,为了更优化工作队列、提高 CPU 工作效率,内核开发者决定将所有的工作队列合并成一个全局的队列,仅仅按照工作重要性和时间紧迫性等做简单的区分,每一类这样的工作仅拥有一个工作队列,而不管具体的工作。也就是说,新的内核不按照具体工作创建队列,而是按照 CPU 创建队列,然后在每个 CPU 的唯一队列中按照工作的性质做一个简单的区分,这个区分将影响工作被执行的顺序。新内核中的所有工作被排到 global_cwq 的每个 CPU 的队列中,开发人员仍然可以调用 create_workqueue 创建很多具体的工作队列,然而这样创建的所谓工作队列除了其参数中的 flag 起作用之外,对排队中的具体工作没有任何约束性,所有的工作都排到了一个 CPU 队列中,然后原则上按照排队的顺序进行执行,其间根据排队 workqueue 的 flag 进行微调。新工作队列的 queue 核心代码被定义在 workqueue.c 文件中。在 Linux 内核 5.15 版本中,新工作队列的 queue 核心代码如下所示。

```
static void insert_work(struct pool_workqueue * pwq, struct work_struct * work,
            struct list_head * head, unsigned int extra_flags)
{
```

```
    struct worker_pool * pool = pwq->pool;
    /* 记录工作队列调用堆栈情况,以便在 KASAN 报告中打印 */
    kasan_record_aux_stack(work);
    set_work_pwq(work, pwq, extra_flags);
    list_add_tail(&work->entry, head);
    get_pwq(pwq);
    smp_mb();
    if (__need_more_worker(pool))
        wake_up_worker(pool);
}
```

5. 设备号

用户进程与硬件的交流是通过设备文件进行的,硬件在系统中会被抽象成一个设备文件,访问设备文件就相当于访问其所对应的硬件。每个设备文件都有其文件属性(c/b),表示是字符设备还是块设备。每个设备文件的设备号有两个:第一个是主设备号,标志驱动程序对应一类设备;第二个是从设备号,用来区分使用共用的设备驱动程序的不同硬件设备。

在 Linux 内核中,主从设备被定义为一个 dev_t 类型的 32 位数,其中前 12 位表示主设备号,后 20 位表示从设备号。另外,在 include/linux/kdev.h 中定义了如下的几个宏来操作主从设备号。

```
#define MINORBITS        20
#define MINORMASK        ((1U << MINORBITS) - 1)
#define MAJOR(dev)       ((unsigned int) ((dev) >> MINORBITS))
#define MINOR(dev)       ((unsigned int) ((dev) & MINORMASK))
#define MKDEV(ma,mi)     (((ma) << MINORBITS) | (mi))
```

上述宏分别实现从 32 位 dev_t 类型数据中获得主设备号、获得从设备号及将主设备号和从设备号转换为 dev_t 类型数据的功能。在开发设备驱动程序时,登记申请的主设备号应与设备文件的主设备号以及应用程序中所使用设备的设备号保持一致,否则用户进程将无法访问到驱动程序,无法正常地对设备进行操作。

每个设备驱动都对应着一定类型的硬件设备,并且被赋予一个主设备号。设备驱动的列表和它们的主设备号可以在/proc/devices 中找到。每个设备驱动管理下的物理设备被赋予一个从设备号。无论是否真的安装这些设备,在/dev 目录中都将有一个文件(称作设备文件),对应着每一个具体设备。比如终端设备上具有 3 个串口,主设备号是一致的,因为共用标志的驱动程序,此时就可以用从设备号来区分它们。

6. 创建设备文件节点

要想使用驱动程序,最常见的是使用 mknod 命令在/dev 目录下建立设备文件节点,命令如下。

```
mknod DEVNAME {b | c} MAJOR MINOR
```

其中 DEVNAME 是要创建的设备文件名,如果想将设备文件放在一个特定的目录下,就需要先用 mkdir 在 dev 目录下新建一个目录,b 和 c 分别表示块设备和字符设备。b 表示系统从块设备中读取数据时,直接从内存的 buffer 中读取数据,而不经过磁盘; c 表示字符设备文件与设备传送数据时是以字符的形式传送的,一次传送一个字符,如打印机、终端都是以字符的形式传送数据的。MAJOR 和 MINOR 分别表示主设备号和从设备号。

如果主设备号或者从设备号不正确,虽然在/dev 下可以看到建立的设备,但进行 open()等操作时会返回"no device"等显示。

8.1.3 设备驱动程序框架

由于设备种类繁多,相应的设备驱动程序也非常多。尽管设备驱动程序是内核的一部分,但设备驱动程序的开发往往由很多不同团队的人来完成,如业余编程人员、设备厂商等。为了让设备驱动程序的开发建立在规范的基础上,就必须在驱动程序和内核之间有一个严格定义和管理的接口,从而规范设备驱动程序与内核之间的接口。

Linux 的设备驱动程序可以分为以下几个部分。

(1) 驱动程序与内核的接口,这是通过关键数据结构 file_operations 来完成的。

(2) 驱动程序与系统引导的接口,这部分利用驱动程序对设备进行初始化。

(3) 驱动程序与设备的接口,这部分描述了驱动程序如何与设备进行交互,这与具体设备密切相关。

根据功能划分,设备驱动程序代码通常可分为以下几部分。

(1) 驱动程序的注册与注销。

设备驱动程序的初始化可以在系统启动时完成,也可以根据需要进行动态的加载。无论是哪种方式,字符设备和块设备的初始化都由相应的 init 函数完成总线初始化、寄存器初始化等操作。对于字符设备或者块设备,关键的一步是要向内核注册该设备,Linux 操作系统专门提供了相应的功能函数,如字符设备注册函数 register_chrdev()、块设备注册函数 register_blkdev()。注册函数传递给操作系统的第一个参数就是设备的主设备号,另外还有设备的操作结构体 file_operations。在设备关闭时,要在内核中注销该设备,操作系统相应地提供了注销设备的函数 unregister_chrdev()、unregister_blkdev(),并释放设备号。下面进一步介绍字符设备和块设备的注册与注销。

在 Linux 系统中,字符设备是最简单的一类设备。在内核中使用一个数组 chrdevs[]保存所有字符设备驱动程序的信息。

```
static struct char_device_struct {
    struct char_device_struct * next;
    unsigned int major;
    unsigned int baseminor;
    int minorct;
    char name[64];
    struct cdev * cdev;
} * chrdevs[CHRDEV_MAJOR_HASH_SIZE];
```

这个数组的每一个成员都代表一个字符设备驱动程序。字符设备驱动程序的注册其实就是将字符设备驱动程序插入该数组中。Linux 通过字符设备注册函数 register_chrdev()

来完成注册功能,其原型如下。

```
int __register_chrdev(unsigned int major, unsigned int baseminor,
                unsigned int count, const char * name,
                const struct file_operations * fops)
```

其中,major 是设备驱动程序向操作系统申请的主设备号。当 major=0 时,系统为该字符设备驱动程序动态分配一个空闲的主设备号。baseminor 是待分配的从设备号的起点,count 为待分配的从设备号的数量,name 是设备名称,fops 是指向设备操作函数结构 file_operations 的指针。

Register_chrdev()函数有如下返回值。

- -0。表示注册成功。
- -EINVAL。表示所申请的主设备号非法。
- -EBUSY。表示所申请的主设备号正在被其他驱动程序使用。
- 正数。当分配主设备号成功,则返回主设备号。

Linux 通过字符设备注销函数 unregister_chrdev 来完成注销功能,其原型如下。

```
void __unregister_chrdev(unsigned int major, unsigned int baseminor,
                unsigned int count, const char * name)
```

块设备比字符设备复杂,但是块设备驱动程序也需要一个主设备号来标志。块设备驱动程序的注册是通过 register_blkdev()函数实现的,其原型如下。

```
int __register_blkdev(unsigned int major, const char * name)
```

其中 major 表示主设备号,name 表示设备名。函数调用成功则返回 0,否则返回负值。如果指定主设备号为 0,则该函数将分配的设备号作为返回值。如果返回 1 个负值,表明发生了一个错误。

与字符设备驱动程序的注册不同的是,对块设备操作时还要用到一个名为 gendisk 的结构体。该结构体表示一个独立的磁盘,因此还需要使用 gendisk 向内核注册磁盘。分配 gendisk 结构后,驱动程序调用 add_disk()函数将自己的 gendisk 添加到系统的设备列表中。此时磁盘设备被激活,可以使用相关函数实现磁盘操作。

块设备的注销函数为 unregister_blkdev(),其原型如下。

```
int __unregister_blkdev(unsigned int major, const char * name)
```

register_blkdev 函数在 Linux 2.6 版本中是可选的,功能越来越少,但是目前的大多数驱动程序仍然都调用了这个函数。

这里最后要特别说明的是,读者在阅读 Linux 2.6 内核或者更高版本内核的驱动源代码时,可能会发现源码中有很多不属于上述描述的功能函数或者其他定义方法,这主要是因为在内核中仍然提供了以前版本的传统的函数、数据结构和方法等。

(2) 设备的打开与释放。

打开设备是由调用定义在 include/linux/fs.h 中的 file_operations 结构体中的 open()函数完成的。open()函数主要完成以下工作。

➢ 增加设备的使用计数。

➢ 检测设备是否异常,及时发现设备相关错误,防止设备有未知硬件问题。

➢ 若是首次打开,首先完成设备初始化。

➢ 读取设备从设备号。

open()函数原型如下。

```
int ( * open) (struct inode * , struct file * )
```

inode 表示内核内部文件,当其指向一个字符设备时,其中的 i_cdev 成员包含指向 cdev 结构的指针。file 表示打开的文件描述符,对一个文件,若打开多次,则会有多个 file 结构,但只有一个 inode 与之对应。这常常是对设备文件进行的第一个操作,不要求驱动实现一个对应的方法。如果这个项是 NULL,设备打开一直成功,但是驱动程序不会得到通知。与 open()函数对应的是 release()函数。

释放设备由 release()函数完成,包括以下工作。

➢ 释放打开设备时系统为之分配的内存。

➢ 释放所占用的资源,并进行检测,关闭设备,并递减设备使用计数。

release()函数原型如下。

```
int ( * release) (struct inode * , struct file * )
```

当最后一个打开设备的用户进程执行 close()系统调用时,内核将调用驱动程序 release()函数。release 函数的主要任务是清理未结束的输入输出操作、释放资源、用户自定义复位(该复位按照排他标志工作)等。

(3) 设备的读/写操作。

字符设备的读/写比较简单,字符设备对数据的读/写操作是由各自的 read()函数和 write()函数完成的。与对字符设备数据读/写方式有些不同的是,对块设备的读/写操作由文件 block_devices. C 中定义的函数 blk_read()和 blk_write()完成。真正需要读/写时由每个设备的 request()函数根据其参数 cmd 与块设备进行数据交换。blk_read()和 blk_write()这两个通用函数向请求表中添加读/写请求,块设备对内存缓冲区进行操作而非对设备进行操作,所以读/写请求可以加快。

(4) 设备的控制操作。

在嵌入式设备驱动开发过程中,仅靠读/写操作函数完成设备控制比较烦琐,为了能更方便地控制设备,需要专门的控制函数,ioctl()函数就是驱动程序提供的控制函数。该函数的使用与具体设备密切相关。在 Linux 2. 6. 35 版本以后,Linux 系统已经完全删除了 struct file_operations 中的 ioctl()函数指针,取而代之的是 unlocked_ioctl,主要改进是不再需要上大内核锁 (调用之前不再先调用 lock_kernel()然后再调用 unlock_kernel())。

unlocked_ioctl()函数的原型如下。

```
long ( * unlocked_ioctl) (struct file * , unsigned int, unsigned long)
```

除了 unlocked_ioctl 函数之外,Linux 系统中还有其他的控制函数,如定位设备函数

llseek()等。llseek()函数原型为 loff_t（* llseek）（struct file * filp,loff_t p,int offset），指针参数 filp 为进行读取信息的目标文件结构体指针，参数 p 为文件定位的目标偏移量，参数 offset 为对文件定位的起始地址，该地址可以位于文件开头、当前位置或者文件末尾。llseek 函数可以改变文件中的当前读/写位置，并且将新位置作为返回值。

（5）设备的轮询和中断处理。

对于支持中断的设备，可以按照正常的中断方式进行。但是对于不支持中断的设备，过程就相对烦琐，在确定是否继续进行数据传输时都需要轮询设备的状态。

8.1.4 驱动程序的加载

通常 Linux 驱动程序可通过两种方式进行加载：一种是将驱动程序编译成模块形式进行动态加载，常用命令有加载（insmod）、卸载（rmmod）等；另一种是静态编译，即将驱动程序直接编辑放进内核。动态加载模块设计使 Linux 内核功能更容易扩展。而静态编译方法对于在要求硬件只是完成比较特定、专一的功能的嵌入式系统中，具有更高的效率。

这里以网卡 DM9000 为例说明驱动程序的加载过程。

动态模块加载流程如图 8-2 所示。通过动态模块加载命令 insmod 加载网络设备驱动程序。然后调用入口函数 init_module()进行模式初始化，接着调用 register_netdev()函数注册网络设备。如果网络设备注册成功，则调用 init 函数指针所指向的初始化函数 dm9000_init 对网络设备进行初始化，并将该网络设备的 net_device 数据结构插入 dev_base 链表的末尾。当初始化函数运行结束后，调用 open 函数将网络设备打开，按需求对数据包进行发送与接收。当需要卸载网络模块时，调用 close 函数关闭网络设备，然后通过模块卸载命令 rmmod 调用网卡驱动程序中的 cleanup_module()模块卸载函数卸载该动态网络模块。

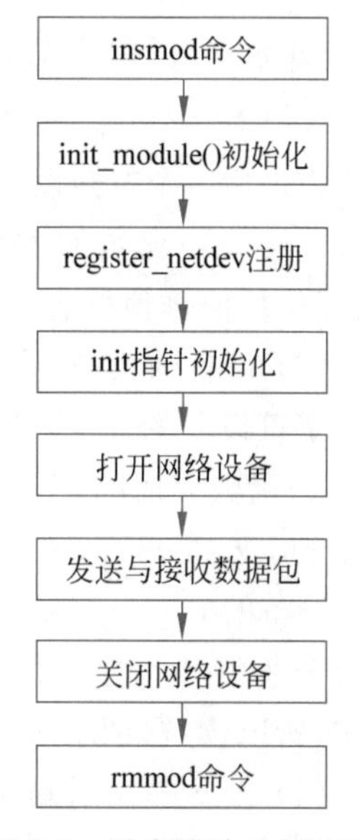

图 8-2 动态模块加载流程

这里对图中的两个步骤进行说明。

（1）init_module。

init_module 为网络模块初始化函数，当动态加载模网络模块时，网卡驱动程序会自动调用该函数。在此函数中将会处理下面的内容。

- 处理用户传入的参数设备名字 name、端口 ports 及中断号 irq 的值。若这些值存在，则赋值给相应的变量。
- 赋值 dev-> init 函数指针，函数 register_netdev 中将要调用 dev-> init 函数指针。
- 调用 register_netdev 函数，检测物理网络设备、初始化 DM9000 网卡的相关数据和对网络设备进行登记等。

(2) register_netdev。

register_netdev 函数用来实现对网络设备接口的注册。

8.2　内核设备模型

随着计算机的周边外设越来越丰富，设备管理已经成为现代操作系统的一项重要任务，这对于 Linux 来说也是同样的情况。每次 Linux 内核新版本的发布，都会伴随着一批设备驱动进入内核。在 Linux 内核中，驱动程序的代码比例已经非常高，几乎占据了整个内核代码空间的 2/3。

从 Linux 2.6 版本内核开始，最初为了应对电源管理的需要，研究人员提出了一个设备模型来管理所有的设备。从设备物理特性上看，外设之间是有一种层次关系的，因此，需要一个能够描述这种层次关系的结构将外设进行有效组织，这就是最初建立 Linux 设备模型的目的。树状结构是最经典和常见的数据结构。

实际上，从 Linux 2.5 开始，一个明确的开发目标就是为内核构建一个统一的设备模型。在此之前的内核版本没有一个数据结构能够反映如何获取系统组织的信息，尽管没有这些信息，系统有时也能工作得很好。因此新的系统体系在更复杂的拓扑结构下，就要求所支持的特性更清晰，这样就需要一个通用的抽象结构来描述系统结构。为适应这种形势的需要，从 Linux 2.6 内核开始开发了全新的设备、总线、类和设备驱动这几个设备模型组件环环相扣的设备模型。除此之外，Linux 内核设备模型带来的好处十分多。首先，Linux 设备模型是一个具有清晰结构的组织所有设备和驱动的树状结构，用户可以通过这棵树去遍历所有的设备，建立设备和驱动程序之间的联系；其次，Linux 驱动模型把很多设备共有的一些操作抽象出来，大大减少重复开发的可能；再次，Linux 设备模型提供了一些辅助的机制，如引用计数，让开发者可以安全高效地开发驱动程序。同时，Linux 设备模型还提供了一个非常有用的虚拟的基于内存的文件系统 sysfs。sysfs 解释了内核数据结构的输出、属性以及它们之间和用户空间的连接关系。

8.2.1　设备模型功能

从 Linux 2.6 版本内核开始，设备模型为设备驱动程序管理、描述设备抽象数据结构之间关系等提供了一个有效的手段，其主要有以下功能。

1) 电源管理和系统关机

该模型保证系统硬件设备按照一定顺序改变状态，如连接到 USB 适配器上的设备在断开之前，不能关闭该适配器。

2) 与用户空间通信

虚拟文件系统 sysfs 是与设备模型紧密联系的，系统用它来表示设备结构并提供给用户空间，根据它提供的系统信息来操纵管理相应设备，从而为系统控制提供便利。

3）热插拔(Hotplug)设备管理

计算机用户对计算机设备的灵活性需求越来越高,外围设备随时可能会插入或拔出,Linux 内核通过设备模型来管理内核的热插拔机制,处理设备插入或拔出时内核与用户空间的通信。

4）设备类型管理

系统通常并不关心设备是如何连接的,却需要知道目的系统中哪种设备可用。设备模型提供了一种为设备分类的机制,使得在用户空间就能发现该设备是否可用。

5）对象生命周期处理

前面提到的热插拔、sysfs 等使得在内核中创建或操纵对象变得复杂。设备模型的实现就为系统提供了一套机制来处理对象的生命期、对象彼此关系及其在用户空间的表示等。

8.2.2 sysfs 概述

sysfs 为用户提供了一个从用户空间去访问内核设备的方法,它在 Linux 里的路径是 /sys。这个目录并不是存储在硬盘上的真实的文件系统,只有在系统启动之后才会建起来。

可以使用 tree/sys 命令显示 sysfs 的结构。由于信息量较大,这里只列出第一层目录结构：

```
/sys
|-- block
|-- bus
|-- class
|-- dev
|-- devices
|-- firmware
|-- fs
|-- kernel
|-- module
'-- power
```

在这个目录结构中,很容易看出这些子目录的功能。

block 目录从块设备的角度来组织设备,其下的每个子目录分别对应系统中的一个块设备,值得注意的是,sys/block 目录从 Linux 2.6.26 内核已经正式转移到 sys/class/block 中。sys/block 目录虽然为了向后兼容保持存在,但是其中的内容已经变为指向它们在 sys/devices/中真实设备的符号链接文件。

bus 目录从系统总线这个角度来组织设备,内核设备按照总线类型分层放置的目录结构,它是构成 Linux 统一设备模型的一部分。

class 目录从类别的角度看待设备,如 PCI 设备或者 USB 设备等,该目录是按照设备功能分类的设备模型,是 Linux 统一设备模型的一部分。

dev 目录下维护一个按照字符设备或者块设备的设备号链接到硬件设备的符号链接,在 Linux 2.6.26 内核首次引入。

devices目录是所有设备的大本营，系统中的任一设备在设备模型中都由一个device对象描述，是sysfs下最重要的目录。该目录结构就是系统中实际的设备拓扑结构。

firmware目录包含一些比较低阶的子系统，是系统加载固件机制的对用户空间的接口。

fs目录里列出的是系统支持的所有文件系统，但是目前只有fuse、gfs2等少数文件系统支持sysfs接口。

kernel目录下包含一些内核的配置选项，如Slab分配器等。

module目录下包含所有内核模块的信息，内核模块实际上与设备之间存在对应联系，通过这个目录可以找到设备。

power目录存放的是系统电源管理的数据，用户可以通过它来查询目前的电源状态，甚至可以直接"命令"系统进入休眠等省电模式。

sysfs是用户和内核设备模型之间的一座"桥梁"，通过这座"桥梁"可以从内核中读取信息，也可以向内核里写入信息。

如果具体到某一类型的设备，Linux下还有一些专用的工具可以使用，如面向外设部件互连标准(Peripheral Component Interconnect，PCI)设备的pciutils、面向USB设备的usbutils以及面向SCSI设备的lsscsi等。对于Linux开发者来说，有时使用这些专用的工具更加方便。

开发者如果要编写程序来访问sysfs，可以像读/写普通文件一样来操作/sys目录下的文件，也可以使用libsysfs。由于libsysfs更新的速度慢，一般不推荐使用。当然，如果只是单纯要访问设备，一般很少会直接操作sysfs，因为sysfs非常烦琐且底层化现象严重，大部分情况下可以使用更加方便的DeviceKit或者libudev。

8.2.3 sysfs的实现机制kobject

在Linux内核中，引入了一种称为"内核对象"(kobject)的设备管理机制，该机制基于一种底层数据结构，通过这个数据结构，可以使所有设备在底层都具有一个公共接口，便于设备或驱动程序的管理和组织。在Linux内核中，kobject由struct kobject表示。通过这个数据结构使所有设备在底层都具有统一的接口，kobject提供基本的对象管理，是构成Linux 2.6设备模型的核心结构。它与sysfs紧密关联，每个在内核中注册的kobject对象都对应于sysfs中的一个目录。从面向对象的角度来说，kobject可以被看作是所有设备对象的基类。由于C语言并没有面向对象的语法，所以一般把kobject内嵌到其他结构体里来实现类似的作用，这里的其他结构体可以看作是kobject的派生类。kobject为Linux设备模型提供了很多有用的功能，如引用计数、接口抽象、父子关系等。

内核里的设备之间是以树状形式组织的，在这种组织架构里比较靠上层的节点可以看作是下层节点的父节点，反映到sysfs里就是上级目录和下级目录之间的关系。在内核里，kobject实现了这种父子关系。

kobject结构定义如下所示。

```
struct kobject {
    const char * name;                      // 指向设备名称的指针
    struct list_head entry;                 // 挂接到所在 kset 中的单元
    struct kobject * parent;                // 指向父对象的指针
    struct kset * kset;                     // 所属 kset 的指针
    struct kobj_type * ktype;               // 指向其对象类型描述符的指针
    struct sysfs_dirent * sd;               //指示在 sysfs 中的目录项
    struct kref kref;                       // 对象的引用计数
    unsigned int state_initialized:1;       //标记:初始化
    unsigned int state_in_sysfs:1;          //标记在 sysfs 中
    unsigned int state_add_uevent_sent:1;
    unsigned int state_remove_uevent_sent:1;
    unsigned int uevent_suppress:1;         //标志:禁止发出 uevent
};
```

结构体中的 kref 域表示该对象的引用计数(引用计数本质上就是利用 kref 实现的),内核通过 kref 实现对象引用计数管理。

C/C++语言本身并不支持垃圾回收机制,当遇到大型项目时,烦琐的内存管理使得开发者很不适应。现代的 C/C++类库一般会提供智能指针来作为内存管理的折中方案,如 STL 的 auto_ptr、Boost 的 Smart_ptr 库、QT 的 QPointer 族,甚至基于 C 语言构建的 GTK+也通过引用计数来实现类似的功能。Linux 内核是如何解决垃圾回收的这个问题呢? 同样作为 C 语言的解决方案,Linux 内核采用的也是引用计数的方式。在 Linux 内核里,引用计数是通过 struct kref 结构来实现的。kref 的定义非常简单,其结构体里只有一个原子变量。

```
struct kref {
    atomic_t refcount;
};
```

Linux 内核定义了下面 3 个函数接口来使用 kref。

```
void kref_init(struct kref * kref);
void kref_get(struct kref * kref);
int kref_put(struct kref * kref, void ( * release) (struct kref * kref));
```

内核提供两个函数 kref_get()、kref_put(),分别用于增加和减少引用计数,当引用计数为 0 时,所有该对象使用的资源将被释放。在使用 kref 前必须通过 kref_init()函数初始化,其原型如下所示。

```
static inline void kref_init(struct kref * kref)
{
atomic_set(&kref -> refcount,1)
}
```

这里通过一段伪代码来了解一下如何使用 kref。

```
struct my_obj
{
    int val;
    struct kref refcnt;
};
```

```
struct my_obj * obj;

void obj_release(struct kref * ref)
{
    struct my_obj * obj = container_of(ref, struct my_obj, refcnt);
    kfree(obj);
}

device_probe()
{
    obj = kmalloc(sizeof( * obj), GFP_KERNEL);
    kref_init(&obj->refcnt);
}

device_disconnect()
{
    kref_put(&obj->refcnt, obj_release);
}

.open()
{
    kref_get(&obj->refcnt);
}
.close()
{
    kref_put(&obj->refcnt, obj_release);
}
```

以上这段伪代码定义了 obj_release 来作为释放设备对象的函数。当引用计数为 0 时，这个函数会被立刻调用来执行真正的释放动作。

Ktype 域是一个指向 kobj_type 结构的指针，表示该对象的类型。Kobj_type 数据结构包含 3 个域：release 方法用于释放 kobject 占用的资源；sysfs_ops 指针指向 sysfs 操作表；sysfs 默认属性列表。sysfs 操作表包括两个函数 store()和 show()。当用户态读取属性时，show()函数被调用，该函数编码指定属性值存入 buffer 中返回给用户态，而 store()函数用于存储用户态传入的属性值。Ktype 里的 attribute 是默认的属性，另外可以使用更加灵活的手段。

Ktype 的定义如下所示。

```
struct kobj_type {
    void ( * release)(struct kobject * kobj);
    const struct sysfs_ops * sysfs_ops;
    struct attribute ** default_attrs;
};
```

另外，Linux 设备模型还有一个重要的数据结构 kset。kset 本身也是一个具有相同类型的 kobject 的集合，所以它在 sysfs 里同样表现为一个目录，但它和 kobject 的不同之处在于 kset 可以被看作一个容器，可以把它类比为 C++ 里的容器类，如 list。kset 之所以能作为容器来使用,是因为其内部内嵌了一个双向链表结构 struct list_head。kobject 通常通过 kset 组织成层次化的结构,kset 是具有相同类型的 kobject 的集合。

kset 的定义如下。

```
struct kset {
    struct list_head list;                          // 用于连接该 kset 中所有 kobject 的链表头
    spinlock_t list_lock;                           //迭代时用的锁
    struct kobject kobj;                            //指向代表该集合基类的对象
    const struct kset_uevent_ops * uevent_ops;      //插拔结构操作的结构体
};
```

8.2.4 设备模型的组织——platform 总线

设备模型的上层描述了总线与设备之间的联系。这个层次通常是在总线级来处理的,对于驱动程序开发者来说,一般不需要添加一个新的总线类型。但是对于想知道一些总线内部是如何工作或者需要在这个层次做更改的用户来说却是很重要的。

总线是处理器与一个或者多个设备之间的通道。在设备模型中,所有设备都是通过总线来连接的,对于某些独立的、物理上没有总线来连接的设备,也是通过一个内部的虚拟“平台”总线来实现的。在 Linux 内核中以 bus_type 结构进行描述,该结构体定义在 include/linux/device.h 中。platform 总线是从 Linux 2.6 内核开始引入的一种虚拟总线,主要用来管理 CPU 的片上资源,具有更好的移植性。目前,大部分驱动是用 platform 总线编写的,除了极少数情况之外,如构建内核最小系统之内的而且能够采用 CPU 存储器总线直接寻址的设备。

platform 总线模型主要包括 platform_device、platform_bus、platform_driver 这 3 个部分,即专属于 platform 模型的设备 device、总线 bus、驱动 driver 这 3 个环节。这里提到的设备是连接在总线上的物理实体,是硬件设备的具体描述,在 Linux 内核中以 struct device 结构进行描述,该结构体定义在 include/linux/device.h 中。具有相同功能的设备被归为一类(Class)。驱动程序是操作设备的软件接口。所有的设备都必须要有配套的驱动程序才能正常工作。反过来说,一个驱动程序可以驱动多个设备。驱动程序通过 include/linux/device.h 中的 struct device_driver 描述。由于内核驱动框架的不断发展,已经提供了一些常用具体设备的具有共性的程序源码,普通用户在开发时直接使用或者进行修改后就可以开发出目标程序,十分便捷。同时实际上在普通开发者进行驱动程序开发时并不直接使用 bus、device 和 driver,而是使用它们的封装函数。本节只关注属于 platform 模型的 bus_type、device 和 driver。

platform 总线模型的 platform_driver 机制将设备的本身资源注册进内核,由内核统一管理,在驱动程序中使用这些资源时通过标准接口进行申请和使用,具有很高的安全性和可靠性。而模型中的 platform_device 是一个具有自我管理功能的子系统。当 platform 总线模型中总线上既有设备又有驱动时,就会进行设备与驱动匹配的过程,总线起到了沟通设备和驱动的“桥梁”作用。

1. platform bus 初始化

platform bus 的初始化是在/drivers/base/platform. c 中的 platform_bus_init()完成的，代码如下所示。

```
int __init platform_bus_init(void)
{
    int error;
    early_platform_cleanup();
    error = device_register(&platform_bus);
    if (error)
        return error;
    error = bus_register(&platform_bus_type);
    if (error)
        device_unregister(&platform_bus);
    return error;
}
```

上述初始化代码调用 device_register 向内核注册（创建）一个名为“platform_bus”的设备。后续 platform 的设备都会以此为父节点设备。在 sysfs 中，表示为所有 platform 类型的设备都会添加在 platform_bus 所代码的目录下/sys/devices/platform。然后这段初始化代码又调用 bus_register 注册了 platform_bus_type，platform_bus_type 的定义如下所示。

```
struct bus_type platform_bus_type = {
    .name       = "platform",
    .dev_attrs  = platform_dev_attrs,
    .match      = platform_match,
    .uevent     = platform_uevent,
    .pm         = &platform_dev_pm_ops,
};
```

要说明的是，在 bus_type 结构中，定义了许多方法，如设备与驱动匹配、hotplug 事件等很多重要的操作。这些方法允许总线核心作为中间介质，在设备核心与单独的驱动程序之间提供服务。对于新的总线，用户必须调用 bus_register()进行注册。如果调用成功，新的总线子系统将被添加到系统中，可以在 sysfs 的/sys/bus 目录下看到它。然后，可以向这个总线添加设备。当有必要从系统中删除一个总线时（如相应的模块被删除），要使用 bus_unregister 函数。

platform_bus_type 结构体中有几个非常重要的方法，如 match 方法。platform_match 的定义如下所示。

```
static int platform_match(struct device * dev, struct device_driver * drv)
{
    struct platform_device * pdev = to_platform_device(dev);
    struct platform_driver * pdrv = to_platform_driver(drv);
    if (pdrv->id_table)
        return platform_match_id(pdrv->id_table, pdev) != NULL;
    return (strcmp(pdev->name, drv->name) == 0);
}
```

在该结构体中可以发现，首先检查 platform_driver 中的 id_table 是否非空，即是否定义了它所支持的 platform_device_id，若支持则返回匹配结果，否则检查驱动名字和设备名字是否匹配。

2. platform device 注册

在最底层，Linux 系统中的每一个设备都是由一个 device 数据结构来代表的，该结构定义在< linux/device. h >中。platform_device 是对 device 的封装。platform 设备通过 struct platform_device 来进行描述。

```
struct platform_device {
    const char * name;     //平台设备的名称
    int id;                //设备的 ID，当 ID = -1 时，表示设备名称只有一个，否则表示设备编号
    struct device dev;
    u32 num_resources;
    struct resource * resource;
    const struct platform_device_id * id_entry;
    struct mfd_cell  * mfd_cell;
    struct pdev_archdata archdata;
};
```

platform_device 包含两个重要的结构体：一个是 struct device，该结构体描述与设备相关的信息设备之间的层次关系以及设备与总线驱动的关系；另一个是 struct resource，其指向驱动该设备需要的资源，因为使用平台设备就是为了管理资源。

向内核注册一个 platform device 对象的情况不同，如针对静态创建的 platform device 对象和动态创建的 platform device 对象等。但是综合看来，基本上注册过程都可以分为两部分：一部分是创建一个 platform device 结构；另一部分是将其注册到指定的总线中。这里最常用的是采用 platform_device_register()函数接口实现注册功能，其原型如下。

```
int platform_device_register(struct platform_device * pdev);
```

platform_device_register()函数首先初始化 struct platform_device 中的 struct device 对象，然后调用 platform_device_add 函数进行资源和 struct device 类型对象的注册。platform_device_add 函数原型如下。

```
int platform_device_add(struct platform_device * pdev)
```

3. platform driver 的注册

为了让驱动程序核心协调驱动程序与新设备之间的关系，设备模型跟踪所有系统已知的设备。当系统发现有新的设备时，系统就从系统已知的设备驱动程序链中为该设备匹配驱动程序。系统中的每个驱动程序由一个 device_driver 对象描述。

platform 设备是一种特殊的设备，它与处理器是通过 CPU 地址数据控制总线或者通用 I/O 端口(General-Purpose Input/Output Ports，GPIO)连接的。platform_driver 既具有一般 device 的共性，也有自身的特殊属性。

platform_driver 的描述如下所示。

```
struct platform_driver {
    int ( * probe)(struct platform_device * );                    //指向设备探测函数
    int ( * remove)(struct platform_device * );                   /指向设备移除函数
    void ( * shutdown)(struct platform_device * );                //指向设备关闭函数
    int ( * suspend)(struct platform_device * , pm_message_t state);  //指向设备挂起函数
    int ( * resume)(struct platform_device * );                   //指向设备恢复函数
    struct device_driver driver;                                  //驱动基类
    const struct platform_device_id * id_table;                   //平台设备 id 列表
};
```

与 platform_device 结构类似，platform_driver 结构通常被包含在高层以及与总线相关的结构中，内核提供类似的函数用于操作 device_driver 对象，如最常见的是使用 platform_driver_register 函数接口将驱动注册到总线上，同时在 sysfs 中创建对应的目录。platform_driver 结构体还包括几个函数，用于处理探测、移除和管理电源事件。

platform_driver_register 函数接口在 drivers/base/platform.c 中的定义如下。

```
int platform_driver_register(struct platform_driver * drv)
{
    drv -> driver.bus = &platform_bus_type;
    if (drv -> probe)
        drv -> driver.probe = platform_drv_probe;
    if (drv -> remove)
        drv -> driver.remove = platform_drv_remove;
    if (drv -> shutdown)
        drv -> driver.shutdown = platform_drv_shutdown;
    return driver_register(&drv -> driver);
}
```

platform driver 的所属总线在上述函数接口中被指定。如果在 struct platform_driver 中指定了各项接口的操作，就会为 struct device_driver 中的相应接口赋值。

8.3 设备树

从 Linux 内核 3.x 版本开始引入设备树(Device Tree)的概念，用于实现驱动代码与设备信息的分离。在设备树出现以前，所有关于设备的具体信息都要写在驱动程序中，一旦外围设备发生变化，驱动程序代码就要重写。而引入了设备树之后，驱动程序代码只负责处理驱动的逻辑，而关于设备的具体信息则存放到设备树文件中，这样，如果只是硬件接口信息发生变化而非驱动逻辑发生变化，驱动程序开发者只需要修改设备树文件信息，不需要改写驱动代码。比如在 RISC-V Linux 内，一个.dts(Device Tree Source)文件对应一个 RISC-V 的设备(Machine)，用于描述硬件信息，包括 CPU 的数量和类别、内存基地址和内存大小、中断控制器、总线和桥、外设、时钟和 GPIO 控制器等。该文件一般放置在内核的"arch/riscv/boot/dts/"目录内。.dts 文件可以通过 make dtbs 命令编译成二进制的.dtb(Device Tree Blob)文件供内核驱动使用。同时，对于内核自带的驱动文件，对应的设备树的文档一般放在 Documentation\devicetree\bindings 目录中，里面有各种架构的说明文档以及各种

协议的说明文档，这些驱动都能在 drivers 目录下找到对应的驱动程序。实际上，设备树与 Platform 总线模型关系十分紧密。在总线设备驱动模型中，平台设备是写在 C 文件中。使用设备树时，平台设备事先并不存在，因而需要在.dts 文件中构造节点，节点里面含有资源。.dts 文件被编译成.dtb 文件，然后传递给内核。内核会解析.dtb 文件，得到一个个 device_node，每个节点对应一个 device_node 结构体，每个 device_node 结构体在 platform 总线模型下转变成一个 platform_device 结构体，该结构体中含有资源，这些资源来源于.dts 文件。接下来的处理过程与 platform 总线设备驱动模型一样，如果设备与驱动相匹配，就调用驱动中的 probe 函数。综合来看，设备树是对 platform 总线设备驱动模型的一种改进。

由于一个 SoC 可能对应多个设备，如果每个设备的设备树都写成一个完全独立的.dts 文件，那么一些.dts 文件势必有重复的部分。为了解决这个问题，Linux 设备树目录将一个 SoC 公用的部分或者多个设备共同的部分提炼为相应的.dtsi 文件(.dts 文件的头文件)。这样每个.dts 文件就只有存在差异的部分，公有的部分只需要包含相应的.dtsi 文件即可。这样的做法使得整个设备树的管理更加有秩序。

综合来看，一个设备树主要有以下呈现形式。

- 设备树编译器(Device Tree Compiler，DTC)：用于将设备树编译为系统可识别的二进制文件的工具。DTC 位于内核目录 scripts/dtc 下，也可以手动安装 sudo apt-get install device-tree-compiler 工具。
- 设备树源码(Device Tree Source，DTS)：设备树描述文件。该文件是一种程序员可以看懂的文件格式，但是 U-Boot 和 Linux 只能识别二进制文件，不能直接识别该文件。所以需要把.dts 文件编译成.dtb 文件。
- 设备树源码信息(Device Tree Source Information，DTSI)：可包括在设备树描述文件中的头文件。
- 设备树块(Device Tree Blob，DTB)：系统可读设备树二进制 blob 文件，在系统中烧录以供执行。

图 8-3 显示了设备树的工作流。

设备树用树状结构描述设备信息，它具有以下特性。

- 每个设备树文件都有一个根节点，每个设备都是一个节点。
- 节点间可以嵌套，形成父子关系，这样就可以方便地描述设备间的关系。
- 每个设备的属性都用一组键值对(key-value)来描述。
- 每个属性的描述用“;”表示结束。

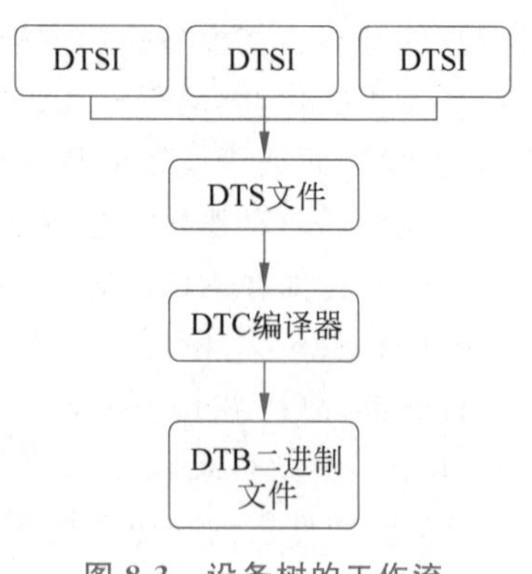

图 8-3 设备树的工作流

一个设备树的基本框架可以写成如下代码。一般来说，“/”表示根节点(开发板)，它的子节点 node1 表示 SoC

上的某个控制器,控制器中的子节点 node2 表示挂接在这个控制器上的设备。

```
/{                          //根节点
    node1{                  //node1 是节点名,是开发板的子节点
        key = value;        //node1 的属性
        ...
        node2{              //node2 是 node1 的子节点
            key = value;    //node2 的属性
            ...
        }
    }                       //node1 的描述到此为止
    node3{
        key = value;
        ...
    }
}
```

本节用`Linux 5.15 版本源码中的 risc-v-linux\linux-vision2\linux-visionfive\linux-visionfive\arch\riscv\boot\dts\starfive\jh7100.dtsi 文件的部分源码为例来分析设备树,下面代码段是 jh7100 的设备树节点部分源码。

```
/dts - v1/;
#include < dt - bindings/clock/starfive - jh7100.h >
#include < dt - bindings/clock/starfive - jh7100 - audio.h >
#include < dt - bindings/reset/starfive - jh7100.h >
#include < dt - bindings/reset/starfive - jh7100 - audio.h >
/ {
    compatible = "starfive,jh7100";
    #address - cells = < 2 >;
    #size - cells = < 2 >;
    cpus {
        #address - cells = < 1 >;
        #size - cells = < 0 >;
        U74_0: cpu@0 {
            compatible = "sifive,u74 - mc", "riscv";
            reg = < 0 >;
            d - cache - block - size = < 64 >;
            d - cache - sets = < 64 >;
            d - cache - size = < 32768 >;
            d - tlb - sets = < 1 >;
            d - tlb - size = < 32 >;
            device_type = "cpu";
            i - cache - block - size = < 64 >;
            i - cache - sets = < 64 >;
            i - cache - size = < 32768 >;
            i - tlb - sets = < 1 >;
            i - tlb - size = < 32 >;
            mmu - type = "riscv,sv39";
            next - level - cache = < &ccache >;
            riscv,isa = "rv64imafdc";
```

```
                starfive,itim = <&itim0>;
                tlb-split;
                cpu0_intc: interrupt-controller {
                    compatible = "riscv,cpu-intc";
                    interrupt-controller;
                    #interrupt-cells = <1>;
                };
            };
    };
    …
    soc {
            compatible = "simple-bus";
            interrupt-parent = <&plic>;
            dma-noncoherent;
            #address-cells = <2>;
            #size-cells = <2>;
            ranges;

            dtim: dtim@1000000 {
                compatible = "starfive,dtim0";
                reg = <0x0 0x1000000 0x0 0x2000>;
                reg-names = "mem";
            };
    …
```

接下来通过说明该代码段中的关键字来进一步分析设备树的编写规则。

1. 节点名

基本的节点名格式如下所示。

```
node-name@unit-address
```

其中，node-name是由字母、数字和一些特殊字符构成的字符串，长度不超过31个字符。节点名可自定义，但为了可读性规定了一些约定的名称，如cpus、memory、bus和clock等。

节点名格式中unit-address为节点的地址，通常为寄存器的首地址，如在上述代码段中dtim节点对应的unit-address为1000000。

有些节点没有对应的寄存器，则unit-address可省略，节点名只由node-name组成，如cpus。

```
cpus {undefined
…
}
```

根节点的名称比较特殊，由一个斜杠/组成。

```
/{undefined
…
}
```

Linux中的设备树还包括几个特殊的节点，如chosen、aliases等。chosen节点不描述一个真实设备，而用于传递一些数据给操作系统，如BootLoader传递内核启动参数给Linux

内核。aliases 节点的主要功能是定义别名。

2. 键值对

在设备树中，key-value 是描述属性的方式，如 Linux 驱动中可以通过设备节点中的"compatible"属性查找设备节点(一般包含设备名及厂商的信息)。Linux 设备树语法中定义了一些具有规范意义的属性，包括 compatible、address、interrupts 等。这些信息能够在内核初始化时，自动解析生成相应的设备信息。此外，还有一些特殊的设备通用的属性，这些属性一般不能被内核自动解析生成相应的设备信息，但是内核可以解析提取函数使用，常见的属性有 "mac_addr""gpio""clock""power""regulator" 等。

3. address

几乎所有的设备都需要与 CPU 的 I/O 端口相连，所以其 I/O 端口信息就需要在设备节点中说明。其中最常用的属性有两个：#address-cells，用来描述子节点"reg"属性地址表中首地址的 cell 的数量；#size-cells，用来描述子节点"reg"属性地址表中地址长度的 cell 的数量；有了这两个属性，子节点中的"reg"就可以描述一块连续的地址区域。

4. interrupts

一个计算机系统中的大量设备是通过中断请求 CPU 服务的，设备节点需要指定中断号。常用的属性有以下几个。

(1) interrupt-controller 表示一个中断控制器节点。

(2) #interrupt-cells 是中断控制器节点的属性，用来描述子节点中 interrupts 属性使用了父节点中的 interrupts 属性的具体值。一般，如果父节点的该属性的值是 3，则子节点的一个 interrupts-cell 中的 3 个 32 位值分别为：<中断域 中断 触发方式>，如果父节点的该属性是 2，则是<中断 触发方式>。

(3) interrupt-parent 表示此设备节点属于哪一个中断控制器。

(4) interrupts，一个中断标识符列表，表示每一个中断输出信号。

设备树中中断的部分涉及的内容比较多，interrupt-controller 表示这个节点是一个中断控制器，需要注意的是，一个 SoC 可能不止有一个中断控制器。

5. gpio

在端口中，gpio 是较常见的 I/O 口，设备树中常用的属性有："gpio-controller"，用来说明该节点描述的是一个 gpio 控制器；"#gpio-cells"，用来描述 gpio 使用节点的属性中一个 cell 的内容。

可以通过 reg 指定引脚也可以通过 pin 指定引脚，在设备树中如何指定引脚完全取决于驱动程序，既可以获取 pin 属性值也可以获取 reg 属性值。

本章在接下来的内容中针对具体设备的设备树的配置情况进行介绍。

8.4 GPIO 设计案例

GPIO 是 CPU 的引脚，可以通过其向外输出高低电平，或者读入引脚的状态，这里的状态是通过高电平或低电平来反映的，所以 GPIO 接口技术可以说是 CPU 众多接口技术中较为简单、常用的一种。

每个 GPIO 端口至少需要两个寄存器，另一个是用于控制的“通用 I/O 端口控制寄存器”，另一个是存放数据的“通用 I/O 端口数据寄存器”。控制和数据寄存器的每一位与 GPIO 的硬件引脚相对应，由控制寄存器设置每一个引脚的数据流向，数据寄存器设置引脚输出的高低电平或读取引脚上的电平。除了这两个寄存器以外，还有其他相关寄存器，如上拉/下拉寄存器设置 GPIO 输出模式是高阻、带上拉电平输出还是不带上拉电平输出等。本节主要介绍 GPIO 设计案例。

8.4.1 GPIO 概述

许多 SoC 内部都包含 pin 控制器(引脚控制器)，通过 pin 控制器的寄存器，可以配置一个或者一组引脚的功能和特性。StarFive JH-7110 SoC 平台提供了一个引脚控制子系统，允许开发人员配置一个或一组引脚的功能。在软件方面，Linux 内核提供了 pinctrl 子系统(引脚控制子系统)，旨在统一不同 SoC 平台上的 pin 管理。本节介绍的 GPIO 即基于 pinctrl 框架的接口。Linux 内核的 pinctrl 子系统主要包括如下功能。

(1) 管理系统中所有可以控制的引脚，在系统初始化时，枚举并标识所有可以控制的引脚。

(2) 管理引脚的复用。对于 SoC 而言，其引脚除了配置成普通的 GPIO 之外，若干个引脚还可以组成一个 pin group，行使特定的功能。

(3) 配置引脚的特性，如驱动能力、上电、断电和数据属性等。

(4) 与 GPIO 子系统交互。

(5) 实现引脚中断。

JH-7110 GPIO 引脚控制子系统框图如图 8-4 所示，该子系统从上至下可以分为用户层、接口层、引脚控制通用框架层、驱动程序层和硬件层。其中用户层包含设备驱动。接口层主要包含用户的引脚控制接口和 GPIO 接口。驱动程序层包含引脚控制驱动器等。硬件层涉及 StarFive JH-7110 SoC 平台的 GPIO 控制器。

在图 8-4 中的引脚控制子系统使用了 pinctrl 框架。JH-7110 SoC 平台的 pinctrl 框架主要由 3 部分组成，如图 8-5 所示。

(1) 引脚控制核心：pin 控制框架的核心层。其中的默认状态、睡眠状态或空闲状态是指引脚控制的电源管理状态。

(2) 引脚控制复用器：提供引脚多路复用功能。

(3) 引脚控制配置：提供 pin 配置设置功能。

对于特定系统的工作模式，引脚配置可能有所不同。例如，默认引脚配置适用于正常模式，省电引脚配置适用于待机模式。因此，开发者可以使用上述引脚控制框架来管理基于设备工作模式的 pin 配置。

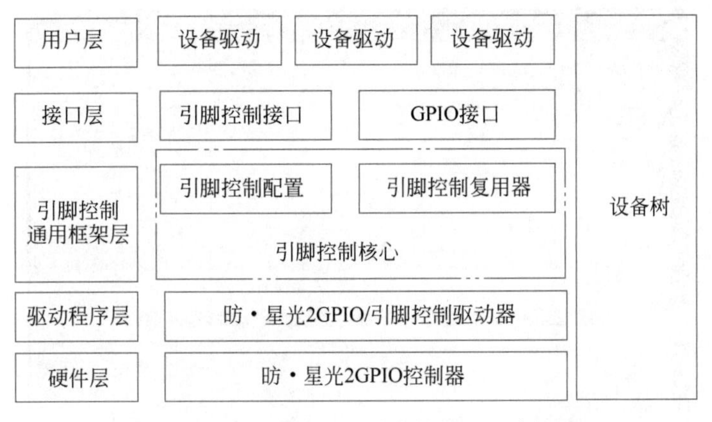

图 8-4　JH-7110 GPIO 引脚控制子系统框图

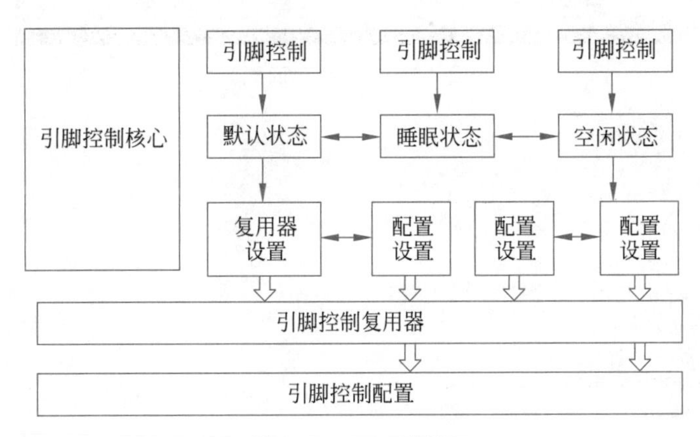

图 8-5　pinctrl 框架

8.4.2　配置

1. 内核菜单配置

按照以下步骤为 GPIO 启用内核配置。

(1) 在 freelight-u-sdk 的根目录下，键入以下命令进入内核菜单配置 GUI。

```
make linux - menuconfig
```

(2) 进入 Device Drivers 菜单。

(3) 进入 Pin Controllers 菜单。

(4) 选择 Pinctrl and GPIO driver for the StarFive JH7110 SoC 选项启用 GPIO 驱动程序，如图 8-6 所示。

(5) 在退出内核配置对话框之前，保存更改。

系统启动后，可以运行以下命令来验证 GPIO 驱动程序是否正常工作。

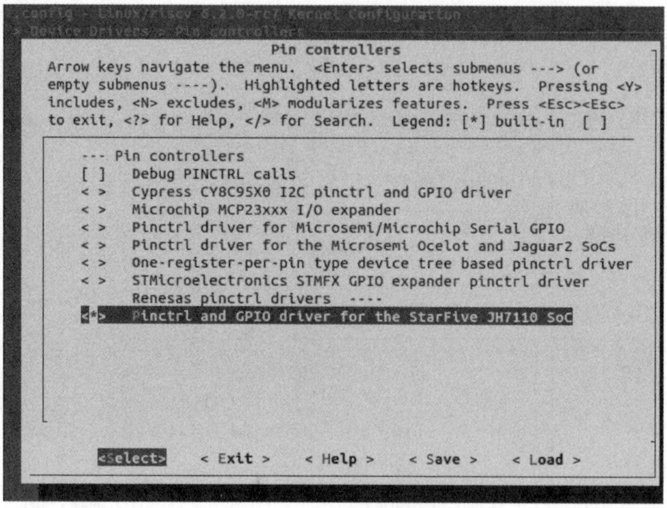

```
                        Pin controllers
 Arrow keys navigate the menu.  <Enter> selects submenus ---> (or
 empty submenus ----).  Highlighted letters are hotkeys.  Pressing <Y>
 includes, <N> excludes, <M> modularizes features.  Press <Esc><Esc>
 to exit, <?> for Help, </> for Search.  Legend: [*] built-in  [ ]

    --- Pin controllers
    [ ]   Debug PINCTRL calls
    < >   Cypress CY8C95X0 I2C pinctrl and GPIO driver
    < >   Microchip MCP23xxx I/O expander
    < >   Pinctrl driver for Microsemi/Microchip Serial GPIO
    < >   Pinctrl driver for the Microsemi Ocelot and Jaguar2 SoCs
    < >   One-register-per-pin type device tree based pinctrl driver
    < >   STMicroelectronics STMFX GPIO expander pinctrl driver
          Renesas pinctrl drivers  ----
    <*>   Pinctrl and GPIO driver for the StarFive JH7110 SoC

     <Select>    < Exit >    < Help >    < Save >    < Load >
```

图 8-6　内核菜单配置

```
# cd /sys/class/gpio/
# ls
export gpiochip0 gpiochip64 unexport
# echo 44 > export
# ls
export gpio44 gpiochip0 gpiochip64 unexport
# cd gpio44/
# ls
active_low direction subsystem value
device edge uevent
# cat direction
in
# cat value
1
```

2. 设备树配置

JH-7110 SoC 平台的一般配置文件位于以下文件中。

```
linux/arch/riscv/boot/dts/starfive/JH-7110.dtsi
```

下面的代码块显示了配置文件的内容。

```
gpio: gpio@13040000{
    compatible = "starfive,JH-7110-sys-pinctrl";
    reg = <0x0 0x13040000 0x0 0x10000>;
    reg-names = "control";
    clocks = <&clkgen JH-7110_SYS_IOMUX_PCLK>;
    resets = <&rstgen RSTN_U0_SYS_IOMUX_PRESETN>;
    interrupts = <86>;
    interrupt-controller;
    #gpio-cells = <2>;
    ngpios = <64>;
```

```
    status = "okay";};
    gpioa: gpio@17020000{
    compatible = "starfive,JH-7110-aon-pinctrl";
    reg = <0x0 0x17020000 0x0 0x10000>;
    reg-names = "control";
    resets = <&rstgen RSTN_U0_AON_IOMUX_PRESETN>;
    interrupts = <85>;
    interrupt-controller;
    #gpio-cells = <2>;
    ngpios = <4>;
    status = "okay";
    };
```

下面解释了上述代码块中包含的参数。

- compatible：兼容性信息，用于关联驱动程序及其目标设备。本例中 compatible 显示了 StarFive 公司的 JH-7110-sys-pinctrl。
- reg：寄存器基址"0x13040000"和范围"0x10000"。
- reg-names：GPIO 模块使用的寄存器的名称。
- clocks：GPIO 模块使用的时钟。
- resets：GPIO 模块使用的复位信号。
- interrupts：硬件中断 ID。
- status：GPIO 模块的工作状态。要启用该模块，需要将该位设置为"okay"，要禁用模块，设置此位为"disabled"。

3. 板级配置

board.dts 文件用于在电路板存储配置文件。

对于 VisionFive 2 单板计算机，board.dts 文件位于以下路径。

```
linux/arch/riscv/boot/dts/starfive/JH-7110-visionfive-v2.dts
```

以 UART0 模块为例，其 board.dts 文件位于以下路径。

```
linux/arch/riscv/boot/dts/starfive/JH-7110-visionfive-v2.dts
```

在该文件中，可以找到 UART 引脚控制配置的以下配置信息。

```
&gpio {
    uart0_pins: uart0-pins {
    uart0-pins-tx {
    sf,pins = <PAD_GPIO5>;
    sf,pin-ioconfig = <IO(GPIO_IE(1) | GPIO_DS(3))>;
    sf,pin-gpio-dout = <GPO_UART0_SOUT>;
    sf,pin-gpio-doen = <OEN_LOW>;
    };
    uart0-pins-rx {
    sf,pins = <PAD_GPIO6>;
    sf,pinmux = <PAD_GPIO6_FUNC_SEL 0>;
    sf,pin-ioconfig = <IO(GPIO_IE(1) | GPIO_PU(1))>;
    sf,pin-gpio-doen = <OEN_HIGH>;
    sf,pin-gpio-din = <GPI_UART0_SIN>;
```

```
    };
    };
    };
```

还可以找到以下 pin 控制的配置信息。

```
&uart0 {
    pinctrl-names = "default";
pinctrl-0 = <&uart0_pins>;
    status = "okay";
};
```

8.4.3 接口描述

1. 引脚控制接口

JH-7110 的 GPIO 模块有如表 8-1 和表 8-2 所示的引脚控制接口。

表 8-1 引脚控制接口(1)

函数名称	原型	描述
pinctrl_get	struct pinctrl * pinctrl_get(struct device * dev)	该接口用于从设备加载 pin 操作句柄
pinctrl_put	void pinctrl_put(struct pinctrl * p)	该接口的功能是减少使用先前申请的 pin 控制句柄。它必须和 pinctrl_get()函数成对使用
devm_pinctrl_get	struct pinctrl * devm_pinctrl_get(struct device * dev)	该接口的作用与 pinctrl_get() 接口相同,但该接口函数具有资源管理能力
devm_pinctrl_put	void devm_pinctrl_put(struct pinctrl * p)	该接口相当于 pinctrl_put()函数,但具有资源管理功能。用户可以通过释放 devm_pinctrl_get()获得的 pinctrl 结构
pinctrl_lookup_state	struct pinctrl_state * pinctrl_lookup_state(struct pinctrl * p,const char * name)	该接口用于从引脚控制句柄中检索状态句柄
pinctrl_select_state	int pinctrl_select_state(struct pinctrl * p, struct pinctrl_state * state)	该接口用于选择/激活/编程一个引脚控制状态到硬件

表 8-2 引脚控制接口(2)

函数名称	参数	返回值
pinctrl_get	dev: pin 操作适用的器件	成功: pinctrl 句柄 失败: 错误代码
pinctrl_put	p: 要释放的按钮句柄	/
devm_pinctrl_get	dev: pin 操作适用的器件	成功: 引脚控制句柄 失败: 错误代码
devm_pinctrl_put	p: 要释放的 pin 控制句柄	返回值: 无 注意: 只有在使用了 evm_pinctrl_get()接口后,才能使用该接口。否则,使用无效

续表

函数名称	参　数	返回值
pinctrl_lookup_state	p：用于检索状态的引脚控制句柄 name：状态名称	成功：来自引脚控制句柄的状态句柄 失败：错误代码
pinctrl_select_state	p：请求配置的设备的引脚控制句柄 state：用于选择、激活或编程的状态句柄	成功：0 失败：错误代码

2．GPIO 接口

JH-7110 的 GPIO 模块有如表 8-3 和表 8-4 所示的 GPIO 接口。

表 8-3　GPIO 接口(1)

函数名称	原　型	描　述
gpio_request	int gpio_request(unsigned gpio, const char * label)	该函数用于请求访问 GPIO 接口
gpio_free	void gpio_free(unsigned gpio)	该函数用于释放一个 GPIO 接口
gpio_directon_input	int gpio_direction_input(unsigned gpio)	该函数用于将 GPIO 接口设置为输入
gpio_directon_output	int gpio_direction_output(unsigned gpio,int value)	该函数用于将 GPIO 接口设置为输出
gpio_get_value	int gpio_get_value(unsigned gpio)	该函数用于从目标 GPIO 接口获取电平。该电平用于定义 GPIO 是输入或输出
gpio_set_value	void gpio_set_value(unsigned gpio, int value)	该函数用于设置目标 GPIO 接口的电平。该电平可用于将 GPIO 从输入改为输出
of_get_named_gpio	int of_get_named_gpio(const struct device_node * np, const char * propname, int index)	该函数用于获取一个 GPIO 接口，通过该接口可以使用 GPIO 应用程序接口
of_get_named_gpio_flags	int of_get_name_gpio_flags(const struct device_node * np,const char * list_name, int index,enum of_gpio_flags * flags)	该函数用于从 DTS 文件中获取 GPIO 号，并分析其 GPIO 属性

表 8-4　GPIO 接口(2)

函数名称	参　数	返回值
gpio_request	gpio：gpio 索引号 label：gpio 名称	成功：0 失败：错误代码
gpio_free	gpio：GPIO 索引号	—
gpio_directon_input	gpio：GPIO 索引号	成功：0 失败：错误代码
gpio_directon_output	gpio：GPIO 索引号 value：电平，0 为低电平，1 为高电平	成功：0 失败：错误代码

续表

函数名称	参　数	返回值
gpio_get_value	gpio：GPIO 索引号	成功：目标 GPIO 接口的电平：0 为低电平，1 为高电平 失败：−1
gpio_set_value	gpio：GPIO 索引号 value：电平，0 为低电平，1 为高电平	—
of_get_named_gpio	np：从函数调用中获取 GPIO 的设备节点 propname：包含 GPIO 说明符的属性名 index：GPIO 索引	成功：GPIO 索引号，通过它可以使用 GPIO API 失败：错误代码
of_get_named_gpio_flags	np：从函数调用中获取 GPIO 的设备节点 list_name：包含 GPIO 说明符的属性名 index：GPIO 索引 flags：枚举_gpio_flags 变量，包括 I/O 配置、上拉和下拉设置、驱动能力设置等	成功：GPIO 索引 失败：错误代码

8.4.4 示例

1. 使用引脚驱动 DTS

驱动程序主要用于配置引脚的常用功能，如通用 GPIO 仅用于输入、输出和中断。功能 GPIO 主要用于引脚多路复用，如 UART 引脚、I2C 引脚和特殊功能。而有些引脚既是通用的又是功能性的 GPIO。

1）通用 GPIO

以下代码显示了通用 GPIO 设备树配置的示例。

```
&sdio0 {
    clock-frequency = <102400000>;
    max-frequency = <200000000>;
    card-detect-delay = <300>;
    bus-width = <4>;
    broken-cd;
    cap-sd-highspeed;
    post-power-on-delay-ms = <200>;
    cd-gpios = <&gpio 23 0>;
    status = "okay";
};
```

通用 GPIO 的输入、输出和中断都是在 DTS 配置文件中配置的。特别是在 cd-gpios=<& gpio 23 0>这一行中，“gpio”表示 GPIO 控制器，“23”表示 GPIO 索引号，“0”表示低电平有效。

2）功能性 GPIO

以下代码显示了一个功能性 GPIO 设备树配置的示例。

```
pcie0_perst_default: pcie0_perst_default {
    perst-pins {
```

```
    sf,pins = <PAD_GPIO26>;
    sf,pinmux = <PAD_GPIO26_FUNC_SEL 0>;
    sf,pin-ioconfig = <IO(GPIO_IE(1))>;
    sf,pin-gpio-dout = <GPO_HIGH>;
    sf,pin-gpio-doen = <OEN_LOW>;
    };
    };
    pcie0_perst_active: pcie0_perst_active {
    perst-pins {
    sf,pins = <PAD_GPIO26>;
    sf,pinmux = <PAD_GPIO26_FUNC_SEL 0>;
    sf,pin-ioconfig = <IO(GPIO_IE(1))>;
    sf,pin-gpio-dout = <GPO_LOW>;
    sf,pin-gpio-doen = <OEN_LOW>;
    };
    };
    pcie0_power_active: pcie0_power_active {
    power-pins {
    sf,pins = <PAD_GPIO32>;
    sf,pinmux = <PAD_GPIO32_FUNC_SEL 0>;
    sf,pin-ioconfig = <IO(GPIO_IE(1))>;
    sf,pin-gpio-dout = <GPO_HIGH>;
    sf,pin-gpio-doen = <OEN_LOW>;
    };
    };
&pcie0 {
    pinctrl-names = "perst-default", "perst-active", "power-active";
    pinctrl-0 = <&pcie0_perst_default>;
    pinctrl-1 = <&pcie0_perst_active>;
    pinctrl-2 = <&pcie0_power_active>;
    status = "okay";
};
```

该代码块中 pinctrl-0 中的参数值“perst-default”表示正常工作模式下的引脚配置。pinctrl-1 中的参数值“perst-active”表示激活模式的引脚配置。

2. 使用 API 驱动 DTS

1）获取 pin 控制资源

通过使用 devm_pinctrl_get 接口，可以获得一个设备的所有管脚资源。下面的代码提供了一个示例。

```
struct device *dev = &pcie->pdev->dev;
    pcie->pinctrl = devm_pinctrl_get(dev);
    if (IS_ERR_OR_NULL(pcie->pinctrl)) {
    dev_err(dev, "Getting pinctrl handle failed\n");
    return -EINVAL;
    }
```

2）获取 pin 控制状态

通过使用 pinctrl_lookup_state 接口，可以获得器件的所有引脚状态。下面的代码提供了一个示例。

```
pcie->perst_state_def
    = pinctrl_lookup_state(pcie->pinctrl, "perst-default");
    if (IS_ERR_OR_NULL(pcie->perst_state_def)) {
    dev_err(dev, "Failed to get the perst-default pinctrl han-dle\n");
    return -EINVAL;
    }
    pcie->perst_state_active
    = pinctrl_lookup_state(pcie->pinctrl, "perst-active");
    if (IS_ERR_OR_NULL(pcie->perst_state_active)) {
    dev_err(dev, "Failed to get the perst-active pinctrl handle\n");
    return -EINVAL;
    }
    pcie->power_state_active
    = pinctrl_lookup_state(pcie->pinctrl, "power-active");
    if (IS_ERR_OR_NULL(pcie->power_state_active)) {
    dev_err(dev, "Failed to get the power-default pinctrl han-dle\n");
    return -EINVAL;
    }
```

3）设置引脚控制状态

通过使用 pinctrl_select_state 接口，可以配置器件的引脚状态。下面的代码提供了一个示例。

```
if (pcie->power_state_active) {
    ret = pinctrl_select_state(pcie->pinctrl, pcie->power_state_active);
    if (ret)
    dev_err(dev, "Cannot set power pin to high\n");
    }
    if (pcie->perst_state_active) {
    ret = pinctrl_select_state(pcie->pinctrl, pcie->perst_state_active);
    if (ret)
    dev_err(dev, "Cannot set reset pin to low\n");
    }
```

3. 实现中断功能

可以使用 gpiod_to_irq 接口加载虚拟中断信号，然后调用中断函数。下面的代码提供了一个示例。

```
if (!(host->caps & MMC_CAP_NEEDS_POLL))
    irq = gpiod_to_irq(ctx->cd_gpio);
    if (irq >= 0) {
    if (!ctx->cd_gpio_isr)
    ctx->cd_gpio_isr = mmc_gpio_cd_irqt;
    ret = devm_request_threaded_irq(host->parent, irq,
    NULL, ctx->cd_gpio_isr,
    IRQF_TRIGGER_RISING | IRQF_TRIGGER_FALLING | IRQF_ONESHOT,
    ctx->cd_label, host);
    if (ret < 0)
    irq = ret;
    }
```

8.5 I2C 总线设计案例

采用串行总线技术可以使系统的硬件设计大大简化、系统的体积减小、可靠性提高。同时，系统的更改和扩充极为容易。常用的串行扩展总线有 I2C(Inter-Integrated Circuit)总线、单总线(1-Wire Bus)、SPI(Serial Peripheral Interface)总线及 Microwire/PLUS 等。本节主要介绍 I2C 总线。

8.5.1 I2C 总线介绍

I2C 总线是由菲利浦公司开发的一种同步串行总线协议，用于连接微控制器及其外围设备。I2C 最初是为音频和视频设备开发的，如今在各种电子设备中得到了广泛的应用。嵌入式系统中经常使用 I2C 总线连接 RAM、EEPROM 以及 LCD 控制器等设备。I2C 总线协议成熟、引脚简单、传输速率高、支持的芯片多，并且有利于实现电路的标准化和模块化，得到了包括 Linux 在内的很多操作系统的支持，受到开发者的青睐。Linux 内核中针对 I2C 的总线特性，其设备驱动使用了一种特殊的体系结构。开发 I2C 总线设备驱动程序就必须理解 Linux 的 I2C 总线驱动的体系结构。

I2C 总线是由数据线(SDA)和时钟(SCL)构成的同步串行总线，可发送和接收数据，主要用于在处理器与被控芯片之间、芯片与芯片之间进行双向传送。各种被控制电路均并联在这条总线上，每个电路和模块都有唯一的地址。在信息传输过程中，I2C 总线上并接的每一模块既是主控设备或被控设备，又是发送器或接收器，这取决于它所要完成的功能。主控设备发出的控制信号分为地址码和控制量两个部分：地址码用来选址，即选择需要的控制电路，确定控制的种类；控制量决定该调整的类别及需要的数值。这样就保证了各控制电路虽然挂在同一条总线上，却彼此独立，互不影响。

I2C 总线在传送数据过程中共有 3 种类型信号，分别是起始信号(S)、终止信号(P)和应答信号(ACK)。

(1) 起始信号：SCL 为高电平时，SDA 由高电平向低电平跳变，开始传送数据。

(2) 终止信号：SCL 为高电平时，SDA 由低电平向高电平跳变，结束传送数据。

(3) 应答信号：接收数据的设备在接收到 8 位数据后向发送数据的设备发出特定的低电平脉冲，表示已收到数据。主控设备向被控设备发出一个信号后，等待被控设备发出一个应答信号，主控设备接收到应答信号后，根据实际情况做出是否继续传递信号的判断。若未收到应答信号，则判断为被控设备出现故障。按总线的规约，起始信号表明一次数据传送的开始，其后为寻址字节，寻址字节由高 7 位地址和最低 1 位方向位组成，方向位表明主控设备与被控设备数据的传送方向，方向位为 0 表明主控设备对被控设备的写操作，为 1 表明主控设备对被控设备的读操作。在寻址字节后是读、写操作的数据字节与应答位。在数据传送完成后主控设备都必须发送停止信号。总线上的数据传输有许多读、写组合方式。

所有的 I2C 总线上的数据帧格式均有如下特点。

(1) 无论何种方式，起始停止、寻址字节都由主控设备发送，数据字节的传送方向则遵循寻址字节中的方向位的规定。

(2) 寻址字节只表明器件地址及传送方向，器件内部的 N 个数据地址由器件设计者在该器件的 I2C 总线数据操作格式化中指定第一个数据字节作为器件内的单元地址数据，并且设置地址自动加减功能，以减少单元地址寻址操作。

(3) 每个字节传送都必须有应答信号相随。

(4) I2C 总线被控设备在接收到起始信号后都必须复位它们的总线逻辑，以便对将要开始的被控设备地址的传送进行预处理。

StarFive JH-7110 SoC 集成了来自第三方 IP 供应商的 I2C 总线适配器。JH-7110 SoC 平台支持 I2C 模块的以下特性和规格。

- 支持设备 ID 功能。
- 提供 7 个独立的传输通道。
- 支持主和从 I2C 操作。
- 支持 7 位和 10 位从机寻址。
- 支持以下模式和传输速度：标准模式－100 kHz，快速模式－400 kHz，快速模式－1 MHz，高速模式－3.4 MHz。
- 支持可编程 SDA 保持时间。

8.5.2 I2C 驱动程序框架

Linux 内核的 I2C 总线驱动程序框架如图 8-7 所示。I2C 总线驱动程序主要由以下几个部分组成：接口、I2C 核心(I2C core)、I2C 适配器(I2C adapter)和 I2C 设备驱动(I2C client)。其中接口子模块提供了与 I2C 适配器或 I2C 设备驱动交互的接口。

(1) I2C core 是 I2C 总线驱动程序体系结构的核心，它为总线设备驱动提供统一的接口，通过这些接口来访问在特定 I2C 设备驱动程序中实现的功能，并实现在 I2C 总线驱动体系结构中添加和删除总线驱动的方法等。

(2) I2C adapter 部分代表 I2C 适配器驱动，adapter 是各个适配器驱动所构成的集合，主要实现各相应适配器数据结构 I2C_adapter 的具体的通信传输算法(I2C_algorithm)，此算法管理 I2C 控制器及实现总线数据的发送接收等操作。

(3) I2C client 部分则代表挂载在 I2C 总线上的设备驱动，client 部分是各个 I2C 设备构成的集合，主要实现各描述 I2C 设备的数据结构 I2C_client 及其私有部分，并通过 I2C core 提供的接口实现设备的注册，提供设备可使用的地址范围及地址检测成功后的回调函数。

处于控制中心的 I2C core 实现了控制策略，具体 I2C 总线的适配器和设备的驱动实现了具体设备可用的机制，控制策略和底层机制通过中间的函数接口相联系。正是中间的函数接口使得控制策略与底层机制无关，从而使得控制策略具有良好的可移植性和重用性。

在实际设计中，I2C 核心提供的接口不需要修改，只需针对目标总线适配器驱动和设备驱动进行必要修改即可。

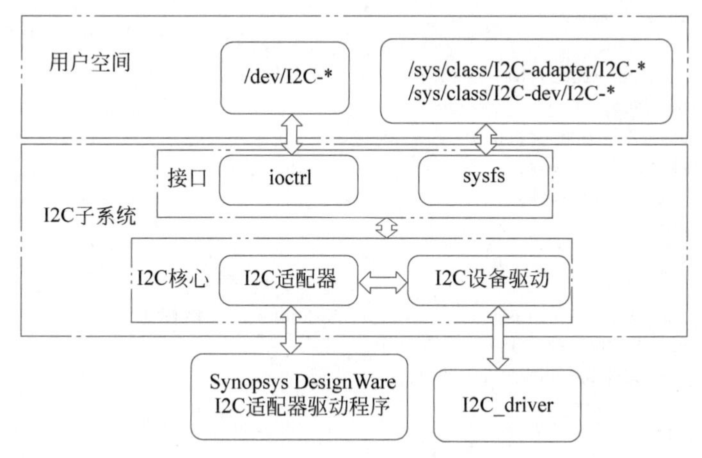

图 8-7　Linux 内核的 I2C 总线驱动程序框架

在图 8-7 中 Synopsys DesignWare I2C 适配器驱动程序子模块的重要功能是注册 I2C_adapter 并提供接收/发送操作的功能。I2C_driver 子模块使用应用接口接收/发送数据。I2C_driver 从名字上看可能会让人产生疑惑，但是它并不是任何 I2C 物理设备的对应驱动程序，而只是一组驱动函数的集合，严格来讲它是 I2C 驱动程序架构中的辅助类型的数据结构。

```
struct i2c_driver {
    unsigned int class;
    /* 标准驱动模式接口 */
    int ( * probe)(struct i2c_client * client, const struct i2c_device_id * id);
    int ( * remove)(struct i2c_client * client);
    /* 新驱动模式接口 */
    int ( * probe_new)(struct i2c_client * client);
    void ( * shutdown)(struct i2c_client * client);
    void ( * alert)(struct i2c_client * client, enum i2c_alert_protocol protocol,
            unsigned int data);
    /* 一个类似 ioctl 的命令,可用于执行设备的特定功能. */
    int ( * command)(struct i2c_client * client, unsigned int cmd, void * arg);
    struct device_driver driver;
    const struct i2c_device_id * id_table;
    /* 用于自动设备创建的设备检测回调 */
    int ( * detect)(struct i2c_client * client, struct i2c_board_info * info);
    const unsigned short * address_list;
    struct list_head clients;
};
```

一个 I2C 适配器对应一个 I2C_adapter 结构体。I2C_adapter 是对硬件上的适配器的抽象，相当于整个 I2C 驱动的控制器，它的作用就是产生总线时序。i2c_adapter 数据结构描述如下。

```
struct i2c_adapter {
    struct module * owner;
    unsigned int class;                          /* 允许探测的类 */
    const struct i2c_algorithm * algo;    /* 访问总线的算法 */
    void * algo_data;
    const struct i2c_lock_operations * lock_ops;
    struct rt_mutex bus_lock;
    struct rt_mutex mux_lock;
    int timeout;
    int retries;
    struct device dev;                           /* 适配器设备 */
    unsigned long locked_flags;                  /* I2C core 具备该标志 */
 #define I2C_ALF_IS_SUSPENDED                   0
 #define I2C_ALF_SUSPEND_REPORTED               1
    int nr;
    char name[48];
    struct completion dev_released;
    struct mutex userspace_clients_lock;
    struct list_head userspace_clients;
    struct i2c_bus_recovery_info * bus_recovery_info;
    const struct i2c_adapter_quirks * quirks;
    struct irq_domain * host_notify_domain;
    struct regulator * bus_regulator;
};
```

在该结构体中，i2c_algorithm 的地位十分重要，i2c_adapter 需要依赖 i2c_algorithm 才能产生总线时序。i2c_algorithm 正是提供了控制适配器产生总线时序的函数。一个 I2C 适配器上的 I2C 总线通信方法由其驱动程序提供的 i2c_algorithm 数据结构描述。i2c_algorithm 数据结构即为 i2c_adapter 数据结构与具体 I2C 适配器的总线通信方法的中间层，这个中间层使得上层的 I2C 框架代码与具体 I2C 适配器的总线通信方法无关，从而实现了 I2C 框架的可移植性和重用性。当安装具体 I2C 适配器的驱动程序时由相应驱动程序实现具体的 i2c_algorithm 数据结构，其中的函数指针指向操作具体 I2C 适配器的代码。

与适配器对应的是从设备，其对应的数据结构是 i2c_client。每一个 I2C 设备都需要一个 I2C_client 来描述。通常建议在内核空间编写 I2C 从设备的驱动程序。i2c_client 有如下定义。

```
struct i2c_client {
    unsigned short flags;
 #define I2C_CLIENT_PEC             0x04          /* 使用数据包错误检查 */
 #define I2C_CLIENT_TEN             0x10
 #define I2C_CLIENT_SLAVE           0x20          /* 从机地址 */
 #define I2C_CLIENT_HOST_NOTIFY     0x40          /* 使用 I2C 主机通知 */
 #define I2C_CLIENT_WAKE            0x80
 #define I2C_CLIENT_SCCB            0x9000
 unsigned short addr;                             /* 芯片地址 - 注:低 7 位 */
 char name[I2C_NAME_SIZE];
 struct i2c_adapter * adapter;
```

```
struct device dev;                        /* 设备结构 */
    int init_irq;                         /* irq 在初始化时设置 */
    int irq;
    struct list_head detected;
#if IS_ENABLED(CONFIG_I2C_SLAVE)
    i2c_slave_cb_t slave_cb;              /* 从机模式的回调 */
#endif
    void *devres_group_id;
};
```

8.5.3 配置

1. 内核菜单配置

按照以下步骤为 I2C 启用内核配置。

(1) 在 freelight-u-sdk 的根目录下,键入以下命令进入内核菜单配置 GUI。

```
make linux-menuconfig
```

(2) 进入 Device Drivers 菜单。

(3) 进入 I2C support 菜单。

(4) 进入 I2C Hardware Bus support 菜单。

(5) 选择 Synopsys DesignWare Platform 选项(如图 8-8 所示)。

(6) 在退出内核配置对话框之前,保存更改。

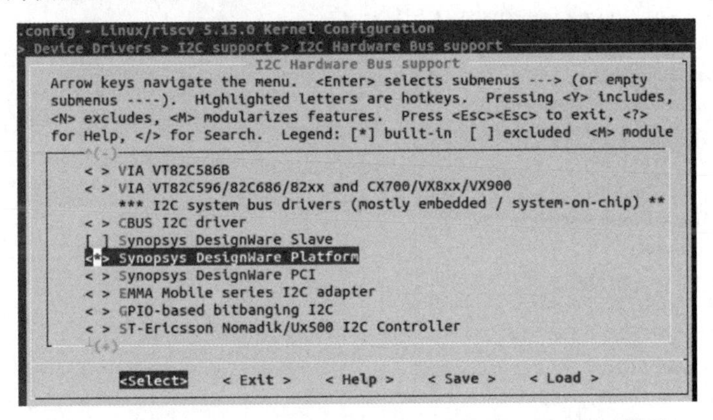

图 8-8 内核配置中选择 Synopsys DesignWare Platform 选项

2. 设备树配置

I2C 设备树源代码存储在 JH-7110.dts 和 JH-7110-common.dtsi 文件中。在文件 JH-7110.dts 中,以下代码以节点"i2c0"为例提供了更多细节。

```
i2c0: i2c@10030000{
    compatible = "snps,designware-i2c";
    reg = <0x0 0x10030000 0x0 0x10000>;
    clocks = <&clkgen JH-7110_I2C0_CLK_CORE>,
    <&clkgen JH-7110_I2C0_CLK_APB>;
```

```
    clock-names = "ref", "pclk";
    resets = <&rstgen RSTN_U0_DW_I2C_APB>;
    interrupts = <35>;
    #address-cells = <1>;
    #size-cells = <0>;
    status = "disabled";
    };
```

下面解释上述代码块中包含的参数。

➢ compatible：兼容性信息，用于关联驱动程序及其目标设备。

➢ reg：寄存器基址“0x10030000”和范围“0x10000”。

➢ clocks：I2C 模块使用的时钟。

➢ clock-names：I2C 模块使用的时钟的名称。

➢ resets：I2C 模块使用的复位信号。

➢ 复位名称：I2C 模块使用的复位信号的名称。

➢ interrupts：硬件中断 ID。

➢ status：I2C 的工作状态，可设置为“启用”或“禁用”。

在文件 JH-7110-common.dtsi 中，以下代码以节点“i2c0”为例提供了更多细节。

```
&i2c0 {
    clock-frequency = <100000>;
    i2c-sda-hold-time-ns = <300>;
    i2c-sda-falling-time-ns = <510>;
    i2c-scl-falling-time-ns = <510>;
    auto_calc_scl_lhcnt;
    pinctrl-names = "default";
    pinctrl-0 = <&i2c0_pins>;
    status = "disabled";
    ac108_a: ac108@3b { // i2c_client 1
    compatible = "x-power,ac108_0";
    reg = <0x3b>;
    #sound-dai-cells = <0>;
    data-protocol = <0>;
    };
    wm8960: codec@1a { //i2c_client 2
    compatible = "wlf,wm8960";
    reg = <0x1a>;
    #sound-dai-cells = <0>;
    wlf,shared-lrclk;
    };
};
```

这里解释上述代码块中包含的一些参数。

➢ clock-frequency：使用该位设置 I2C 采样速率。

➢ i2c-sda-hold-time-ns：使用该位设置 SDA 线的保持时间。

➢ i2c-sda-falling-time-ns：使用该位设置 SDA 线的下降时间。

➢ i2c-scl-falling-time-ns：使用该位设置 SCL 线的下降时间。

3. 电路板级配置

pinctrl.dtsi 文件包含引脚控制配置,该文件存储在以下路径中。

```
freelight-u-SDK/Linux/arch/riscv/boot/dts/starfive/JH7110-visionfive-v2.dts
```

以下代码提供了 i2c0 使用的引脚示例,包括 pinmux(引脚多路复用)、ioconfig(引脚控制配置)、dout(数据输出)、doen(数据输出使能)和 din(数据输入)信号。

```
i2c0_pins: i2c0-pins {
    i2c0-pins-scl {
    sf,pins = <PAD_GPIO57>;
    sf,pinmux = <PAD_GPIO57_FUNC_SEL 0>;
    sf,pin-ioconfig = <IO(GPIO_IE(1) | (GPIO_PU(1)))>;
    sf,pin-gpio-dout = <GPO_LOW>;
    sf,pin-gpio-doen = <OEN_I2C0_IC_CLK_OE>;
    sf,pin-gpio-din = <GPI_I2C0_IC_CLK_IN_A>;
    };
    i2c0-pins-sda {
    sf,pins = <PAD_GPIO58>;
    sf,pinmux = <PAD_GPIO58_FUNC_SEL 0>;
    sf,pin-ioconfig = <IO(GPIO_IE(1) | (GPIO_PU(1)))>;
    sf,pin-gpio-dout = <GPO_LOW>;
    sf,pin-gpio-doen = <OEN_I2C0_IC_DATA_OE>;
    sf,pin-gpio-din = <GPI_I2C0_IC_DATA_IN_A>;
    };
```

8.5.4 接口描述

JH-7110 的 I2C 模块的接口,如表 8-5 和表 8-6 所示。

表 8-5 I2C 模块的接口(1)

函数名称	原型	描述
i2c_add_adapter	int i2c_add_adapter(struct i2c_adapter * adapter)	该接口用于通过使用动态总线 ID 来声明 I2C 适配器
i2c_new_client_device	struct i2c_client * i2c_new_client_device(struct i2c_adapter * adapter, struct i2c_board_info const * info)	该接口用于实例化一个 I2C 客户端设备
i2c_register_driver	int i2c_register_driver(struct module * owner, struct i2c_driver * driver)	该接口用于注册 I2C 驱动程序
i2c_transfer_buffer_fags	int i2c_transfer_buffer_flags(const struct i2c_client * client, char * buf, int count, u16 flags)	该接口用于发出一条 I2C 消息,该消息将数据传输到缓冲区或从缓冲区传输数据
i2c_transfer	int i2c_transfer(struct i2c_adapter * adap, struct i2c_msg * msgs, int num)	该接口用于执行单个或组合的 I2C 消息

表 8-6 I2C 模块的接口(2)

函数名称	参数	返回值
i2c_add_adapter	adapter：要添加的 I2C 适配器	成功：0 失败：错误代码
i2c_new_client_device	adapter：管理 I2C 设备驱动的适配器 info：I2C 客户端设备的描述信息	指向新 I2C 设备驱动的指针
i2c_register_driver	owner：I2C 驱动程序所属的子模块 driver：要添加的 I2C 驱动程序	成功：0 失败：错误代码
i2c_transfer_buffer_fags	client：client 设备的句柄 buf：存储数据的缓冲器 count：要传输的字节数 flags：用于消息的标志，如用于读取的 I2C_M_RD	成功：成功传输的字节数 失败：错误代码
i2c_transfer	adap：I2C 总线的句柄 msgs：该参数包括一条或多条在“停止”标志发出之前要执行的消息终止操作，每条消息都以“start”标志开始 num：要执行的消息总数	成功：成功执行的消息总数 失败：错误代码

8.5.5 通用示例

在大多数情况下，I2C 适配器在主模式下工作。在 I2C 驱动程序中传输数据之前，需要完成一些配置。

(1) 根据 I2C 设备要求，通过设备树设置合适的 I2C 总线采样速率。

下面的代码提供了一些常用的配置。例如下列代码将采样速率设置为 100 kHz。

```
&i2c0 {
    clock - frequency = < 100000 >;
    i2c - sda - hold - time - ns = < 300 >;
    i2c - sda - falling - time - ns = < 510 >;
    i2c - scl - falling - time - ns = < 510 >;
    }
```

下列代码将采样速率设置为 400 kHz。

```
&i2c0 {
    clock - frequency = < 400000 >;
    i2c - sda - hold - time - ns = < 300 >;
    i2c - sda - falling - time - ns = < 150 >;
    i2c - scl - falling - time - ns = < 150 >;
```

(2) 通过设备树将 I2C 设备安装到指定的适配器上。以下代码显示了安装在适配器 i2c0 上的 ac108 芯片的一个简单例子。

```
&i2c0 {
    ac108_a: ac108@3b {
    compatible = "x - power,ac108_0";
```

```
    reg = <0x3b>;
    #sound-dai-cells = <0>;
    data-protocol = <0>;
    };
    }
```

1. I2C 驱动程序示例

下面的示例代码展示了如何使用 Linux 的 I2C API 实现 I2C 驱动程序和传输数据。在本示例代码中,“xxx”表示 I2C client 设备的名称。

```
static int write_reg(struct i2c_client *client, u16 reg, u8 val)
{
    struct i2c_msg msg;
    u8 buf[3];
    int ret;
    buf[0] = reg >> 8;
    buf[1] = reg & 0xff;
    buf[2] = val;
    msg.addr = client->addr;
    msg.flags = client->flags;
    msg.buf = buf;
    msg.len = sizeof(buf);
    ret = i2c_transfer(client->adapter, &msg, 1);
    if (ret < 0) {
    dev_err(&client->dev, "%s: error: reg=%x, val=%x\n",
    __func__, reg, val);
    return ret;
    }
return 0;
    }
    static int read_reg(struct i2c_client *client, u16 reg, u8 *val)
    {
    struct i2c_msg msg[2];
    u8 buf[2];
    int ret;
    buf[0] = reg >> 8;
    buf[1] = reg & 0xff;
    msg[0].addr = client->addr;
    msg[0].flags = client->flags;
    msg[0].buf = buf;
    msg[0].len = sizeof(buf);
    msg[1].addr = client->addr;
    msg[1].flags = client->flags | I2C_M_RD;
    msg[1].buf = buf;
    msg[1].len = 1;
    ret = i2c_transfer(client->adapter, msg, 2);
    if (ret < 0) {
    dev_err(&client->dev, "%s: error: reg=%x\n",
    __func__, reg);
    return ret;
```

```
    }
    *val = buf[0];
    return 0;
}
static int xxx_probe(struct i2c_client *client);
static int xxx_remove(struct i2c_client *client);
static const struct i2c_device_id xxx_id[] = {
    {"xxx", 0},
    {},
};
MODULE_DEVICE_TABLE(i2c, xxx_id);
static const struct of_device_id xxx_dt_ids[] = {
    { .compatible = "xxx" },
};
MODULE_DEVICE_TABLE(of, xxx_dt_ids);
static struct i2c_driver xxx_i2c_driver = {
    .driver = {
    .name = "xxx",
    .of_match_table = xxx_dt_ids,
    },
    .id_table = xxx_id,
    .probe_new = xxx_probe,
    .remove = xxx_remove,
};
module_i2c_driver(xxx_i2c_driver);
```

2. 用户空间中的命令

Linux 在文件系统中提供了一些有用的 I2C 相关命令，帮助用户控制 I2C 总线。下面的代码提供了一些简单的例子。

(1) 检测所有已注册的 I2C 适配器。

```
i2cdetect -l
```

(2) 检测安装在指定 I2C 适配器上的所有 I2C client 设备。

```
i2cdetect -y -r [i2c_adpter_index]
```

(3) 从指定的 I2C 客户端读取地址。

```
i2cget -y [i2c_adpter_index] [i2c_client address] [address]
```

(4) 将地址写入指定的 I2C client。

```
i2cset -y [i2c_adpter_index] [i2c_client address] [address] [value]
```

8.6 SPI 设计案例

串行外设接口(Serial Peripheral Interface,SPI)是微控制器和外设 IC(如传感器、ADC、DAC、移位寄存器、SRAM 等)间应用最广泛的接口之一，由 Motorola 公司在其 MC68HCXX 系列处理器上定义。串行外设接口允许芯片与外部设备以半/全双工、同步、串行方式通信。此接口可以被配置成主模式，并为外部从设备提供通信时钟。接口还能以多主配置方式工作。

通常 SPI 有 4 根信号线，分别为 CS、CLK、MOSI(Master Out Slave In)和 MISO (Master In Slave Out)。

(1) CS(SS)：片选线，用于传输片选信号，选择通信的从机，主机会与被选中的从机进行通信，每一个从机都有一个独立的片选线。

(2) CLK(SCK)：同步时钟信号线，用于传输同步时钟信号。

(3) MOSI：主机发送数据，从机接收数据。

(4) MISO：主机接收数据，从机发送数据。

JH-7110 SoC 平台在 SPI 上具有以下特点和规格。

- 支持 7 个 SPI 接口。
- 支持串口主模式和串口从模式，使用软件配置可在这两种模式之间进行切换。
- 为输入和输出提供单独的数据位。
- 为 TX 和 RX 通道提供大小最高达 8 位×16 位的可配置 FIFO。
- 支持对 TX 和 RX FIFO 的 DMA 访问。

在 Linux 5.15 中 SPI 的源代码存储在如下位置。

drivers/spi/spi.c：该文件包含针对 SPI 驱动程序框架的源代码。

drivers/spi/spidev.c：该文件包含用于创建 SPI 设备节点并在用户模式下使用的源代码。

drivers/amba/bus.c：该文件包含通过 AMBA 总线注册平台设备的源代码。

driver/spi/ spi-pl022.c：该文件包含赛昉科技 JH-7110 平台上 SPI 控制器驱动程序的源代码。

tools/spi/spidev_test.c：该文件包含处于用户模式下的 SPI 测试工具。

8.6.1 配置

1. 内核菜单配置

执行以下步骤，创建 SPI 内核配置。

(1) 在 freelight-u-sdk 的根目录下，输入以下命令以进入内核菜单配置 GUI。

```
make linux - menuconfig
```

(2) 进入"Device Drivers"菜单→"SPI support"菜单，选择 SSP controller 选项。在退出内核配置对话框之前保存更改。

2. 设备树配置

JH-7110 SoC 平台 SPI 的设备树源代码存储在以下路径。

```
freelight - u - sdk/linux/arch/riscv/boot/dts/starfive/JH - 7110.dtsi
```

下面的代码为设置 spi0 的示例。

```
spi0: spi@10060000{
    compatible = "arm,pl022", "arm,primecell";
    reg = <0x0 0x10060000 0x0 0x10000>;
    clocks = <&clkgen JH-7110_SPI0_CLK_APB>;
    clock-names = "apb_pclk";
    resets = <&rstgen RSTN_U0_SSP_SPI_APB>;
    reset-names = "rst_apb";
    interrupts = <38>;
    arm,primecell-periphid = <0x00041022>;
    num-cs = <1>;
    #address-cells = <1>;
    #size-cells = <0>;
    status = "disabled";
```

上述代码块中的参数说明如下所示。

- compatible：兼容性信息，用于连接驱动程序和目标设备。
- reg：寄存器基本地址“0x10060000”和范围“0x10000”。
- clocks：SPI 模块使用到的时钟。
- clock-names：SPI 模块使用的时钟的名称。
- resets：SPI 模块使用的复位信号。
- reset-names：SPI 模块使用的复位信号的名称。
- interrupts：硬件中断 ID。
- primecell-periphid：SPI 设备的外设 ID。
- num-cs：片选信号的总数。
- status：SPI 模块的工作状态。要启用模块，将此位设置为“okay”，要禁用该模块，将此位设置为“disabled”。

3. 板级配置

JH-7110 SoC 平台的板级设备树文件(DTSI 文件)存储所有其他板级设备中相同的信息(如 common.dtsi、pinctrl.dtsi 和 evb.dts 等文件)。

common.dtsi 文件存储在以下路径。

```
freelight-u-sdk/linux/arch/riscv/boot/dts/starfive/JH-7110-common.dtsi
```

在该文件中，spi0 有以下设置。

```
&spi0 {
    pinctrl-names = "default";
    pinctrl-0 = <&ssp0_pins>;
    status = "disabled";
    spi_dev0: spi@0{
    compatible = "rohm,dh2228fv";
    pl022,com-mode = <1>;
    spi-max-frequency = <10000000>;
    reg = <0>;
    status = "okay";
    };
};
```

上述代码中配置位的描述如下所示。

➢ spi-max-frequency：编辑此位以配置 SPI 的通信时钟频率。

➢ status：编辑此位以定义是否启用此模块。

4. EVB 板级配置

pinctrl.dtsi 文件包含 pin 控制配置，其存储在以下路径。

```
freelight-u-sdk/linux/arch/riscv/boot/dts/starfive/JH-7110-evb-pinctrl.dtsi
```

以下代码描述了 spi0 使用的 pin 的示例，包括 tx(收发器)、rx(接收器)、clk(时钟)和 cs(片选)信号。

```
ssp0_pins: ssp0-pins
ssp0-pins_tx {
sf,pins = <PAD_GPIO38>;
sf,pinmux = <PAD_GPIO38_FUNC_SEL 0>;
sf,pin-ioconfig = <IO(GPIO_IE(1))>;
sf,pin-gpio-dout = <GPO_SPI0_SSPTXD>;
sf,pin-gpio-doen = <OEN_LOW>;
};
ssp0-pins_rx {
sf,pins = <PAD_GPIO39>;
sf,pinmux = <PAD_GPIO39_FUNC_SEL 0>;
sf,pin-ioconfig = <IO(GPIO_IE(1))>;
sf,pin-gpio-doen = <OEN_HIGH>;
sf,pin-gpio-din = <GPI_SPI0_SSPRXD>;
};
ssp0-pins_clk
sf,pins = <PAD_GPIO36>;
sf,pinmux = <PAD_GPIO36_FUNC_SEL 0>;
sf,pin-ioconfig = <IO(GPIO_IE(1))>;
sf,pin-gpio-dout = <GPO_SPI0_SSPCLKOUT>
sf,pin-gpio-doen = <OEN_LOW>;
};
ssp0-pins_cs {
sf,pins = <PAD_GPIO37>;
sf,pinmux = <PAD_GPIO37_FUNC_SEL 0>;
sf,pin-ioconfig = <IO(GPIO_IE(1))>;
sf,pin-gpio-dout = <GPO_SPI0_SSPFSSOUT>
sf,pin-gpio-doen = <OEN_LOW>;
};
};
```

5. VisionFive 2 板级配置

VisionFive 2 的 pinctrl.dtsi 文件包含 pin 控制配置，其存储在以下路径。

```
freelight-u-sdk/linux/arch/riscv/boot/dts/starfive/JH-7110-visionfive-v2.dts
```

以下代码描述了 spi0 使用的 pin 的示例，包括 tx(收发器)、rx(接收器)、clk(时钟)和 cs(片选)信号。

```
ssp0_pins: ssp0 - pins {
    ssp0 - pins_tx {
    sf,pins = < PAD_GPIO52 >;
    sf,pinmux = < PAD_GPIO52_FUNC_SEL 0 >;
    sf,pin - ioconfig = < IO(GPIO_IE(1))>;
    sf,pin - gpio - dout = < GPO_SPI0_SSPTXD >;
    sf,pin - gpio - doen = < OEN_LOW >;
    };
    ssp0 - pins_rx {
    sf,pins = < PAD_GPIO53 >;
    sf,pinmux = < PAD_GPIO53_FUNC_SEL 0 >;
    sf,pin - ioconfig = < IO(GPIO_IE(1))>;
    sf,pin - gpio - doen = < OEN_HIGH >;
    sf,pin - gpio - din = < GPI_SPI0_SSPRXD >;
    };
    ssp0 - pins_clk {
    sf,pins = < PAD_GPIO48 >;
    sf,pinmux = < PAD_GPIO48_FUNC_SEL 0 >;
    sf,pin - ioconfig = < IO(GPIO_IE(1))>;
    sf,pin - gpio - dout = < GPO_SPI0_SSPCLKOUT >;
    sf,pin - gpio - doen = < OEN_LOW >;
    };
    ssp0 - pins_cs {
    sf,pins = < PAD_GPIO49 >;
    sf,pinmux = < PAD_GPIO49_FUNC_SEL 0 >;
    sf,pin - ioconfig = < IO(GPIO_IE(1))>;
    sf,pin - gpio - dout = < GPO_SPI0_SSPFSSOUT >;
    sf,pin - gpio - doen = < OEN_LOW >;
    };};
```

8.6.2 SPI 驱动程序框架

JH-7110 SoC 平台的 SPI 驱动程序框架如图 8-9 所示，主要分为用户空间层、内核空间层和硬件层。用户空间层包括使用 SPI 设备的所有应用程序，在这一层中，用户可以根据特定需求定制 SPI 设备；硬件层是物理设备层，在这一层中，SPI 控制器和所连接的 SPI 设备通过 SPI 总线与 CPU 进行通信；内核空间层可分为以下 3 个部分。

1）SPI 设备驱动程序层

Linux 内核不提供特定的 SPI 设备驱动程序，用户必须使用通用 SPI 设备驱动程序，该驱动程序只能以同步模式与 SPI 设备通信。因此，该层只支持一些简单设备，在这一层中，官方提供了 spidev. c 作为标准的 SPI 驱动程序，而 spi-nand. c 也是 SPI 的 NAND 驱动程序。

2）SPI 通用接口封装层

为了简化 SPI 驱动程序的编程，减少驱动程序的耦合，Linux 内核为打包封装了一些通用的驱动程序，形成了 SPI 通用接口封装层，在这一层中，官方提供了 Linux 的原始驱动程序 spi. c。

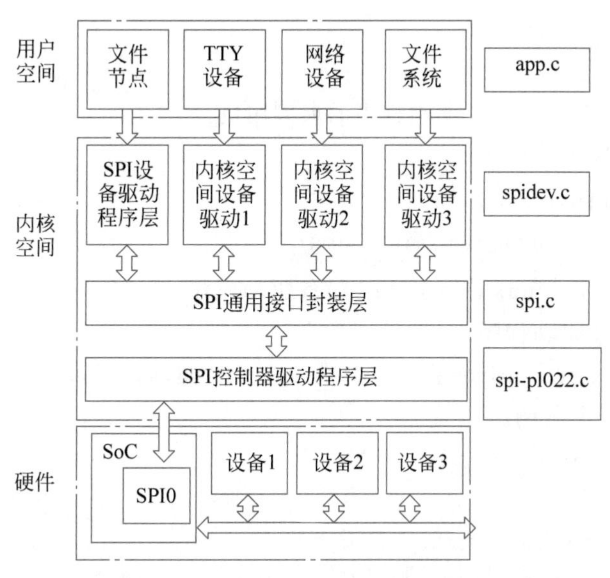

图 8-9　JH-7110 SoC 平台的 SPI 驱动程序框架

3）SPI 控制器驱动程序层

这一层是 SPI 驱动程序的重点，它涉及对具体的硬件设备实现交互功能，在这一层中，官方提供了驱动程序 spi-pl022.c。

8.6.3　接口描述

JH-7110 SoC 平台的 SPI 的接口定义在 include/linux/spi/spi.h 文件中，主要的接口函数有 spi_register_driver 和 spi_message_init。

以下代码为一个示例。

```
#define module_spi_driver(__spi_driveSPI\module_driver(__spi_driver,
    spi_register_driver,\spi_unregister_driver)
```

其中宏 module_spi_driver()用于在短期内注册一个 SPI 设备。

表 8-7 显示了 JH-7110 SoC 平台的 SPI 的主要接口信息。

表 8-7　SPI 的主要接口信息

接口名称	简　　介	描　　述	参　　数	返　回　值
spi_register_driver	int spi_register_driver(struct spi_driver * sdrv)	该接口用于注册一个 SPI 设备的驱动程序	sdrv：spi_driver 类型，包括 SPI 设备名、探测接口信息等	成功：0 失败：除 0 外的其他值
spi_message_init	void spi_message_init(struct spi_message * m)	该接口用于初始化 SPI 信息结构，以清除或初始化传输队列	m：SPI 信息类型	无

8.6.4 示例

本小节介绍了 JH-7110 SPI 驱动程序的典型用例。

1）查找原始内核驱动程序

驱动程序文件存储在以下路径。

```
freelight-u-sdk/linux/drivers/spi/spidev.c
```

该驱动程序是一个 Linux 嵌入式 SPI 设备驱动程序。

2）注册一个 SPI 驱动程序

可以使用 spi_register_driver 接口来注册一个 SPI 驱动程序，以此作为 SPI 消息读写的基础。以下代码为一个示例。

```
static int __init spidev_init(void)
{
int status;
BUILD_BUG_ON(N_SPI_MINORS > 256);
    status = register_chrdev(SPIDEV_MAJOR, "spi", &spidev_fops);
if (status < 0)
    return status;
    spidev_class = class_create(THIS_MODULE, "spidev");
if (IS_ERR(spidev_class)) {
    unregister_chrdev(SPIDEV_MAJOR, spidev_spi_driver.driver.name);
    return PTR_ERR(spidev_class);
    }
    status = spi_register_driver(&spidev_spi_driver);
if (status < 0) {
    class_destroy(spidev_class);
    unregister_chrdev(SPIDEV_MAJOR, spidev_spi_driver.driver.name);
    }
return status;
}
module_init(spidev_init);
```

3）配置 SPI 驱动程序

配置 SPI 驱动程序需要确保已在.dts 文件中为 SSP 控制器添加了子设备的设备信息描述。以下代码以 spi0 为例。

```
&spi0 {
    pinctrl-names = "default";
    pinctrl-0 = <&ssp0_pins>;
    status = "disabled";
    spi_dev0: spi@0{
    compatible = "rohm,dh2228fv";
    pl022,com-mode = <1>;
    spi-max-frequency = <10000000>;
    reg = <0>;
    status = "okay";
};
```

配置文件 spi_dev0 包含以下参数。

➢ compatible：驱动程序的兼容性信息。
➢ pl022,com-mode：驱动程序的通信模式。可用值包括：0（Polling）、1（中断）和 2（DMA）。该模式的设置需要确保根据实际情况设置了正确的最大频率值，如果配置了不正确的值，可能会导致传输中的数据丢失。
➢ reg：从设备的寄存器地址偏移量。
➢ status：从设备的状态。包括 okay（从设备工作正常）、disabled（从设备被禁用）。

4）配置内核菜单

在内核菜单配置页面，选择 User mode SPI device driver support 选项。

5）构建 SPI 文件

完成固件安装后，按照以下步骤构建 SPI 文件。

（1）在/dev/目录下找到 spidevX.0 设备（X=1～7）。

（2）在文件上执行读写操作，或使用 Linux SPI 工具，并在该路径下运行以下命令。

```
freelight - u - sdk/linux/tools
```

（3）执行以下命令，构建用于测试的 SPI 文件。

```
# make spi
```

在 freelight-u-sdk/linux/tools/spi 路径下生成可执行文件 spidev_test。

6）测试 SPI 文件

按照以下步骤测试已生成的 SPI 文件。

（1）将生成的文件复制到 SoC 中，并连接 SPI 上的 I/O 接口的 TX 和 RX。

（2）运行以下测试命令。

```
# /spidev_test - D /dev/spidevX.0 - v - p data
```

SPI 测试示例结果如图 8-10 所示。

```
# ls /dev/spi*
/dev/spidev1.0  /dev/spidev3.0  /dev/spidev5.0  /dev/spidev7.0
/dev/spidev2.0  /dev/spidev4.0  /dev/spidev6.0
# ./spidev_test -D /dev/spidev1.0 -v -p string_to_send
spi mode: 0x0
bits per word: 8
max speed: 500000 Hz (500 kHz)
TX | 73 74 72 69 6E 67 5F 74 6F 5F 73 65 6E 64 __ __ __ __ __ __ __ __ __ __ __ __ __ __ __ __ __ __  |string_to_send|
RX | 73 74 72 69 6E 67 5F 74 6F 5F 73 65 6E 64 __ __ __ __ __ __ __ __ __ __ __ __ __ __ __ __ __ __  |string_to_send|
# ▯
```

图 8-10 SPI 测试示例结果

8.7 UART 设计案例

在数据通信中有两种常用的通信方式：串行通信和并行通信。并行通信是指数据的各位同时进行传送（如数据和地址总线），其优点是传送速度快，缺点是有多少位数据就需要多少根传输线，这在数据位数较多、传送距离较远时就不宜采用。串行通信是指数据一位一位地按顺序传送，其突出优点是只需一根传输线，特别适宜于远距离传输，缺点是传送速度较慢。

串行通信中又分为异步传送和同步传送。异步传送时,数据在线路上是以一个字(或称字符)为单位来传送的,各个字符之间可以连续传送,也可以间断传送,这完全由发送方根据需要来决定。另外,在异步传送时,发送方和接收方各用自己的时钟源来控制发送和接收。通用异步收发器(Universal Asynchronous Receiver Transmitter,UART)不仅可以输出日志数据进行系统调试,还可以完成短距离通信。它是一个在嵌入式系统中具有强大功能的接口。

异步串行通信发送的数据帧(字符帧)通常由 4 个部分组成,分别是起始位、数据位、奇偶校验位、停止位。

起始位:位于字符帧的开头,只占一位,始终为逻辑"0"低电平,表示发送端开始发送一帧数据。

数据位:紧跟起始位后,可取 5、6、7、8 位,低位在前,高位在后。

奇偶校验位:占一位,用于对字符传送作正确性检查。奇偶校验位是可选择的,共有三种可能,即奇偶校验、偶校验和无校验,由用户根据需要选定。

停止位:末尾,为逻辑"1"高电平,可取 1、1.5、2 位,表示一帧字符传送完毕。

空闲位:处于逻辑"1"高电平,表示当前线路上没有数据传输。

串行通信的速率用波特率来表示,所谓波特率就是指一秒钟传送数据位的个数。每秒传送一个数据位就是 1 波特,即 1 波特=1bps(位/秒)。

在串行通信中,数据位的发送和接收分别由发送时钟脉冲和接收时钟脉冲进行定时控制。时钟频率高,则波特率高,通信速度就快;反之,时钟频率低,波特率就低,通信速度就慢。

例如,每秒传送的速率为 960 字符/秒,而每个字符又包含 10 位(1 位起始位,7 位数据位,1 位奇偶校验位,1 位停止位),则波特率为:960 字符/秒×10 位/字符=9600 位/秒=9600 波特。

8.7.1 简介

JH-7110 SoC 平台的 UART 驱动程序有以下 3 个部分,如图 8-11 所示。

- TTY 核:这里的 TTY 指 TeleType 或 TeleType Writer,它注册并管理内核中的所有 TTY 设备。
- UART 核:它为 UART 驱动程序提供了一组 API,用于注册设备和驱动程序。
- 8250 UART 驱动程序:它是 JH-7110 SoC 平台的初始化和数据通信平台。

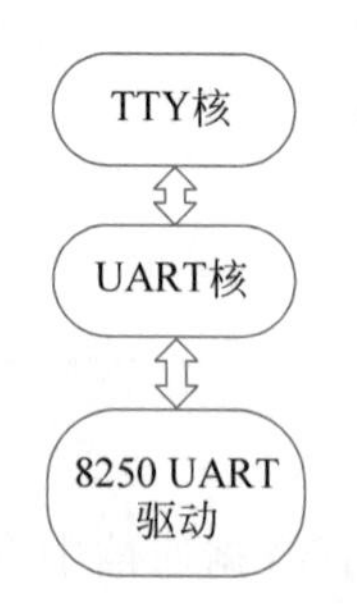

图 8-11 JH-7110 SoC 平台的 UART 驱动程序

8.7.2　配置

1. 内核菜单配置

执行以下步骤，创建 URAT 内核配置。

（1）在 freelight-u-sdk 的根目录下，输入以下命令以进入内核菜单配置 GUI。

```
make linux - menuconfig
```

（2）进入"Device Drivers"菜单→"Character devices" 菜单→"Serial drivers"菜单，选择"Support for Synopsys DesignWare 8250 quirks"选项，如图 8-12 所示。然后在退出内核配置对话框之前保存更改。

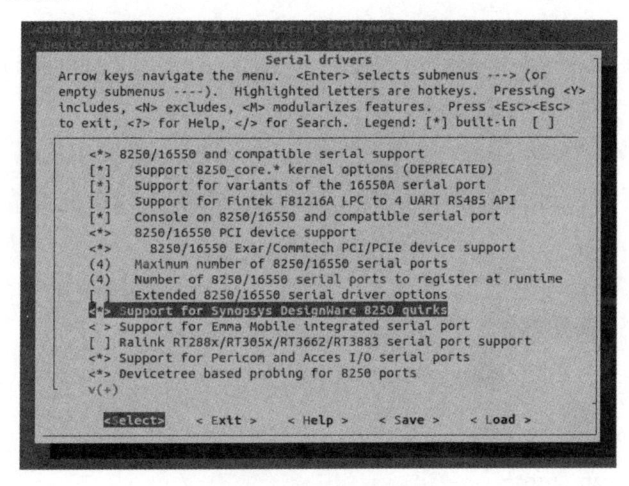

图 8-12　内核配置菜单

2. 设备树配置

对于 Linux 5.15 版本，通用 UART 控制器配置如下所示。

```
uart0: serial@10000000{
    compatible = "snps,dw - apb - uart";
    reg = < 0x0 0x10000000 0x0 0x10000 >;
    reg - io - width = < 4 >;
    reg - shift = < 2 >;
    clocks = < &clkgen JH - 7110_UART0_CLK_CORE >,
    < &clkgen JH - 7110_UART0_CLK_APB >;
    clock - names = "baudclk", "apb_pclk";
    resets = < &rstgen RSTN_U0_DW_UART_APB >,
    < &rstgen RSTN_U0_DW_UART_CORE >;
    interrupts = < 32 >;
    status = "disabled";
};
```

上述代码块中的参数说明如下。

➢ compatible：兼容性信息，用于连接驱动程序和目标设备。

➢ reg：寄存器基本地址"0x10000000"和范围"0x10000"。确保没有更改 reg-io-width

和 reg-shift。

➢ clocks：URAT 模块使用到的时钟。

➢ clock-names：URAT 模块使用到的时钟的名称。

➢ resets：URAT 模块使用到的复位信号。

➢ interrupts：硬件中断 ID。

➢ status：URAT 模块的工作状态。要启用模块，将此位设置为“okay”，要禁用该模块，将此位设置为“disabled”。开发者可以在设备树中配置每个 URAT 控制器。一个 UART 节点表示一个 UART 控制器。开发者需要为 UART 节点指定一个别名，以便能够从其他节点中识别它。

3. 板级配置

board.dts 文件用于存储板级配置文件。在 VisionFive 2 单板计算机中以 URAT0 为例，它的 board.dts 文件位于以下路径。

```
linux/arch/riscv/boot/dts/starfive/JH-7110-visionfive-v2.dts
```

在该文件中，可以找到关于管脚(UART pin)控制配置的以下配置信息。

```
&gpio {
    uart0_pins: uart0-pins {
    uart0-pins-tx {
    sf,pins = <PAD_GPIO5>;
    sf,pin-ioconfig = <IO(GPIO_IE(1) | GPIO_DS(3))>;
    sf,pin-gpio-dout = <GPO_UART0_SOUT>;
    sf,pin-gpio-doen = <OEN_LOW>;
    };
    uart0-pins-rx {
    sf,pins = <PAD_GPIO6>;
    sf,pinmux = <PAD_GPIO6_FUNC_SEL 0>;
    sf,pin-ioconfig = <IO(GPIO_IE(1) | GPIO_PU(1))>;
    sf,pin-gpio-doen = <OEN_HIGH>;
    sf,pin-gpio-din = <GPI_UART0_SIN>;
    };
    };
};
```

在该文件中也可以找到关于 pin 控制的配置信息。

```
&uart0 {
    pinctrl-names = "default";
    pinctrl-0 = <&uart0_pins>;
    status = "okay";
};
```

也可以将其他 UART 设置为打印控制台，按照以下步骤完成设置。

(1) 在 board.dts 文件中找到目标 UART 端口，并确保该端口已启用。

```
&uart3 {
    pinctrl-names = "default";
    pinctrl-0 = <&uart3_pins>;
    status = "okay";
};
```

(2) 修改前启动步骤传递的内核命令行参数,以使用目标 UART 端口作为打印控制台。

```
earlyprintk console=ttyS3,115200 debug rootwait earlycon=sbi
Note:
ttyS0 <=====> uart0
ttyS1 <=====> uart1
ttyS2 <=====> uart2
ttyS3 <=====> uart3
```

8.7.3 接口描述

JH-7110 SoC 平台的 UART 驱动程序自动注册并生成/dev/ttySx 设备用于串行通信。

1. 启用或禁用串口

启用或禁用串行端口时,需要确保遵守以下规则。

(1) 包括以下所有头文件。

```
#include <sys/types.h>
#include <sys/stat.h>
#include <fcntl.h>
#include <unistd.h>
```

(2) 确保使用标准函数打开和关闭所需的文件。

```
int open(const char * pathname, int flags);
int close (int fd)
```

2. 配置串口属性

确保在设置属性前包含以下所有文件。

```
#include <termios.h>
```

表 8-8 显示了 JH-7110 SoC 平台接口配置。

表 8-8 JH-7110 SoC 平台接口配置

Linux 标准接口名称	功能说明
tcgetattr	用于从终端获取参数
tcsetattr	用于为终端设置参数
cfgetispeed	用于获取输入波特率
cfsetispeed	用于设置输入波特率
cfsetospeed	用于设置输出波特率
cfsetspeed	用于设置输入和输出的速度
tcflush	用于丢弃写入该对象的数据

8.7.4 UART 示例

以下示例程序包括打开 UART 设备、监听设备以及在检测到可读数据时进行打印工作的完整过程。

```
#include <sys/types.h>
#include <sys/stat.h>
#include <fcntl.h> /* File control definition */
#include <termios.h> /* PPSIX Terminal operating system definition */
#include <stdio.h> /* Standard input and output definition */
#include <unistd.h> /* UNIX standard function definition */
#defineBAUDRATE 115200
#defineUART_DEVICE "/dev/ttyS3"
#defineFALSE -1
#defineTRUE 0
int speed_arr[] = {B115200, B38400, B19200, B9600, B4800, B2400, B1200,
    B300,
    B115200, B38400, B19200, B9600, B4800, B2400, B1200, B300, };
int name_arr[] = {115200, 38400, 19200, 9600, 4800, 2400, 1200, 300,
    115200, 38400, 19200, 9600, 4800, 2400, 1200, 300, };
void set_speed(int fd, int speed){
    int i;
    int status;
    struct termios Opt;
    tcgetattr(fd, &Opt);
    for ( i= 0; i < sizeof(speed_arr) / sizeof(int); i++) {
    if (speed == name_arr[i]) {
    tcflush(fd, TCIOFLUSH);
    cfsetispeed(&Opt, speed_arr[i]);
    cfsetospeed(&Opt, speed_arr[i]);
    status = tcsetattr(fd, TCSANOW, &Opt);
    if (status != 0) {
    perror("tcsetattr fd1");
    return;
    }
    tcflush(fd,TCIOFLUSH);
    }
    }
} int set_Parity(int fd,int databits,int stopbits,int parity)
{
struct termios options;
if ( tcgetattr( fd,&options) != 0) {
    perror("SetupSerial 1");
    return(FALSE);
    }
    options.c_cflag &= ~CSIZE;
switch (databits)
    {
```

```
case 7:
    options.c_cflag |= CS7;
    break;
case 8:
    options.c_cflag |= CS8;
    break;
default:
    fprintf(stderr,"Unsupported data size\n"); return (FALSE);
    }
switch (parity)
    {
    case 'n':
    case 'N':
    options.c_cflag &= ~PARENB;
options.c_iflag &= ~INPCK; /* 分区检测使能 */
    break;
    case 'o':
    case 'O':
    options.c_cflag |= (PARODD | PARENB);
    options.c_iflag |= INPCK; /* 禁止分区检测 */
    break;
    case 'e':
    case 'E':
    options.c_cflag |= PARENB;
options.c_cflag &= ~PARODD;
    options.c_iflag |= INPCK;
    break;
    case 'S':
    case 's': /* as no parity */
    options.c_cflag &= ~PARENB;
    options.c_cflag &= ~CSTOPB;break;
    default:
    fprintf(stderr,"Unsupported parity\n");
return (FALSE);
    }
/* 设置停止位 */
switch (stopbits)
    {
    case 1:
    options.c_cflag &= ~CSTOPB;
    break;
    case 2:
    options.c_cflag |= CSTOPB;
    break;
    default:
    fprintf(stderr,"Unsupported stop bits\n");
    return (FALSE);
    }
/* 设置输入分区选项 */
```

```
if (parity != 'n')
    options.c_iflag |= INPCK;
    tcflush(fd,TCIFLUSH);
    options.c_cc[VTIME] = 150;
    options.c_cc[VMIN] = 0; /* 更新选项 */
if (tcsetattr(fd,TCSANOW,&options) != 0)
    {
    perror("SetupSerial 3");
    return (FALSE);
    }
    options.c_lflag &= ~(ICANON | ECHO | ECHOE | ISIG); /* 输入 */
    options.c_oflag &= ~OPOST; /* Output */
return (TRUE);
}
int main(int argc, char * argv[])
{
    int fd, c = 0, res;
    char * dev;
    char buf[256];
    printf("Start...\n");
    if (argc == 2)
    dev = argv[1];
    else
    dev = UART_DEVICE;
    fd = open(dev, O_RDWR);
    if (fd < 0) {
    perror(UART_DEVICE);
    exit(1);
    }
printf("Open...\n");
    printf("bandrate %d...\n",BAUDRATE);
    set_speed(fd,BAUDRATE);
if (set_Parity(fd,8,1,'N') == FALSE) {
    printf("Set Parity Error\n");
    exit (0);
    }
    printf("Reading...\n");
    while(1) {
    res = read(fd, buf, 255);
    if(res == 0)
    continue;
    buf[res] = 0;
    printf(" %s", buf);
    if (buf[0] == 0x0d)
    printf("\n");
    write(fd,buf,res);
    if (buf[0] == '@') break;
    }
    printf("Close...\n");
    close(fd);
    return 0;
}
```

8.8 本章小结

本章介绍 Linux 的设备驱动程序的相关知识。随着外围设备的日益发展壮大，驱动程序的设计需求不断增多。在嵌入式领域，外围设备种类众多、接口不统一、性能要求差异大，这对设计工作提出了很高的要求。读者应该从实际出发，认真阅读 RISC-V 单板计算机说明文档和 Linux 内核相关设备驱动源码，在总结分析的基础上进行驱动程序的研究和开发工作。

第9章

VisionFive 2单板机开发案例

本章介绍几个基于VisionFive 2单板计算机的40针GPIO引脚开发的案例，这几个案例均采用Python语言开发，在进行具体设计之前，均需要做好必要的准备工作。主要包括以下准备工作。

(1) 将Debian Linux烧录到Micro-SD卡上，登录Debian并确保VisionFive 2已联网。

(2) 在Debian系统上扩展分区。

(3) 访问赛昉科技公司网址，根据提示进行安装。

综合来看，本章介绍的案例需要如下环境。

(1) Linux内核版本：Linux 5.15。

(2) 操作系统：Debian 12。

(3) 硬件版本：VisionFive 2。

(4) SoC：JH-7110。

9.1 Python驱动蜂鸣器案例

蜂鸣器的控制一般通过GPIO口的控制来实现。蜂鸣器通常可以分为无源蜂鸣器和有源蜂鸣器。无源蜂鸣器一般不内置放大和驱动电路，其发声需要提供不同频率的脉冲信号，这些脉冲信号推动放大电路后驱动蜂鸣器才会使蜂鸣器发声，脉冲信号的频率和强度决定了蜂鸣器发出的声音的音调。有源蜂鸣器一般内置放大和驱动电路，其发声只要提供直流电即可。本案例使用了无源蜂鸣器(5 V，低电平触发)。

9.1.1 连接硬件

表9-1描述了蜂鸣器与VisionFive 2的40针GPIO引脚相连情况。读者可以参考图3-2 VisionFive 2引脚分布图。

表9-1 蜂鸣器与VisionFive 2的40针GPIO引脚相连情况

无源蜂鸣器	40针GPIO引脚编号	引脚名称
VCC	1	3.3 V电压
GND	6	GND
I/O	18	GPIO51

9.1.2 执行演示代码

执行以下操作，以在 VisionFive 2 的 Debian 系统上运行演示代码。

(1) 进入测试代码 buzzer.py 所在的目录。

执行以下命令以获取 VisionFive.gpio 所在的目录。

```
pip show VisionFive.gpio
```

示例结果如下。

```
Location: /usr/local/lib64/python3.9/site-packages
```

如示例结果输出所示，执行以下操作进入目录/usr/local/lib64/python3.9/site-packages。

```
cd /usr/local/lib64/python3.9/site-packages
```

执行以下命令进入 sample-code 目录。

```
cd ./VisionFive/sample-code/
```

(2) 在 sample-code 目录下，执行以下命令。

```
sudo python buzzer.py
```

或者执行以下命令。

```
sudo python3 buzzer.py
```

(3) 根据提示输入数值，配置蜂鸣声的音高和持续时间。该数值应该在频率范围(200～20 000 Hz)之内，如果数值超出了频率范围，系统将返回警告信息，需要重新输入音高值。

➢ Enter Pitch (200 to 20 000)：蜂鸣器的频率(范围：200～20 000 Hz)。例如，400。

➢ Enter Cycle (seconds)：蜂鸣器持续鸣叫的时间(s)。例如，100。

```
[riscv@fedora-starfive sample-code]$ sudo python3 buzzer.py Enter Pitch (200 to 20000):
400 Enter Cycle (seconds): 100
```

执行完成后蜂鸣器以 400 Hz 的音高持续鸣叫了 100 s。

9.1.3 程序源码

程序源码如下所示。

```
import VisionFive.gpio as GPIO
import time
buzz_pin = 18
ErrOutOfRange = 0
def setup():
    #Configure the direction of buzz_pin as out.
    GPIO.setup(buzz_pin, GPIO.OUT)
    #Configure the voltage level of buzz_pin as high.
    GPIO.output(buzz_pin, GPIO.HIGH)
def pitch_in_check():
```

```
    val_in = input('Enter Pitch (200 to 20000): ')
    val = float(val_in)
    if 200 <= val <= 20000:
        return val
    else:
        print('The input data is out of range (200 to 20,000 Hz). Please re-enter.')
        return ErrOutOfRange
def loop(pitch, cycle):
    delay = 1.0 / pitch
    cycle = int((cycle * pitch)/2)
    #Buzzer beeps.
    while cycle >= 0:
        GPIO.output(buzz_pin, GPIO.LOW)
        time.sleep(delay)
        GPIO.output(buzz_pin, GPIO.HIGH)
        time.sleep(delay)
        cycle = cycle - 1
def destroy():
    GPIO.output(buzz_pin, GPIO.HIGH)
    GPIO.cleanup()
if __name__ == '__main__':
    setup()
    try:
        #输入音高 (200 to 20,000 Hz).
        pitch = pitch_in_check()
        while pitch == 0:
            pitch = pitch_in_check()
        #Input value of cycle time (seconds).
        cycle_in = input("Enter Cycle (seconds): ")
        cycle = int(cycle_in)
        loop(pitch, cycle)
    finally:
        destroy()
```

9.2 Python 开发温湿度监测系统案例

Sense Hat 是一个专门为树莓派和类似单板计算机平台(如 VisionFive 2)开发的一个富含多种外设的附加板,板上可承载 LED 点阵、温度传感器、湿度传感器、加速度计等外设,这些外设可通过 VisionFive 2 提供的 GPIO 引脚连接驱动。本案例使用 WaveShare Sense HAT(B)。该附加板采用 3.3 V 电压,其主要特点如下。

- 板载 Raspberry Pi 40pin GPIO 接口,适用于树莓派系列主板。
- 板载 ICM20948(3 轴加速度、3 轴陀螺仪和 3 轴磁力计),可检测运动姿态、方位和磁场。
- 板载 SHTC3 数字温湿度传感器,可感知环境的温度和湿度。
- 板载 LPS22HB 大气压强传感器,可感知环境的大气压强。

➢ 板载 TCS34725 颜色识别传感器，可识别周围物体的颜色。

➢ 板载 ADS1015 芯片，4 通道 12 位精度 ADC，可扩展 AD 功能以便接入更多传感器。

9.2.1 连接硬件

表 9-2 描述了 Sense Hat 与 VisionFive 2 的 40 针 GPIO 引脚相连情况。读者可以参考图 3-2 VisionFive 2 引脚分布图。

表 9-2 Sense Hat 与 VisionFive 2 的 40 针 GPIO 引脚相连情况

附加板引脚	40 针 GPIO 引脚编号	引 脚 名 称
3V3	1	3.3 V 电压
GND	9	GND
SDA	3	GPIO58(I2C SDA)
SCL	5	GPIO57(I2C SCL)

图 9-1 显示了将 Sense Hat 连接到 40 针 GPIO 引脚上的实际效果图。

图 9-1 将 Sense Hat 连接到 40 针 GPIO 引脚上的实际效果图

9.2.2 执行演示代码

执行以下操作，以在 VisionFive 2 的 Debian 系统上运行演示代码。

(1) 找到测试代码 I2C_Sense_Hat.py 所在的目录。

执行以下命令以获取 VisionFive.gpio 所在的目录。

```
pip show VisionFive.gpio
```

这里给出一个示例。实际输出取决于应用的安装方式。

```
Location: /usr/local/lib64/python3.9/site-packages
```

执行以下操作进入目录/usr/local/lib64/python3.9/site-packages。

```
cd /usr/local/lib64/python3.9/site-packages
```

执行以下命令进入 sample-code 目录。

```
cd ./VisionFive/sample-code/
```

(2) 在 sample-code 目录下，执行以下命令以运行演示代码。

```
sudo python I2C_Sense_Hat.py
```

或者执行以下命令。

```
sudo python3 I2C_Sense_Hat.py
```

终端上将输出温湿度数据,如下所示。

```
[riscv@fedora - starfive sample - code] $  sudo python3 I2C_Sense_Hat.py
i2c_dev: /dev/i2c - 1
Temperature = 27.85℃ , Humidity = 56.59 %
Temperature = 27.83℃ , Humidity = 56.60 %
Temperature = 27.85℃ , Humidity = 56.61 %
Temperature = 27.86℃ , Humidity = 56.60 %
Temperature = 27.86℃ , Humidity = 56.60 %
Temperature = 27.80℃ , Humidity = 56.60 %
Temperature = 27.87℃ , Humidity = 56.60 %
```

9.2.3 程序源码

程序源码可见赛昉科技官方网站。

9.3 Python 驱动 LCD 屏显案例

本节介绍了采用 Python 语言驱动基于 VisionFive 2 的 2.4 英寸 LCD 模块的案例。本例使用 WaveShare 2.4 英寸 LCD 模块。

9.3.1 连接硬件

表 9-3 描述了 LCD 模块与 VisionFive 2 的 40 针 GPIO 引脚相连情况。读者可以参考图 3-2 VisionFive 2 引脚分布图。

表 9-3 LCD 模块与 VisionFive 2 的 40 针 GPIO 引脚相连情况

2.4 英寸 LCD 模块	40 针 GPIO 引脚编号	引 脚 名 称
VCC	17	3.3 V 电压
GND	39	GND
DIN	19	GPIO52(SPI MOSI)
CLK	23	GPIO48(SPI SCLK)
CS	24	GPIO49(SPI CE0)
DC	40	GPIO44
RST	11	GPIO42
BL	18	GPIO51

9.3.2 执行演示代码

执行以下操作,以在 VisionFive 2 的 Debian 系统上运行演示代码。

(1) 安装 Python 包：pillow 和 numpy，安装依赖，并提示安装编译 pillow 的 wheel 所需的依赖。

编译 pillow 所需的依赖。

```
$ sudo apt-get install libjpeg-dev zlib1g-dev libfreetype6-dev liblcms2-dev libwebp-dev tcl8.6-dev tk8.6-dev python-tk
```

安装 pillow 和 numpy。

```
$ pip3 install pillow numpy
```

(2) 找到测试代码 2.4inch_LCD_demo 所在的目录。

执行以下命令以获取 VisionFive.gpio 所在的目录。实际输出取决于应用的安装方式。

```
pip show VisionFive.gpio
```

示例结果如下。

```
Location: /usr/local/lib64/python3.9/site-packages
```

(3) 执行以下操作进入目录/usr/local/lib64/python3.9/site-packages。

```
cd /usr/local/lib64/python3.9/site-packages
```

执行以下命令进入 sample-code 目录。

```
cd ./VisionFive/sample-code/
```

执行以下命令，以进入测试代码 2.4inch_LCD_demo 所在的目录。

```
cd ./lcddemo/example/
```

(4) 在 sample-code 目录下，执行以下命令以运行演示代码。

```
sudo python 2.4inch_LCD_demo
```

或者执行以下命令。

```
sudo python3 2.4inch_LCD_demo
```

可以得到如图 9-2 所示的 LCD 模块上的显示情况。

图 9-2 LCD 模块上的显示情况

终端输出如下所示。

```
----------- lcd demo -----------
Set SPI mode successfully
spi mode: 0x0
```

```
bits per word: 8
max speed: 40000000 Hz(40000 kHz)
2022 - 07 - 04 16:40:40
2022 - 07 - 04 16:40:41
2022 - 07 - 04 16:40:41
2022 - 07 - 04 16:40:42
2022 - 07 - 04 16:40:42
2022 - 07 - 04 16:40:43
2022 - 07 - 04 16:40:44
2022 - 07 - 04 16:40:44
2022 - 07 - 04 16:40:45
```

该输出表示 SPI 模式设置成功的信息和 3 张图片显示的日期和时间。

9.3.3 程序源码

程序源码可见赛昉科技官方网站。

9.4 Python 读取 GPS 数据案例

NEO-6M GPS 模块，具有高灵敏度、低功耗、小型化的特点，适用于车载、手持设备，及其他移动定位系统的应用，是 GPS 产品应用的理想选择。本节介绍了采用 Python 语言驱动基于 VisionFive 2 的 NEO-6M GPS 模块的案例。

9.4.1 连接硬件

表 9-4 描述了 NEO-6M GPS 模块与 VisionFive 2 的 40 针 GPIO 引脚相连情况。读者可以参考图 3-2 VisionFive 2 引脚分布图。

表 9-4 NEO-6M GPS 模块与 VisionFive 2 的 40 针 GPIO 引脚相连情况

NEO-6M	40 针 GPIO 引脚编号	引 脚 名 称
VCC	4	5 V 电压
GND	6	GND
TXD	10	GPIO6(UART RX)
RXD	8	GPIO5(UART TX)

9.4.2 执行演示代码

执行以下操作，以在 VisionFive 2 的 Debian 系统上运行演示代码。

(1) 找到测试代码 uart_gps_demo.py 所在的目录。

执行以下命令以获取 VisionFive.gpio 所在的目录，实际输出取决于应用的安装方式。

```
pip show VisionFive.gpio
```

示例结果如下所示。

```
Location: /usr/local/lib64/python3.9/site - packages
```

(2) 执行以下操作进入目录/usr/local/lib64/python3.9/site-packages。

```
cd /usr/local/lib64/python3.9/site - packages
```

执行以下命令进入 sample-code 目录。

```
cd ./VisionFive/sample - code/
```

(3) 执行以下命令。

```
sudo systemctl stop serial - getty@ttyS0.service
```

(4) mple-code 目录下,执行以下命令以运行演示代码。

```
sudo python uart_gps_demo.py
```

或者执行以下命令。

```
sudo python3 uart_gps_demo.py
```

执行完成后如果 GPS 信号弱,终端将会产生如下输出。

```
***** The GGA info is as follows: *****
    msg_id: $GPGGA
    NorS:
    EorW:
    pos_indi: 0
    total_Satellite: 00
!!!!!!
Positioning is invalid!!!!!!
```

如果 GPS 信号强,几秒后终端输出如下。

```
***** The GGA info is as follows: *****
    msg_id: print(" utc time: 2:54:47.0
    utc time: 025447.00 (format: hhmmss.sss)
    latitude: 30 degree 33.29251 minute
    latitude: 3033.29251 (format: dddmm.mmmmm)
    NorS: N
    longitude: 104 degree 3.45523 minute
    longitude: 10403.45523 (format: dddmm.mmmmm)
    EorW: E
    pos_indi: 1
    total_Satellite: 08
***** The positioning type is 3D *****
The Satellite ID of channel {} : {}
    ch1 : 14
    ch2 : 01
    ch3 : 03
    ch4 : 06
    ch5 : 30
    ch6 : 21
    ch7 : 19
    ch8 : 17
```

9.4.3 程序源码

程序源码可见赛昉科技官方网站。

9.5 本章小结

本章介绍了几个基于 VisionFive 2 单板计算机的开发案例。除此之外，VisionFive 2 单板机还可以使用基于 OpenCV 的视觉框架，实现对一般物体的检测、图像边缘的检测、图像缺陷的检测以及二维码的检测和解码，这里不再赘述，有兴趣的读者可以查阅赛昉科技官方主页获得更多资讯。随着 RISC-V 指令集架构在嵌入式领域内的不断发力，越来越多的公司或者机构推出了功能强大的开发板。VisionFive 2 单板计算机就是其中的杰出代表。

参考文献

[1] 王剑，刘鹏. 嵌入式系统设计与应用(微课视频版)[M]. 2 版. 北京：清华大学出版社，2020.

[2] 温淑鸿. 嵌入式 Linux 系统原理[M]. 北京：北京航空航天大学出版社，2014.

[3] 刘畅，武延军，吴敬征，等. RISC-V 指令集架构研究综述[J]. 软件学报，2021，32(12)：3992-4024.

[4] 林金龙，何小庆. 深入理解 RISC-V 程序开发[M]. 北京：北京航空航天大学出版社，2021.

[5] 奔跑吧 Linux 社区. RISC-V 体系结构编程与实践[M]. 北京：人民邮电出版社，2023.

[6] 陈宏铭. SiFive 经典 RISC-V FE310 微控制器原理与实践[M]. 北京：电子工业出版社，2020.

[7] 胡振波. RISC-V 架构与嵌入式开发快速入门[M]. 北京：人民邮电出版社，2019.